기초부터 이해하는 제빵 기술

터닝
포인트

시바타쇼텐에서 《빵 '비결'의 과학(パン「こつ」の科学)》을 출판한 지도 벌써 십수 년이 흘렀습니다. 그동안 일본의 대형 제조사를 비롯해 동네 소매 빵집의 활약으로 최근에는 빵의 연간 총매출이 약 1조 4000억 엔, 빵집에서 쓰는 밀가루 소비량이 약 120만 톤에 달할 만큼 일본의 빵 시장은 성장했습니다. 오늘날 일본은 세계적으로도 손꼽히는 빵 소비대국이며 세계적으로 유례가 없을 정도로 그 종류가 다양합니다. 우선 세계의 유명한 빵을 일본만큼 쉽게 구할 수 있는 나라도 없으니까요. 그와 더불어 일본의 제빵 과학과 관련 공업 기술은 눈에 띄게 진화해 지금은 세계의 추종을 불허하는 수준에 도달했습니다.

소매 빵집도 이전에는 완전히 수도권 중심형의 시장이었지만 최근 전국으로 확대되면서 지역마다 최고의 가게를 찾아볼 수 있게 되었습니다. 제빵 기술자의 제빵 이론과 기술이 향상되었을 뿐 아니라 요즘 셰프들은 멋진 감성을 지니고 있어 20년 전과 비교했을 때 가게 앞에 진열된 빵이 많이 달라졌습니다. 특히 30대를 중심으로 한 젊은이들의 활약이 대단합니다.

재료의 발전도 빼놓을 수 없습니다. 신규 제품으로 개발된 것, 새롭게 수입된 것, 기존의 것을 개선·개량한 것 등 셀 수 없을 정도입니다. 프랑스 등의 유럽산 수입 밀가루, 제빵용으로 개량된 홋카이도나 규슈 등의 일본산 밀, 미세 제분의 개발로 빵에 사용 가능해진 쌀, 듀럼밀, 옥수수 등의 곡물가루가 있습니다. 이스트도 인스턴트 드라이 이스트의 진화는 물론이고, 냉장·냉동용 이스트와 세미 드라이 이스트도 등장했습니다. 물은 유럽 각지의 미네랄 워터, 소금 역시 일본산 해염을 비롯해 세계의 주류였던 암염도 입수할 수 있게 되었습니다. 그 밖의 부재료까지 포함하면 일본에서 사용되는 빵 재료의 높은 질과 종류의 다양성은 유럽과 미국에 비할 바가 아니지요.

앞서 이야기했지만 과학·기술·재료의 발전과 다양화로 현재 일본에서는 독자적인 빵이 매일 새롭게 탄생하고 있습니다. 그런 의미에서도 21세기는 일본의 빵 시장과 이를 뒷받침하는 빵 업계의 성장기이자 성숙기라고 할 수 있겠지요. 과학, 기술이 나날이 진보하니 제빵의 기초 이론도 발전하는 것이 당연합니다. 여기에는 보편적인 부분도 있고 가변적인 부분도 있으므로 오늘날의 '빵 제조'에 대한 정확한 이해가 필요합니다.

이번에 다시금 집필의 기회를 얻어 《기초부터 알 수 있는 제빵 기술》이 출판되었습니다. 이 책이 조금이나마 독자 여러분에게 도움이 되고, 또 츠지조그룹의 학생들을 비롯해 21세기를 짊어질 많은 빵 업계를 지망하는 분들에게 이론과 실천의 기초편으로 사용된다면 좋겠습니다.

마지막으로 이 책의 제작에 있어 멋진 사진을 찍어주신 사진 작가와 일러스트 작가를 비롯한 출판사 관계자, 업계 관계자 분들께 깊은 감사를 드립니다.

요시다 세이이치

목차

1 — 제빵의 **기초 이론**

2 — 제빵의 **기본 기술**

3 — **하드** 계열 **빵**

6 — 틀로 구운 빵

7 — 접어 만드는 빵

8 — 튀김빵

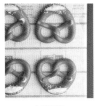

이 책을 읽기 전에

- 이 책에서 사용한 주요 기기는 다음과 같습니다.

  스파이럴 믹서 : 1단 90, 2단 180회전/분

  버티컬 믹서 : 1단 77, 2단 133, 3단 187, 4단 256회전/분

  오븐 : 상불·하불 직하형, 스팀 기능

  발효실 : 도우컨디셔너

- 빵 반죽용 소금은 염화나트륨 약 98%인 것을 사용

- 특별한 표기가 없는 한 설탕은 입자가 세밀한 그래뉴당을 사용

- 버터는 무염 버터를 사용

- 빵을 만들 때는 매번 재료의 사전 준비와 기본 작업이 필요합니다. 이러한 작업에 대해서는 레시피에 적지 않은 것도 있는데, 실제로는 기본대로 이루어진다고 전제하고 있으며 '2 제빵의 기본 기술'에서 상세히 설명했습니다. 또한 펀치, 둥글리기 등의 작업 공정에 대해서도 레시피보다 상세한 내용을 '제빵의 기본 기술'에서 설명했습니다.

- 이 책에서 사용한 재료와 기기에 대해서는 260쪽의 '이 책에서 사용한 주요 재료', 264쪽의 '빵 만들기에 필요한 기기'를 참조하시기 바랍니다.

제빵 용어 해설

기본 재료·부재료

제빵의 기본 재료란 '가루', '이스트', '물', '소금'의 네 가지를 말한다. 부재료는 빵에 단맛이나 풍미를 더하고 볼륨을 만들기 위해 사용하는 '당류', '유지', '유제품', '달걀' 등을 말한다.

크럼

빵 안쪽의 부드러운 부분.

크러스트

빵 바깥쪽의 '껍질'.

글루텐 망상 구조

빵의 단면에 보이는 기공(엄밀히 말하면 기포 자국)에 사용하는 용어. 기공이 미세하게 자리하고 잘 늘어난 상태를 '글루텐 조직 상태가 좋다'고 한다.

린

간소하고 지방이 없다는 의미. 배합이 기본 재료에 가까우며 심플한 빵을 형용하는 표현.

리치

풍부하고 감칠맛이 있다는 의미. 기본 재료에 부재료를 많이 배합한 빵을 형용하는 표현.

하드

주로 린 타입의 배합으로 가루를 구웠을 때의 고소한 향이나 발효에 의한 풍미가 충분히 끌어져 나온 빵을 형용하는 표현. 크러스트가 단단하고 크럼도 씹는 맛이 있는 빵에 사용한다. 단순히 크러스트가 단단한 빵에도 사용한다.

소프트

주로 리치한 배합으로, 부재료로 인해 부드럽고 폭신하게 만들어진 빵을 형용하는 표현. 크러스트와 크럼 모두 부드러운 빵에 사용한다.

사용수
생지에 배합하는 물.

조정수
생지의 경도를 조정하기 위해 사용수에서 덜어놓은 물.

신장성·신전성
생지의 성질을 나타내는 말로, 힘이 가해진 방향으로 늘어나거나 퍼지는 성질. 탄력성의 반의어로
사용된다.

생지의 연결
글루텐의 그물막 모양의 삼차원 구조가 형성되어 빵 생지가 탄력성과 신장성을 갖는 것.

항장력
생지의 성질을 나타내는 말로, 생지 자체가 가지고 있는 잡아당기는 힘.

베이커스 퍼센트
재료의 배합을 백분율(퍼센티지)로 나타내는 배합표시법. 단 일반적인 백분율과 달리 사용하는 가
루의 총량을 100%로 하여 각 재료의 분량을 가루 총량에 대한 비율로 나타낸다. 발효종법에서는
기본적으로 발효종과 본반죽에서 사용하는 가루의 합계를 100%로 하지만 예외도 있다.

pH
액체 1ℓ당 수소이온의 농도를 나타낸 것. 보통 pH0~14의 숫자로 표시되며, pH7을 중성이라고 하
고 그 이하는 산성, 그 이상은 알칼리성을 나타낸다. 7을 경계로 숫자가 0에 가까워질수록 수소이
온의 농도가 높아지므로 강산성이 되고, 14에 가까워질수록 수산화이온 농도가 높아지므로 강알
칼리성이 된다.

물의 경도
물에 함유된 미량의 칼슘염과 마그네슘염의 농도의 합계를 mg/ℓ 혹은 ppm으로 나타낸 것. 미네
랄이 많이 함유된 물을 경수라 하고, 조금 함유된 물을 연수라고 정의한다. 일본의 물은 대부분이
연수이며 유럽 국가의 물은 대개 경수이다. 물의 경도는 인체를 비롯해 음식과 식품 등에 큰 영향
을 미친다. 일반적으로 경도 0mg/ℓ인 물을 순수, 0~60mg/ℓ는 연수, 60~120mg/ℓ가 약간 연수,
120~180mg/ℓ 미만은 경수, 180mg/ℓ이 넘으면 초경수라고 한다. 제빵에 적절한 경도는 일반적
으로 100mg/ℓ 정도라고 본다.

수온을 구하는 계산식

일반적으로 이용되는 생지의 반죽 온도 계산식은 다음과 같다.

생지 반죽 온도 = (가루 온도 + 수온 + 실온) ÷ 3 + 마찰에 의한 생지의 상승 온도(보통 6~7℃)

이 방정식을 수온을 구하는 식으로 바꾸면 다음과 같다.

수온 = 3 × (반죽 온도 – 마찰에 의한 생지의 상승 온도) – (가루 온도 + 실온)

이 식으로 구한 수온은 어디까지나 대략적 기준일 뿐, 실제로는 믹서의 종류나 가루의 종류, 준비한 생지의 양에 따라서도 반죽 온도는 변화한다. 실제로 믹싱했을 때의 데이터를 남겨 축적하면 온도를 더 정확히 조절할 수 있다.

틀 반죽 비용적

틀에 넣어 굽는 빵에 사용하는 용어로, 틀에 어느 정도 양의 생지를 넣어서 구우면 그 빵에 적정한 부피를 얻을 수 있을지를 나타내는 지수. 사용하는 틀의 용적을 틀에 넣는 생지의 중량으로 나누어 구할 수 있다.

틀 반죽 비용적(mL/g) = 틀의 용적(mL) ÷ 생지 중량(g)

틀의 용적을 정확히 계량하려면 틀에 물을 가득 넣어 그 물을 실린더나 저울로 계량하는 것이 가장 간단하다(저울로 계량한 경우 1g=1mL로 환산). 틀에서 물이 새는 경우 바깥쪽에 접착테이프 등을 붙인 후 계량한다.

빵의 비용적

일정 중량의 생지가 최종 제품에서 어느 정도 팽창했는지를 나타내는 지수. 구워진 빵의 부피를 원래의 생지 중량으로 나누어 구할 수 있다.

빵의 비용적(mL/g) = 빵의 부피(mL) ÷ 생지 중량(g)

이 수식은 1g의 생지가 몇 mL가 되는지를 나타낸다. 비용적의 값이 클수록 빵의 팽창률이 높으며 가벼운 식감의 빵이 된다. 단, 제품의 부피를 정확히 재기는 어려우므로 이 책에서는 표기하지 않았다. 틀 반죽 비용적과 혼동하기 쉬우니 주의해야 한다.

1

제빵의
기초 이론

빵의 재료와 역할

수천 년 전의 빵은 밀가루나 보릿가루를 물에 섞어 굽기만 하여 마치 전병 같았습니다. 여기에 맥주를 만들고 남은 찌꺼기를 넣어 발효 빵을 발명하고 그 후로도 꿀, 산양의 젖을 넣거나 암염을 부수어 넣는 등 빵 진화의 역사적인 변천을 되짚어볼 때 원료 및 재료의 발달과 발전을 빼놓을 수 없습니다.

오늘날 빵을 만들 때 반드시 필요한 재료는 밀가루, 이스트, 물, 소금의 네 가지로 발효식품으로서의 빵이 성립하는 데 필수불가결한 존재입니다. 다음으로 빵을 부가적으로 맛있게 만드는 재료가 설탕, 유지, 유제품, 달걀의 네 가지인데 이러한 부재료는 생지에 변화를 가져왔습니다. 딱딱하고 담백한 빵부터 부드럽고 풍부한 감칠맛을 가진 빵까지 종류가 대폭 늘어난 것이지요.

이로 인해 빵은 3대 영양소(당질, 단백질, 지질)가 주를 이루며 비타민, 미네랄, 섬유질 등도 함유한 종합가공식품이 되었습니다.

이번 장에서는 네 가지의 기본 재료와 네 가지의 부재료 순서로, 종류 및 생지와 빵 자체의 주요 특성과 기능을 설명합니다.

1. 밀가루

일본에서 사용되는 빵용 밀의 대부분은 미국이나 캐나다에서 수입됩니다. 수입된 밀을 일본의 제분업체가 제분하여 빵용 밀가루로 판매하고 있습니다.

· 강력분

일반적으로 밀 단백 함량 11.5~14.5%, 회분량 0.35~0.45% 정도인 것을 강력분이라 부르며, 식빵을 중심으로 빵 전반에 사용합니다. 강력분은 단백질 함량이 많은 경질밀을 섞어 제분하므로 점탄성이 있는 글루텐을 형성하고, 가루의 흡수율도 높아지므로 강력하면서도 장시간 믹싱이 가능해져 빵의 볼륨을 추구하기에는 가장 적합합니다.

· 프랑스빵용 밀가루

일반적으로 밀 단백 함량 11.0~12.5%, 회분량 0.4~0.55% 정도인 것을 프랑스빵용 밀가루(프랑스빵 전용가루)라고 하며 프랑스빵을 비롯한 하드 계열 또는 세미 하드 계열 빵에 사용합니다. 이 가루는 프랑스

밀가루 '타입55'(회분량이 0.50~0.60%)를 모델로 일본에서도 맛있는 프랑스빵을 구울 수 있도록 경질밀과 준경질 밀 등을 섞어 제분한 것입니다. 강력분의 일종으로 제빵성이 높을 뿐만 아니라 풍미와 맛이 있는 밀가루입니다.

· 박력분

일반적으로 밀 단백 함량 6.5~8.5%, 회분량 0.3~0.4% 정도인 것을 박력분이라고 하며 주로 제과용으로 사용합니다. 제빵에서는 소프트 계열의 과자빵이나 도넛을 비롯해 입에서 살살 녹고 잘 씹히는 빵을 만들 때 가루의 일부에 박력분을 배합합니다.

· 통밀가루(그레이엄 가루)

기본적으로는 밀알 전체를 굵게 빻은 가루로 밀기울, 배유, 배아 부분이 섞여 있기 때문에 일반 밀가루에 비해 회분(미네랄) 함유량이 높습니다. 그레이엄 브레드나 팽 콩플레를 비롯하여 하드 계열이나 세미 하드 계열 빵에 특유의 식감과 풍미를 더할 때 가루 일부에 통밀가루를 배합합니다.

> 밀가루의 역할
> ① 밀 특유의 단백질(글루테닌과 글리아딘)이 물과 결합하여 힘이 더해지면서 글루텐이 형성된다. 글루텐막이 열 응고로 인해 단단해지면서 건축물에 빗대자면 기둥의 역할을 하며 빵의 골격을 형성한다.
> ② 밀 전분이 물을 흡수하여 팽윤·호화한 후에 열 응고로 인해 단단해지면서 건축물에 빗대자면 글루텐의 기둥과 기둥 사이를 메우는 벽을 형성한다.

2. 호밀가루

북유럽과 러시아에서 널리 재배되는 호밀은 독특한 풍미를 가진 곡물의 하나입니다. 호밀에 들어 있는 단백질은 글루텐을 형성하지 않으므로 호밀빵은 사워종을 사용하는 특수한 제법으로 만듭니다. 그 밖의 하드 계열이나 세미 하드 계열 빵에 사용하는 경우에는 가루의 일부에 호밀가루를 배합합니다.

3. 이스트

이스트는 생지의 발효 및 팽창에 직접적으로 관여하는 중요한 재료입니다. 이스트의 알코올 발효로 생성되는 탄산가스는 생지의 팽창원이 되며, 이와 동시에 발생하는 에탄올이나 유기산은 빵의 풍미를 만듭니다. 최근에는 냉동 보관할 수 있는 세미 드라이 이스트 등 새로운 제품도 개발되었습니다. 빵의 종류나 제법에 따라 사용하는 이스트의 종류와 첨가량이 달라지므로 주의하여 선택합니다.

· 생이스트

가장 널리 사용되는 이스트입니다. 침투압 내성이 있으며 생지의 자당 농도가 높아도 세포가 파괴되지 않아 과자빵 등 비교적 리치한 생지에 사용합니다. 이스트 배양액을 탈수시킨 후 성형하여 냉장 상태로 유통합니다. 소비기한은 냉장 보관할 경우 제조일로부터 약 한 달이므로 개봉 후에는 가급적 빨리 사용하도록 합니다. 생이스트 1g당 100억 개 이상의 살아 있는 효모가 존재합니다.

· 드라이 이스트

침투압 내성이 조금 약한 타입의 이스트로, 발효 중의 향이 좋아 프랑스빵 등 하드 계열 빵에 사용됩니다. 이스트 배양액을 저온 건조시켜서 가루 상태로 가공한 것입니다. 통조림 등 밀폐된 상태로 상온에서 유통됩니다. 유통기한은 미개봉 시 약 2년, 개봉 후에는 서늘하고 그늘진 곳에 보관하며 가급적 빨리 사용합니다. 사용할 때는 예비발효가 필요해요. 드라이 이스트의 약 5배 정도의 미지근한 물(약 40도 전후)과 약 1/5 양의 설탕을 준비하여 물에 설탕을 녹이고 드라이 이스트를 넣어 가볍게 섞은 다음 10~15분 동안 발효시키고 한 번 더 섞어서 사용합니다.

· 인스턴트 이스트(인스턴트 드라이 이스트)

이스트 배양액을 동결 건조시켜 과립 상태로 만든 것입니다. 진공 팩 상태로 상온에서 유통됩니다. 유통기한은 미개봉 시 약 2년, 개봉 후에는 밀봉하여 냉장 보관하며 가급적 빨리 사용합니다. 생이스트의 절반 이하로 사용해도 동등한 발효력이 있으며, 물에 녹이거나 가루에 섞어 사용할 수 있어요. 무당 생지용, 유당 생지용 등 몇 가지 종류가 있으며 모든 빵에 사용 가능합니다.

> **이스트의 역할**
> ① 이스트는 생지 내의 당질을 분해해 알코올 발효한다. 이때 생성되는 탄산가스가 빵 생지를 팽창시킨다.
> ② 이스트가 생지 내의 당질을 분해하여 알코올 발효할 때 생성되는 에탄올(방향성 에탄올)이 빵의 주된 향미 성분이 된다.

4. 물

물은 비용 문제도 있으므로 기본적으로는 수돗물을 사용합니다. 물의 맛이나 경도를 따지는 경우에는 정화수나 미네랄워터 등을 사용하세요. 일본 수돗물은 연수이므로 탄산칼슘 등의 수질개량제를 소량 첨가해 물의 경도를 높여 생지의 탄력을 강화할 수도 있습니다. 한국의 수돗물은 경수에 가깝고 빵에 가장 적합한 물은 아경수입니다.

> **물의 역할**
> ① 밀 단백에 흡수되어 글루텐을 형성한다.
> ② 가열하면 전분에 흡수되어 전분의 호화를 촉진한다.
> ③ 수용성 재료를 용해하여 결합수가 되고, 글루텐이나 전분 입자와 결합해 빵의 보습성을 높인다.

5. 소금

소금은 기본적으로 염화나트륨 함유량이 95% 이상인 정제염을 사용합니다. 정제염은 순도가 안정적이기 때문입니다. 짠맛이나 풍미를 따지는 경우에는 해수염이나 암염을 사용하세요. 단, 그런 소금은 풍미를 만드는 다른 미네랄을 많이 함유한 대신 짠맛의 공급원인 염화나트륨의 함유량이 안정적이지 않습니다. 소금의 성분을 잘 확인하고 생지에 어느 정도 배합할지를 결정하세요.

> **소금의 역할**
> ① 인간의 미각에서 중요한 짠맛을 빵에 부여한다.
> ② 소금이 생지 내의 글루텐에 작용하여 글루텐이 들러붙는 것을 감소시키고, 동시에 탄성을 강화한다.
> ③ 이스트를 비롯해 각종 미생물에 대해 항균 작용을 하며, 발효를 조절한다.

6. 설탕

세계적으로는 설탕이라고 하면 그래뉴당을 의미하는 경우가 많으며, 제과·제빵업계에서도 기본적으로는 같습니다. 하지만 일본에는 전화당을 넣은 독자 자당인 상백당이 있습니다. 그래서 일본요리나 화과자(일본의 전통과자)에는 상백당, 양과자에는 그래뉴당을 구분해 사용합니다. 빵을 만들 때는 기본적으로 그래뉴당을 쓰지만, 과자빵 등 일부에는 상백당을 사용하기도 합니다. 그 밖의 설탕으로는 흑설탕, 브라운슈거 등이 있으며 빵의 종류에 따라 꿀, 메이플 시럽, 당밀 등의 액당을 사용하기도 합니다.

· 그래뉴당

고순도의 당액으로 만드는 무색의 결정체로 끈적이지 않습니다. 자당 순도도 높고 물에 잘 녹는 성질을 가지고 있어요.

· 상백당

전화당이 함유된 상백당은 그래뉴당에 비해 단맛이 강하며 감칠맛도 있지만, 수분도 함유되어 있어 끈적이기 쉽습니다. 아미노산이 존재하는 과자빵 생지의 경우 전화당의 영향으로 가열하면 메일라드 반응이 일어나기 쉽고, 그래뉴당에 비해 구웠을 때의 빛깔이 잘 나옵니다.

설탕의 역할
① 인간의 미각에 중요한 단맛을 빵에 부여한다.
② 이당류인 자당이 효소에 의해 분해되어 단당류인 포도당과 과당이 되며, 그것이 이스트의 영양원이 된다.
③ 당질은 가열되면 캐러멜화(탄화)하므로 빵의 잘 구워진 빛깔에 크게 기여한다.

7. 유지

버터, 마가린, 쇼트닝으로 대표되는 고형 유지는 가소성을 가지므로 제빵에 적합합니다. 빵의 종류에 따라서는 올리브유, 샐러드유 등의 액상 유지를 사용하는 경우도 있습니다.

· 버터

우유를 원료로 하여 가공한 식용유지로 유제품의 한 종류입니다. 우유에 함유된 유지방을 응축시켜 만들며 유지방 80% 이상, 수분 17% 이하인 것이라고 법령으로 정해져 있습니다. 버터는 가열하면 풍미가 증가하므로 빵에 독특한 풍미를 더할 수 있습니다.

· 마가린

식물성·동물성 유지를 원료로 하며 향미료 등을 첨가한 후에 고형으로 가공한 식용유지입니다. 고가인 버터의 대체품으로 개발되었습니다. 맛과 풍미는 버터보다 못하지만, 유지 함유량이 80% 이상으로 규격화되어 있고 가소성이 우수하므로 제빵에 적합합니다.

· 쇼트닝

식물성·동물성 유지를 원료로 하며 정제한 후에 고형으로 가공시킨 무색, 무미, 무취의 식용유지입니다. 라드의 대체품으로 개발되었으며, 유

지 함유량이 100%로 수분은 전혀 들어 있지 않아 빵을 바삭바삭하게 만들어줍니다.

유지의 역할
① 빵에 독특한 풍미를 부여한다.
② 생지 내의 글루텐을 코팅하고 생지의 가소성과 신장성을 높인다.
③ 버터 등에 함유된 카로틴(색소)이 빵의 색과 맛에 영향을 준다.
④ 빵이 딱딱해지는 것을 늦춘다.

8. 유제품

유제품은 빵의 풍미 향상이나 색을 개선하는 데 꼭 필요한 재료 중 하나입니다. 빵에는 일반적으로 탈지분유가 사용되는데, 빵의 종류에 따라서는 우유, 생크림, 요거트, 치즈 등의 유제품을 사용하는 경우도 있어요.

· 탈지분유

탈지분유는 우유에서 유지방을 제거한 후에 건조시켜 분말로 만든 유제품입니다. 우유에 들어 있는 유단백과 유당은 가열되면 각각 메일라드 반응과 캐러멜화가 촉진되어, 빵이 구워졌을 때의 색을 선명하게 하고 이와 동시에 특유의 달콤한 향을 만들어냅니다. 탈지분유에는 유단백, 유당 등이 응축되어 있어 우유에 비해 소량만 첨가해도 되며 간편합니다. 게다가 지방분이 제거되어 있으므로 유지의 산화·열화에 대한 염려가 없어 장기간 보존이 가능한 데다 가격도 저렴합니다.

유제품의 역할
① 빵에 은은한 우유의 풍미를 부여한다.
② 유제품에 함유된 유당은 이스트의 영양원은 되지 않으며, 생지 내에 남아 빵이 구워졌을 때의 색을 선명하게 만든다.

9. 달걀

달걀은 빵에 큰 영향을 주는 재료입니다. 달걀노른자는 빵의 맛과 풍미, 볼륨과 식감, 크러스트와 크럼의 색을 개선하는 데 유지와 더불어 최대의 효과를 내지요. 우선 첫 번째로 달걀노른자의 진한 감칠맛은 빵에 풍미와 깊은 맛을 부여합니다. 두 번째로 달걀노른자에 들어 있는 레시틴이라는 인지질이 천연 유화제가 되어 생지 내의 물과 유지를 유화시키므로 생지가 매끄러워집니다. 그 결과 생지의 신장성이 개선되어 빵의 볼륨이 더 살아나므로 식감이 가볍고 씹는 맛이 좋아집니다. 마지막으

로 달걀노른자에 함유된 카로틴이라 불리는 노란색, 오렌지색의 색소는 특히 크럼의 색을 노랗게 만들어 빵을 맛있어 보이게 합니다.

> **달걀의 역할**
> ① 빵에 독특하고 진한 풍미를 부여한다.
> ② 달걀노른자에 함유된 카로틴(색소)이 빵을 노랗게 만든다.
> ③ 달걀노른자에 함유된 레시틴(유화제)이 재료의 유화를 촉진하여 생지가 유연해지고, 빵의 볼륨이 커져 입에서 잘 녹게 된다.

10. 그 밖의 재료

· 몰트엑기스

빵의 기본 재료나 부재료에는 포함되지 않지만 빵을 만들 때 꼭 필요한 재료입니다. 싹이 난 보리를 끓여 추출한 맥아당(이당류)의 농축 엑기스로 몰트시럽이라고도 불립니다. 몰트엑기스의 주성분은 맥아당이며 주로 베타아밀라아제라고 불리는 전분 분해 효소 등이 들어 있습니다. 일반적으로 프랑스빵 등 설탕이 들어가지 않는 린 하드 계열의 생지에 사용되며, 가루 총량의 0.2~0.5% 정도를 첨가합니다.

> **몰트엑기스의 역할**
> ① 설탕이 배합되지 않은 생지는 소성 단계에서 발색이 좋지 않으므로 맥아당을 첨가하여 빵의 색을 개선한다.
> ② 몰트엑기스에 함유된 베타아밀라아제가 전분을 맥아당으로 분해하여, 제빵 공정의 비교적 이른 단계에서 생지 내에 맥아당을 많이 늘릴 수 있다.
> ③ 맥아당은 이스트가 가진 말타아제(맥아당 분해 효소)에 의해 포도당(단당류)으로 분해된 후, 이스트의 영양원이 되어 알코올 발효를 조성한다.

· 품질 개량제

이 책에서는 품질 개량제는 사용하지 않았지만 일반적으로는 사용하는 경우가 많으므로 소개합니다. 품질 개량제란 양질의 빵, 안정된 빵을 만들기 위해 개발된 식품첨가제(첨가물)의 총칭입니다. 1913년 미국의 프라이슈만사에서 빵 반죽 개량제가 개발된 것이 시초입니다. 당시에는 빵을 반죽하는 데 사용하는 수질을 개선하여 생지의 탄력성과 신장성을 개선할 목적으로 만들어졌다고 합니다. 일반적으로는 빵 반죽 개량제, 이스트 푸드라고 부르며 다양한 기능을 가진 화합물이나 혼합물이 균형 있게 배합되어 있습니다. 일본에서는 1950년 이후에 대형 제

조사를 비롯해 많은 빵집에서 이용하고 있습니다. 주요 품질 개량제는 다음과 같습니다.

> **이스트의 영양**
> · 이스트의 영양보강제(암모늄염 등) : 이스트의 활성화와 발효 촉진
>
> **수질 개선**
> · 수질 개량제(칼슘염 등) : 물의 경도를 조정하여 생지의 탄력성과 신장성을 개량
>
> **반죽 성질 개량**
> · 산화제(비타민C : L-아스코르빈산 등) : 생지의 산화를 촉진하여 글루텐을 강화
> · 환원제(L-시스테인 등) : 생지의 환원을 촉진하여 글루텐의 신전성과 신장성을 촉진
> · 가교제(l-시스테인 등) : 글루텐의 가교 밀도를 높여 생지의 가스 유지력을 향상

제빵의 공정

빵을 제조하는 순서를 공정이라고 부르는데, 실제 작업 및 작업과 작업 사이의 시간 경과로 나뉩니다. 빵의 제법은 종류가 많지만 본반죽을 제작한 후의 공정에는 큰 차이가 없습니다.

제빵 공정은 크게 ① 생지 제작, ② 생지 발효 관리 및 작업, ③ 생지 소성이라는 세 가지로 나뉩니다. 여기서는 생지의 믹싱부터 소성에 이르는 공정을 순서대로 설명합니다.

1. 믹싱

믹싱은 밀가루를 비롯한 생지의 재료를 믹서 볼에 넣고 믹서에 장착된 팔을 회전시켜 재료를 반죽하여 생지를 만드는 공정입니다. 믹싱에는 생지의 완성도에 따라 다음의 4단계가 있습니다.

<제1단계> **재료의 혼합**
각 재료를 균일하게 분산시켜 혼합한다. 설탕, 소금 등을 녹여 밀가루와 결착시킨다.

<제2단계> **밀가루의 수화**
물이 밀가루에 흡수되어 결합수가 되고, 다른 재료도 함께 흡착한다.

<제3단계> **글루텐 조직의 형성**
믹싱이 진행되면서 서서히 글루텐이 형성된다.

<제4단계> **반죽의 완성**
글루텐 조직이 완성되고 생지의 산화가 진행되어 생지가 완성된다.

2. 발효

발효란 믹싱을 통해 완성한 생지를 적절하게 발효 및 팽창시키는 시간을 말합니다. 이때 생지 내에서는 이스트가 적절한 온도에서 활성화하며, 당질을 분해하고 알코올 발효하여 탄산가스를 생성합니다. 생지 내의 그물 모양을 한 글루텐 조직이 이 탄산가스를 보존·유지하기 때문에 탄산가스가 생성될수록 글루텐 조직도 그와 함께 늘어나며 생지도 팽창해갑니다. 이것을 제빵 과학에서는 '생지의 발효'라고 부릅니다. 또한 발효 중에는 탄산가스 외에 에탄올이나 유기산 등의 화합물도 생성되는데 이것이 빵의 풍미를 만듭니다.

중종법에서는 이 단계의 발효를 일반적으로 '플로어타임'이라고 부릅니다. 플로어는 영어로 마루를 의미하지요. 옛날에는 생지를 반죽하는 통이나 발효 통을 마루에 두었기 때문에 생지를 발효시키는 시간을 플로어타임이라 부르게 되었습니다.

3. 펀치(가스 빼기)

펀치란 발효로 인해 생지 내에 가득 찬 탄산가스를 방출하고, 발효와 팽창으로 이완된 생지에 다시금 긴장을 부여하는 일입니다. 실제로 팽창한 생지를 누르거나 접은 다음 발효 케이스에 넣는 공정을 가리킵니다. 생지의 개성에 따라 펀치의 강약을 조절해야 해요.

펀치를 진행한 생지는 다시 발효시킵니다. 펀치 전과 후의 발효를 각각 1차 발효와 2차 발효(또는 전 발효, 후 발효)로 구별하기도 하지만 이 책에서는 모두 발효로 통일했습니다.

펀치의 목적
① 생지 내의 탄산가스를 방출하고 새로운 산소를 넣어 이스트를 활성화시킨다.
② 생지의 팽창으로 이완된 글루텐 조직에 물리적인 힘을 가해 긴장을 강화시킨다.

4. 분할·둥글리기

분할이란 발효한 생지를 일정한 중량으로 나누어 자르는 것을 말하며, 둥글리기란 분할한 생지를 둥근 형태로 굴리거나 가볍게 접어 표면에 탄력을 주는 작업을 말합니다. 보통 생지는 분할한 직후 둥글리기를 진행하는데, 생지나 빵 종류에 따라 둥글리기의 강약과 모양을 달리합니다. 둥글리기는 성형할 때의 생지 상태를 개선하기 위한 작업으로, 생지 표면의 글루텐 조직을 긴장시켜 모든 방향으로 신장성을 갖게 하는 것이 목적입니다.

둥글리기는 신속하게 같은 모양으로 작업하는 것이 중요하며, 기본적으로 수작업입니다. 둥글게 만드는 이유는 성형 시 두루 사용할 수 있어 다양한 모양으로 변화가 가능하기 때문입니다. 하지만 가늘고 긴 막대기 모양으로 성형하는 것 중 생지의 힘이 약한 경우에는 가볍게 접어 직사각형으로 다듬기도 합니다. 이 경우는 생지가 일정한 방향으로만 늘어나면 되기 때문입니다.

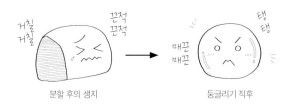

분할 후의 생지   둥글리기 직후

5. 벤치 타임

벤치 타임이란 둥글리기를 끝낸 생지의 긴장을 완화하고 생지의 신장성과 신전성을 회복시키는 시간을 가리킵니다. 둥글린 직후의 생지는 글루텐 조직의 탄력성이나 복원력이 강해 성형하기 어려우므로, 잠시 휴식 시간을 주어 생지를 발효시키고 글루텐 조직을 이완시키면 생지의 신장성과 신전성이 회복됩니다. 벤치 타임을 끝낸 생지는 조금 커지므로 생지가 발효 및 팽창되었음을 알 수 있어요.

벤치는 영어로 작업대를 말합니다. 옛날에는 분할하여 둥글게 다듬은 생지를 작업대 옆에서 휴지시킨 후에 성형했기 때문에, 둥글린 후에 성형에 들어가기 전까지의 시간을 벤치 타임이라고 불러요.

벤치 타임 후

6. 성형

성형이란 벤치 타임을 끝낸 생지를 여러 가지 모양으로 만드는 일입니다. 기본적인 형태는 둥근 모양, 타원형, 막대기 모양, 판 모양, 필링 등을 감싼 것 등이 일반적이지만, 구워진 빵의 풍미나 식감을 고려하여 어떤 모양으로 만들지 결정하면 됩니다. 성형한 생지는 오븐 철판에 나란히 올리거나 빵틀에 넣는데, 직접구이 하는(가마 바닥에 직접 놓아서 굽는) 경우에는 성형한 생지를 천에 올리거나 발효 바구니에 넣습니다.

7. 최종 발효

성형 후의 생지를 최종적으로 발효시키는 시간을 가리킵니다. 소성 직전에는 생지의 발효 상태를 정확히 파악하는 것이 중요해요. 최종 발효가 불충분한 생지는 소성 중 오븐 스프링이 일어나지 못하여 볼륨 없는 빵이 만들어지며, 과다하게 발효된 생지는 빵의 형태가 망가집니다. 게다가 생지 신장성의 한계를 넘어 발효가 과다하게 된 반죽은 가스를 보존하지 못해 가스가 새고 빵이 오므라들게 됩니다. 이것을 생지가 '다운' 되었다고 표현합니다.

8. 오븐에 넣기

최종 발효를 끝낸 생지를 오븐 안에 넣는 작업을 말합니다. 윤기를 내기 위해 표면에 달걀물을 바르거나 쿠프를 넣는 등 오븐에 넣기 전에 필요한 작업은 기본적으로 이 단계에 진행합니다.

9. 소성

소성이란 생지를 오븐에 넣은 후 빵으로 다 구워져 오븐에서 꺼낼 때까지를 가리킵니다. 성형이나 무게, 생지의 종류에 따라 소성의 조건(시간·온도)은 달라지는데, 특수한 경우 이외에는 대개 180~240℃, 10분~50분 정도의 범위에서 소성합니다.

10. 오븐에서 꺼내기

구워진 빵을 오븐에서 꺼내는 작업을 말해요. 구워진 빵은 가급적 빨리 오븐 철판에서 쿨러로 옮깁니다. 오븐 철판 위에 오래 두면 빵의 바닥 부분과 철판 사이에 증기가 고여 바닥 부분의 크러스트가 눅눅해지거나 불어버리거든요. 식빵처럼 틀에 넣어 굽는 빵은 오븐에서 꺼낸 직후에 충격을 가해 틀에서 빼낸 후 쿨러로 이동시켜 케이브 인 현상을 방지합니다(→p.169).

11. 냉각

구워진 빵은 쿨러에 올려 열을 제거하고 크러스트와 크럼의 상태를 안정시킵니다. 이것은 여분의 증기와 알코올 등이 빵 내부에서 방출되는 데 필요한 시간입니다. 소형 빵은 20분 전후, 대형 빵은 1시간 전후로 걸립니다.

믹싱의 기본

재료를 혼합해 생지를 반죽하는 믹싱은 제빵 공정 중에서도 빵의 완성을 좌우하는 중요한 공정입니다. 하지만 빵의 종류, 제법과 배합에 따라 믹싱 중의 생지 상태도 다를뿐더러 믹싱 종료 시의 상태도 다릅니다. 즉, 만들고자 하는 빵에 따라 생지를 적절히 반죽해야 합니다.

1. 조정수를 넣는 타이밍

빵 생지는 같은 재료를 같은 분량으로 반죽해도 경도(단단한 정도)가 일정하게 만들어진다는 보장은 없습니다. 그래서 사용할 물에서 일부를 미리 덜어두었다가 믹싱 도중에 생지의 상태를 확인하면서 추가하여 반죽의 경도를 조정합니다. 이때 덜어둔 물을 조정수라고 해요.
조정수를 넣는 타이밍은 다음과 같으며 기본적으로 믹싱 초반에 넣습니다.

> ① 재료 혼합이 완료되기 전
> ② 글루텐 형성의 초기 단계
> ③ 반죽의 물 빠짐(물이 밀가루에 흡수되는 것)이 완료되기 전

가급적 이른 단계에 넣어 밀 단백질에 흡수시켜 글루텐과 결합시키는 것이 중요합니다.

2. 유지를 넣는 타이밍

유지를 도중에 투입하는 경우는 기본적으로 믹싱 중반에 생지의 유화가 비교적 용이하고 침투하기 쉬워지는 다음의 상태에 넣습니다.

> ① 밀 단백이 물의 대부분을 흡수하고 생지의 물 빠짐이 완료된 후
> ② 글루텐의 대부분이 형성된 후

3. 생지별 믹싱 경과

하드-린 계열의 생지, 소프트-리치 계열의 생지, 그 중간의 생지 세 가지를 들어 믹싱의 시작부터 종료까지 각 단계의 생지 상태를 사진과 함께 설명합니다. 생지 상태를 파악하여 믹싱의 기본 개념을 이해할 수 있습니다. 생지 상태의 확인은 되도록 얇게 펴서 진행하지만 여기에서는 의도적으로 찢어서 확인하기도 합니다. 두께 및 찢어지는 양상도 참고하기 바랍니다.

> 조건 설정
> · 버티컬 믹서의 1분당 회전수 : 1단 77, 2단 133, 3단 187, 4단 256
> · 스파이럴 믹서의 1분당 회전수 : 1단 90, 2단 180
> · 생지 양 : 3kg

1) 하드-린 생지

- 사용 생지 : 팽 트래디셔널(스트레이트법)
- 사용 믹서 : 스파이럴 믹서

하드 계열 빵을 대표하는 팽 트래디셔널은 가장 간소한 배합의 빵이라고 할 수 있어요. 기본적으로는 밀가루, 이스트, 물, 소금만으로 만들기 때문에 밀가루가 이스트 용액(물에 이스트를 녹인 것)을 직접 흡수하기 쉬워집니다. 설탕, 유지, 유제품 등의 부재료가 들어가지 않아서 밀가루가 수분을 흡수 및 결합하는 데 저해 요소가 적기 때문이지요. 그 결과 이 생지는 다음과 같은 특징을 갖습니다.

> ① 밀 단백(글루테닌, 글리아딘)이 물을 흡수하는 속도가 빠르므로 글루텐 형성이 빨라진다.
> ② 부재료가 섞이지 않아 밀 전분의 입자를 둘러싼 수분이 많아져 소성 시 전분이 빨리 팽윤한다.
> ③ 설탕 등의 부재료가 섞이지 않아 생지의 자당 농도가 낮으며 이스트의 활성이 좋아진다.

스트레이트법으로 만드는 팽 트래디셔널의 경우 생지 제작 후의 발효 시간이 길기 때문에 발효 중 생지의 산화 촉진에 의한 글루텐 형성과 펀치에 의한 글루텐 강화를 고려하여 약간 부족한 느낌으로 믹싱을 끝내는 것이 가장 좋습니다.

<제1단계> 재료의 혼합

1단으로 1분 믹싱하여 생지의 원형을 만듭니다. 밀가루, 물, 이스트, 소금 등이 어느 정도 분산되어 있지만 생지는 끈적이며 잡아당기면 쉽게 끊어집니다. 이 단계에서 물의 주된 역할은 밀가루에 분산시킨 소금의 결정과 인스턴트 이스트의 과립을 녹이는 것입니다. 밀가루에 함유된 단백질은 물을 흡수하고는 있지만 글루텐을 형성하지는 않았으므로 생지에 신장성과 신전성은 없습니다.

<제2단계> 밀가루의 수화

1단으로 2분(합계 3분) 믹싱하여 모든 재료를 균일하게 분산시켜 완전한 혼합물을 만듭니다. 물은 대부분이 밀가루에 흡수되었지만, 표면에는 아직 살짝 떠 있는 상태입니다. 글루텐이 형성되기 시작하여 탄력과 신장성을 가지게 됩니다.

<제3단계> 글루텐 조직의 형성

1단으로 3분(합계 6분) 믹싱하여 생지의 70~80%를 완성합니다. 물이 완전히 없어져 생지가 들러붙지 않으며 표면은 매끄럽습니다. 글루텐의 탄력과 신장성이 더욱 강해지고 얇은 그물막 모양의 조직을 형성합니다.

<제4단계> 생지의 완성

2단으로 2분 30초(합계 8분 30초) 믹싱하여 생지를 완성합니다. 약간 노란색과 광택을 띤 생지에서 유연성이 느껴져요. 생지의 일부를 떼어 늘이면 글루텐의 얇은 막이 나타납니다. 아직 조금 고르지 않고 잘 찢어지는 부분도 있지만 손가락이 살짝 비칩니다. 이것은 글루텐의 그물막 모양 조직과 신장성이 향상되었음을 나타냅니다.

2) 소프트-리치 생지

- 사용 생지 : 브리오슈(스트레이트법)
- 사용 믹서 : 버티컬 믹서

브리오슈는 리치한 생지의 대표적인 빵으로 팽 트래디셔널과 정반대편에 위치해요. 일반적으로 밀가루, 이스트, 물, 소금의 네 가지 기본 재료에 당류, 탈지분유, 달걀, 유지 등의 부재료를 배합하는데, 유지와 달걀의 첨가량이 압도적으로 많습니다. 그래서 유지를 넣는 타이밍이 중요합니다. 이 책에서는 유지를 한 번에 넣지만, 2~3회에 나누어 넣는 방법도 있습니다. 어느 경우든 기본적으로 밀가루 내의 단백질이 물의 대부분을 흡수하여 생지 내의 유리수가 감소하고, 생지의 물이 거의 없어졌을 때 유지를 넣습니다. 유지는 반죽 속의 글루텐 막을 따라 침투하기 때문입니다. 글루텐의 대부분이 형성된 후에 넣으면 유지의 침투가 수월해집니다. 또 유지나 달걀 등의 부재료가 많고 생지가 부드러우므로 믹싱 시간은 꽤 길어집니다.

<제1단계> 재료의 혼합

1단으로 3분 믹싱하여 각 재료를 완전히 분산시켜 혼합합니다. 달걀의 배합이 상당히 많으므로 생지는 부드럽고 끈적여요. 글루텐의 형성이 별로 보이지 않으며, 탄력은 약간 있지만 잡아당기면 쉽게 찢어집니다.

<제2단계> 밀가루의 수화

2단으로 3분(합계 6분) 믹싱하여 글루텐 원형을 만듭니다. 생지가 부드러우므로 글루텐 막에 탄력은 없습니다.

<제3단계> 글루텐 조직의 형성-전반

3단으로 8분(합계 14분)이라는 꽤 긴 시간의 믹싱을 통해 글루텐이 거의 형성됩니다. 생지의 끈적임이 없어지고 글루텐 막이 얇게 펴져 탄력과 신장성이 충분히 보입니다. 이 단계에 유지를 넣습니다.

<제4단계> 글루텐 조직의 형성-후반

유지를 넣은 후 2단 2분, 3단 2분(합계 18분) 믹싱하면 유지가 완전히 분산되어 글루텐 조직을 코팅합니다. 생지의 끈적임은 거의 없어지고, 매끄럽고 광택을 띠기 시작합니다.

 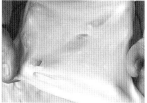

<제5단계> 생지의 완성

3단으로 6분(합계 24분) 믹싱하여 생지를 완성합니다. 유연하게 잘 늘어나는 글루텐 막이 형성되어 얇게 펴면 지문이 확실히 비칩니다.

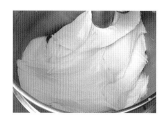 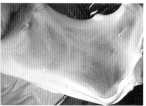

3) 중간 상태의 생지

- 사용 생지: 산형 식빵(스트레이트법)
- 사용 믹서: 버티컬 믹서

산형 식빵은 하드 계열과 소프트 계열의 중간에 위치합니다. 즉, 풍부하지도 간소하지도 않고, 부드럽지도 딱딱하지도 않지요. 일반적인 배합은 밀가루, 이스트, 물, 소금의 네 가지 기본 재료에 부재료(당류, 탈지분유, 유지 등)를 추가합니다.

<제1단계> 재료의 혼합

1단으로 3분 믹싱하여 재료를 완전히 혼합시켜 초기 단계의 생지를 만듭니다. 생지는 끈적이고 약간의 탄력은 있지만 잡아당기면 쉽게 찢어집니다. 이 단계의 후반에서 글루텐이 형성되기 시작해요.

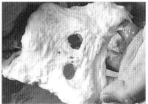

<제2단계> 밀가루의 수화

2단으로 3분(합계 6분) 믹싱하여 글루텐 원형을 만듭니다. 글루텐 막에 탄력이 보이기 시작합니다. 생지의 물이 완전히 없어져 들러붙지 않습니다.

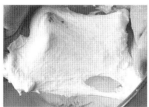

<제3단계> 글루텐 조직의 형성-전반

3단으로 2분(합계 8분) 믹싱하면 글루텐이 꽤 형성되고, 글루텐 막에 탄력과 신장성이 보이기 시작합니다. 이 단계에서 유지를 넣습니다.

<제4단계> 글루텐 조직의 형성-후반

유지를 넣은 후 2단으로 2분, 3단으로 1분(합계 11분) 믹싱하면 유지가 완전히 분산되어 글루텐 조직을 코팅하므로 신장성이 좋아집니다.

<제5단계> 생지의 완성

3단으로 5분(합계 16분) 믹싱하면 생지가 완성됩니다. 유연하게 잘 펴지는 글루텐이 형성되어 얇게 펴면 전체가 균일하게 비치는 상태가 됩니다.

발효의 기본

1. 빵은 왜 부풀어 오르는가?

빵이 부풀어 오르는 이유는 많은 제빵 기술자들에게 여전히 미스터리한 주제입니다. 생지를 발효시킨 후 구우면 그 생지는 몇 배나 부풀어 구워집니다. 이렇게 부풀어 오르는 빵을 만들기 위해 생지는 발효(팽창)와 사람의 수작업이 수차례 반복됩니다. 발효와 팽창은 생지를 키우는 일이며, 작업은 생지에 스트레스를 주는 일입니다. 볼륨 있는 먹음직스러운 빵을 구우려면 한 번에 생지를 부풀리지 않고 부풀렸다가 꺼뜨리기를 반복합니다. 생지를 조금씩 강하게 키우면서 발효시켜 부풀리는 것이 중요합니다.

발효에 의해 팽창한 생지는 마치 거대한 고무풍선 같습니다. 즉, 불어넣을 숨과 고무풍선이 필요하지요. 이 숨에 해당하는 것이 빵에서는 탄산가스이며, 고무풍선은 바로 글루텐입니다.

2. 탄산가스의 생성

탄산가스는 생지가 발효하면서 생성됩니다. 일반적으로 생지의 발효라 부르는 것은 엄밀히 따지면 생지에 첨가한 이스트에 의한 알코올 발효를 말하며, 이는 이스트가 포도당을 주요한 영양원으로 섭취하고 그것을 세포 내에서 분해하여 탄산가스와 에탄올 등을 생성하는 생화학 반응입니다. 이것을 이스트의 대사라고 부릅니다. 탄산가스는 말하자면 이스트가 내뿜는 무미무취의 배기가스 같은 것이며, 이것이 고무풍선을 부풀리는 숨입니다.

이 대사를 통해 탄산가스와 더불어 생성되는 에탄올은 방향성 알코올로 빵의 풍미가 됩니다. 또 대사를 할 때 방출되는 열(에너지)에 의해 생지 온도가 상승하여 이스트의 활동이 더욱 활발해집니다. 이렇듯 이스트의 대사는 생지 발효에 필수 불가결한 생화학 반응입니다.

3. 글루텐의 형성

탄산가스가 들어가는 고무풍선은 글루테닌과 글리아딘이라고 불리는 밀 특유의 단백질이 만듭니다. 글루테닌과 글리아딘은 생지의 성질에 아주 크게 관여해요. 탄성의 성질을 가진 글루테닌과 점성의 성질을 가진 글리아딘에 물과 물리적인 힘(치대기, 반죽하기, 때리기 등)이 가해지면, 글루텐이라는 점탄성이 풍부한 입체적인 그물코 구조의 조직이 형성됩니다.

빵을 만들 때는 믹싱 공정에서 글루텐이 형성됩니다. 믹싱 초기에는 늘어나지 않던 생지가 서서히 얇게 펴지는 것은 이러한 글루텐의 형성에 의한 것입니다. 유연한 성질을 가진 글루텐은 이스트의 알코올 발효에 의해 생성된 탄산가스를 그 그물코 구조에 잡아둘 뿐만 아니라, 가스가 빠져나가지 않도록 부풀려 보존·유지합니다. 이때 글루텐의 그물코 구조의 밀도가 높을수록 가스를 보존하고 유지하는 힘이 커지고 크게 팽창합니다.

이렇듯 빵이 부풀기 위해서는 생지 내에서 벌어지는 이스트의 생화학 반응과 믹싱에 의해 형성되는 글루텐의 점탄성이 꼭 필요합니다.

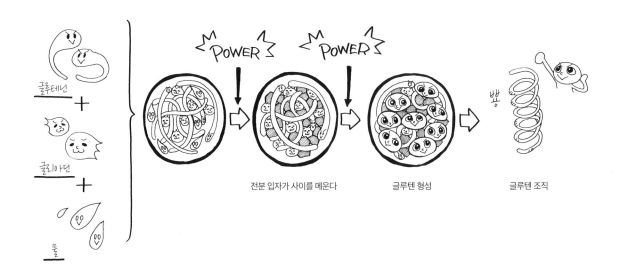

글루테닌 + 글리아딘 + 물

전분 입자가 사이를 메운다 　　글루텐 형성 　　글루텐 조직

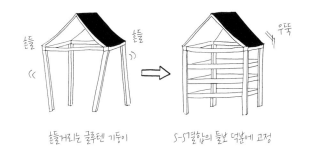

산화와 반대 현상(S-S결합을 갖는 시스테인이 SH기를 갖는 시스테인으로 분해)을 생지의 환원이라고 하는데, 과발효나 과숙성된 생지에서 일어납니다. 이것은 글루텐 간의 가교가 없어지는 일이므로 글루텐 조직이 불안정해지고 생지가 느슨한 상태가 됩니다.

4. 생지의 긴장(산화)과 완화(환원)

생지의 발효가 진행되면서 생지의 탄력이 강해집니다. 이는 글루텐과 글루텐 사이에 가교가 만들어지기 때문입니다. 하나의 글루텐에는 유황원자로 이루어진 함유아미노산인 시스테인이 같은 간격으로 배열되어 있습니다. 시스테인은 SH기를 가지며 마주보는 또 하나의 글루텐에 배열된 시스테인과 화학반응을 일으켜 S-S결합을 가지는 시스테인으로 바뀝니다. 이것이 글루텐과 글루텐을 연결하는 가교가 되어 글루텐을 안정 및 강화시킵니다. 글루텐을 집의 기둥에 비유하자면 기둥과 기둥을 이어주는 들보가 S-S결합이며, 기둥 사이의 들보의 수가 늘어날수록 튼튼한 집이 되는 셈이지요. 이 현상을 생지의 산화라고 합니다.

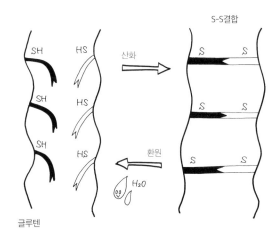

소성의 기본

소성은 제빵 공정의 최종 단계입니다. 생지를 오븐에 넣어 굽고 꺼냈을 때 비로소 빵이 탄생하지요. 말 그대로 굽고 가열하여 크러스트와 크럼을 적정한 상태로 만드는 것이 소성의 목적이며 크게 직접구이, 철판구이, 틀구이의 세 종류로 나뉩니다.

여기에서는 업무용 빵용 전기오븐(상불·하불 직하형, 스팀 기능)을 사용한다는 전제로 설명했습니다.

1. 직접구이

직접구이란 생지를 가마 바닥(압축돌판) 위에 직접 놓고 굽는 방법으로, 최종 발효시킨 생지를 슬립벨트에 올렸다가 가마 바닥으로 옮깁니다. 직접구이 빵은 하드와 세미 하드 계열이 많으며 린 타입의 배합으로 크러스트 색이 좋지 않아 소성 온도를 높게 설정합니다.

일반적으로 직접구이 빵은 200~250℃에서 소성합니다. 가마에 넣은 직후 증기를 넣는 경우가 많은데 생지 표면을 한 번 촉촉하게 만든 후에 가열하면 생지의 오븐 스프링을 촉진하고 크러스트를 바삭하게 만들어 줍니다. 소성 시간은 40~50g의 소형은 15분 정도, 300~400g의 중형은 30분 정도, 700~800g의 대형은 45분 정도가 기준입니다. 물론 생지의 종류에 따라 소성 온도와 시간은 달라지므로 조정이 필요해요.

2. 철판구이

철판구이는 성형한 생지를 오븐 철판 위에 나열하여 최종 발효시킨 후에 가마에 넣어 소성합니다. 이때 성형하는 모양에 따라 철판에 나열하는 방식과 개수의 상한이 달라집니다. 구이의 편차를 예방하기 위해 가급적 대칭의 균등한 간격으로 나열하세요. 40~50g의 생지를 철판에 올려 굽는 경우에는 아래 그림처럼 나열합니다.

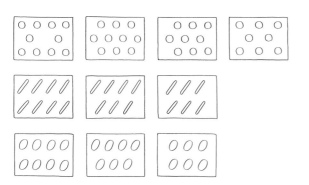

철판구이는 소프트~세미 소프트 계열 빵이 많은데, 리치한 배합이기 때문에 크러스트의 색상이 좋으므로 소성 온도는 직접구이 빵에 비해 낮게 설정합니다. 철판구이 빵은 보통 180~220℃에서 소성합니다. 소성 시간은 40~50g의 소형은 10분 정도, 150~200g의 중형은 20분 정도가 기본입니다.

같은 중량의 빵 생지라도 모양이 다르면 소성 온도와 시간이 달라집니다. 가령 50g의 생지를 둥근 모양으로 성형하여 상불 200℃, 하불 200℃에서 10분 소성한다고 가정하면, 같은 생지를 막대기 모양으로 성형한 경우는 상불 200℃, 하불 190℃에서 9분, 얇고 평평하게 성형한 경우는 상불 190℃, 하불 180℃에서 8분으로 소성합니다. 이것은 생지에 침투하는 열효율의 차이를 보여줍니다. 얇고 평평하게 성형한 생지는 속까지 구워지는 시간과 착색이 빠르지만, 둥근 모양이나 막대기 모양 등 두껍고 땅딸막한 모양의 생지는 시간이 걸립니다. 같은 중량이라도 빵의 형상이 다르면 소성 온도 및 시간이 5~10% 범위에서 늘거나 줄어들 수 있음을 기억하세요.

3. 틀구이

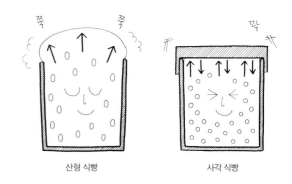

산형 식빵   사각 식빵

틀구이는 성형한 생지를 틀에 넣어 최종 발효시킨 후에 오븐에 넣어 소성합니다.

틀구이에는 뚜껑 없이 오픈 톱으로 생지의 볼륨을 제한하지 않고 굽는 빵(산형 식빵 등)과 뚜껑을 닫아 빵의 볼륨을 제한하여 굽는 빵(사각 식빵)이 있습니다. 뚜껑 없이 오픈 톱으로 굽는 빵은 상불이 생지 표면에 직접 닿아 꼭대기 부분의 크러스트 색이 진해지므로 상불을 약간 낮게 설정하여 소성합니다. 반면 뚜껑을 닫아 굽는 것은 모든 면이 틀에 둘러싸여 있으므로 상불과 하불의 온도를 같게 하거나 상불을 약간 높게 설정하여 소성합니다. 생지가 부풀어 뚜껑에 닿을 때까지 10분 정도 걸리므로 적당한 크러스트 색을 얻기 위한 조작입니다.

틀구이 빵은 400~450g의 1근 틀부터 1200~1300g 정도의 3근 틀까지 대형 빵이 많습니다. 400~450g짜리를 오픈 톱으로 굽는 경우 25분 정도, 1200~1300g짜리는 40분 정도 소성합니다. 뚜껑을 닫고 굽는 경우 오픈 톱보다 소성 시간이 약 10% 정도 길어집니다.

틀구이 빵은 틀의 용적과 생지 중량의 균형이 중요합니다. 각 생지의 특징을 잘 파악한 후 경험칙을 통해 적절한 틀 반죽 비용적(→p.10)을 산출해두면 편리합니다.

4. 열효율과 열전도

소성은 앞에서 이야기했듯 세 유형으로 나뉘지만 실제 현장에서는 계속해서 여러 종류의 빵을 구워야 합니다. 온도나 시간 설정을 세세히 조정하기 어려울 수 있으나 적어도 각 빵의 모양과 크기, 틀의 유무 등을 의식하여 굽는 것이 중요합니다.

따라서 가장 중요한 것이 열효율과 열전도입니다. 열효율을 고려하여 오븐 내의 열이 여러 생지에 고르게 퍼져 크러스트가 균일한 색으로 구워지도록 하고, 열전도를 의식하여 오븐 내의 빵이 모두 같은 타이밍에 구워지도록 크럼의 중심부까지 열을 침투시켜야 합니다.

소성 온도와 시간 설정은 어디까지나 기준일 뿐 마지막에 구워진 상태(구워진 색과 향)를 직접 확인해야 합니다. 향이 풍부하고 황금색으로 빛나는 빵은 상품으로서 가치가 높아지고 사람들의 식욕을 자극하겠지요.

다 구워졌다!

눈으로 제대로 확인!

5. 오븐 내에서 일어나는 일

최종 발효를 끝낸 생지의 중심 온도는 대개 30~35℃입니다. 생지는 오븐에 넣은 직후부터 가열되어 변화하기 시작합니다.

우선 생지는 50℃ 전후가 되면 유동성이 생기기 시작합니다. 60~70℃ 사이에서 급격히 팽창하고 80℃ 이상이 되면 팽창이 멈춥니다. 이 단계에서 빵의 볼륨이 결정되고 크러스트가 제대로 형성되며 발색이 촉진되고 크럼의 고체화도 시작됩니다. 95℃ 이상이 되면 크러스트는 알맞게 구워져 옅은 갈색이 되며 크럼은 완전히 고체화됩니다. 이렇게 소성을 거쳐 생지는 빵이라는 음식이 되지요.

이러한 변화는 대체 어떻게 일어나는 것일까요? 생지에 들어 있는 주요 성분(미생물이나 화합물 등)을 통해 그 변화를 따라가 봅시다.

1) 이스트의 활동

오븐에 넣은 생지는 중심 온도가 60℃가 될 때까지는 이스트가 살아 있기 때문에 소성 중에도 조금이지만 발효 활동과 탄산가스 생성을 계속합니다. 특히 이스트의 활동에 최적 온도인 40℃ 전후일 때는 새롭게 생성되는 탄산가스의 양이 증대하며, 50℃ 전후가 될 때까지는 이 상태가 이어집니다.

이로 인해 생지에 모여 있는 탄산가스에 새롭게 생성된 탄산가스가 더해져 가스의 유동이 활발해집니다. 또 가스를 보존·유지하는 글루텐 조직도 가열로 인해 느슨해져 생지의 유동성이 증가합니다.

60℃를 넘으면 이스트는 사멸하여 이스트에 의한 발효 활동이나 가스 발생은 일어나지 않아요. 하지만 탄산가스가 열에 의해 팽창하면서 생지가 급격히 팽창하고, 80℃까지 생지의 팽창은 대부분 종료합니다.

2) 수분의 증발

생지의 중심 온도가 60℃를 넘는 시점부터 생지 속에 들어 있는 수분이 서서히 기화하기 시작하며, 빵의 팽창을 보조합니다. 80℃를 넘으면 수증기 발생이 급격히 활발해지며, 95℃ 전후에서 여분의 수분은 대부분 증발하고 빵이 속까지 잘 구워진 상태가 됩니다.

3) 글루텐의 응고

생지의 중심 온도가 60℃ 이하일 때 글루텐은 점탄성이 풍부하며 그 신장성 덕분에 빵이 팽창할 수 있습니다. 60℃를 넘으면 열변성이 시작되고, 75℃ 전후에서 글루텐은 완전히 응고되어 빵의 골격이 됩니다.

4) 전분의 팽윤과 고체화

최종 발효를 마친 단계의 생지에는 생전분과 손상전분이 존재합니다. 손상전분이란 제분 중에 상처 입은 전분을 말하는데, 상처가 있기 때문에 효소에 의해 분해되기 쉽고 물에 더 잘 녹습니다.

생지의 중심 온도가 40~60℃가 되면 우선 손상전분이 아밀라아제 계열의 분해 효소에 의해 고분자의 전분에서 저분자의 맥아당이나 포도당으로 분해됩니다. 이를 당화라고 부르며, 생지의 점성과 유동성이 높아집니다.

다음으로 55~65℃ 정도에서 상처 입지 않은 생전분이 생지 내의 수분을 흡수하여 팽윤이 진행됩니다. 이 단계에 전분 입자는 흡수가 진행되어 꽤 불어난 상태인데, 외막이 존재하므로 둥근 모양을 유지합니다.

70℃가 넘으면 전분 입자가 깨지면서 안에서 아밀로스와 아밀로펙틴이 흘러나와 점성이 늘어나고, 완전한 호화(알파화) 상태가 됩니다.

85℃를 넘으면 이 호화한 전분에 들어 있는 물이 수증기가 되어 방출되고 전분이 고체화되면서 글루텐의 골격을 메우는 벽의 역할을 합니다.

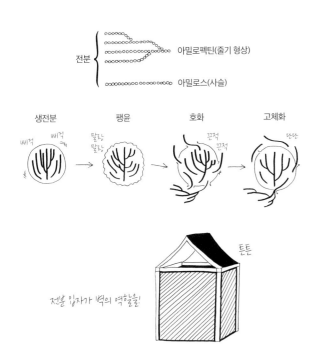

6. 빵의 향은 어디서 오는가?

빵을 구울 때의 향기나 다 구워진 빵 냄새는 말할 수 없이 매력적이지요. 향이 풍부하고 황금색으로 빛나는 빵은 만인의 식욕을 자극합니다. 그렇다면 빵의 향은 어디서 오는 걸까요?

빵은 잘 구워진 껍질 부분에 해당하는 크러스트와 속의 흰 부분에 해당하는 크럼으로 이루어지며, 크러스트와 크럼은 각기 다른 향을 가지고 있습니다. 소성 직후에는 크러스트와 크럼이 각자의 향을 내세우지만 시간이 지나면서 빵 전체에 고르게 분산되어 복합적인 향을 만들어냅니다.

1) 크러스트의 향

크러스트의 향은 크게 둘로 나뉩니다.

하나는 껍질 부분에 존재하는 당질의 캐러멜화(탄화)로 생기는 향입니다. 당질의 탄화 과정은 열을 가한 설탕과 같아요. 처음에는 설탕이 녹으면서 투명한 조청처럼 됩니다. 가열을 계속하면 연하고 투명한 황색(온도 160℃)에서 진한 황색(온도 180℃)으로 변화해요. 푸딩의 캐러멜이 이 상태에 해당합니다. 진한 황색을 띠었을 때 당질의 단맛은 거의 사라지고 타는 냄새가 강해지는데, 열을 더 가하면 마지막에는 까맣게 탑니다. 빵을 구울 때는 크러스트 온도가 180℃를 넘지 않도록 하여 캐러멜화를 중지시키므로 사람이 느끼기에 향기로운 향의 범주에 머무르는 것이지요.

크러스트의 또 하나의 향은 메일라드 반응(아미노-카르보닐 반응)에 의한 것입니다. 이것은 생지 속에 존재하는 아미노화합물과 카르보닐화합물(포도당이나 과당 등)이 가열되어 서로 반응하면서 생기는 물질의 향입니다. 간단히 말하면 단백질과 당질이 타면서 독특한 향을 만들어내는 셈이지요.

빵을 구웠을 때 나는 달콤하면서 고소한 향은 크러스트의 이러한 화학 반응에 의해 만들어집니다.

2) 크럼의 향

크럼의 향은 보다 종류가 많고 복잡하지만 기본적으로 주재료와 발효 생성물의 향이나 풍미 두 가지로 나뉩니다.

· 주재료의 향

빵의 주재료라고 하면 물론 밀가루겠지요. 그중에서도 전체의 70%를 차지하는 전분이 호화하면서 발생하는 향은 린 배합의 빵의 경우 가장 비중이 높습니다. 전분이 호화할 때 풀 냄새가 나는데, 이것은 밀 이외의 전분에도 공통된 향입니다. 밀전분과 쌀전분은 성질이 다소 다르지만 갓 지어낸 밥의 향에 가깝습니다.

· 발효생성물의 향

린 타입의 배합으로 구운 빵의 크럼은 대표적인 발효생성물인 에탄올의 적당히 자극적인 톡 쏘는 냄새, 젖산이나 초산 등의 유기산으로 인한 식초처럼 시큼한 향이 섞여 미묘한 향을 내뿜습니다. 갓 구운 빵을 자르면 코를 찌르는 자극적인 냄새를 느낄 때가 있는데, 그것이 에탄올의 향입니다. 에탄올은 시간이 지나면 기화하므로 빵 속에 오래 머무르지 않습니다. 리치 타입의 배합으로 구운 빵은 설탕의 달콤한 향이나 유지와 계란의 깊고 진한 향이 밀가루나 발효생성물의 향을 능가하여 강하게 반영됩니다.

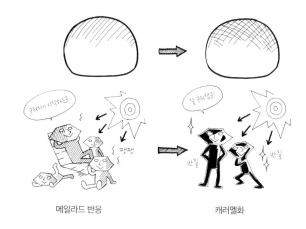

메일라드 반응   캐러멜화

7. 빵의 노릇노릇한 색깔은 어떻게 생기는가?

빵집에서 황금색으로 빛나는 빵을 보면 너무도 먹음직스러워 절로 손이 나갑니다. 특히 갓 구운 빵은 윤기도 흘러 식욕을 돋우지요. 그렇다면 빵을 구웠을 때 나는 이 노릇노릇한 빛깔은 어떻게 생기는 걸까요?

생지를 오븐에 넣고 가열하면 생지 속의 수분이 서서히 기화하여 생지 표면에 얇은 수증기 막을 만듭니다. 이때 생지 표면은 수증기로 인해 촉촉하고, 고체화되지 않았기 때문에 팽창하기 쉬워요. 표면 온도도 100℃ 전후이므로 생지가 색을 띠지는 않습니다.

가열이 더 진행되고 수증기 막이 건조되어 없어진 후 생지에 직접 열이 닿으면서 표면 온도가 150℃ 전후가 되면 메일라드 반응(아미노-카르보닐 반응)이 일어납니다. 이것은 생지 내에 존재하는 아미노화합물과 포도당이나 과당 등의 환원당이 가열되면서 서로 반응하여 최종적으로 멜라노이딘이라고 불리는 갈색 색소를 합성하는 반응을 말합니다. 메일라드 반응은 초기, 중기, 후기의 세 단계로 나뉘며 착색의 정도도 무색, 노란색, 갈색으로 각각 달라집니다.

생지의 표면 온도가 160℃ 전후가 되면 이번에는 생지 표피에 존재하는 당질의 캐러멜화(탄화)가 시작됩니다. 이 단계의 생지는 연한 갈색이지만 가열이 계속되어 표면 온도가 180℃ 전후가 되면 짙은 갈색으로 바뀝니다. 당질의 단맛은 완전히 소실되며 탄 냄새가 약간 느껴집니다. 그 이상 가열하면 까맣게 타버립니다.

이렇게 빵의 빛깔은 메일라드 반응과 캐러멜화가 복합적으로 얽혀 노릇노릇하게 잘 구워진 색이 되는 것입니다.

빵의 제법

오늘날의 일본은 세계적으로 유례를 찾아볼 수 없을 만큼 빵의 종류가 많은 나라라 할 수 있어요. 다양한 빵을 제조하기 위한 제법 역시 프랑스나 독일 등의 유럽 국가와 미국 등 전 세계에서 들여오고 있습니다. 그 나라의 독특하고 개성적인 제법도 있고, 같은 제법이라도 명칭이 다른 것도 있습니다. 그런 수많은 제법을 정리하여 이 책에서는 다음과 같이 분류했습니다.

빵의 제법은 기본적으로 스트레이트법과 발효종법이라는 두 가지로 나뉩니다. 스트레이트법은 생지를 상온에서 단시간 발효시키는 것과 저온에서 장시간 발효시키는 것이 있어요. 발효종법에는 액종, 반죽종, 사워종, 자가제 효모종 등의 발효종을 사용하는 것이 있습니다. 액종과 반죽종을 사용하는 것은 스트레이트법과 마찬가지로 상온에서 단시간 발효시키는 것과 저온에서 장시간 발효시키는 것으로 나눌 수 있습니다.

모든 재료를 믹서에 넣고 한 번의 믹싱으로 생지를 완성시키는 스트레이트법은 20세기 초 탄산가스를 많이 산출하는 빵용 생이스트가 미국에서 공업적으로 생산되기 시작한 것을 계기로 개발된 획기적인 제법입니다.

처음 소개된 것은 1916년에 미국에서 발행된 책 『Manual for army bakers』의 '스트레이트 도우 메소드'입니다. 그때까지는 발효종으로 빵을 만드는 것이 유일무이한 제법이었으며, 빵을 굽는 데 며칠씩 걸리곤 했지요. 그 후 19세기 후반에 독일에서 맥주효모 제조가 공업화되고 그것을 제빵에 이용하면서 당일에 빵을 구울 수 있게 되었습니다.

그리고 20세기에 빵용 이스트의 순수배양이 성공하면서 효모 1g당 균 수가 천문학적인 숫자로 증대했습니다. 그 결과 생지의 발효나 팽창이 단시간에 완료되었고, 전체 공정의 소요 시간이 현저하게 단축되었습니다. 지금은 빠르면 2~3시간, 오래 걸려도 5~6시간이면 빵을 구울 수 있지요.

빵용 효모를 순수배양한 공업제품인 이스트가 등장한 지 약 1세기가 흘렀습니다. 오늘날 스트레이트법은 세계적으로 빵의 기본 제법이라 인식될 만큼 발전했습니다. 일본에서도 제빵 소매점에서부터 대규모의 빵공장까지 널리 이용하는 대표적인 제법입니다.

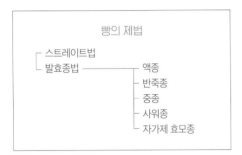

1. 스트레이트법

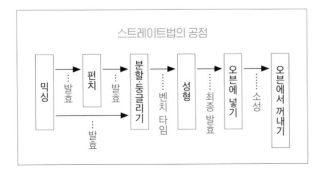

스트레이트법의 장점
① 재료의 풍미를 반영할 수 있다.
② 발효 시간이 짧고 전체 공정의 소요 시간도 짧다.
③ 빵의 식감과 볼륨을 조절하기 쉽다.

스트레이트법의 단점
① 빵의 경화(노화)가 빠르다.
② 생지의 신장성이나 신전성이 부족하며 생지가 손상되기 쉽다.
③ 빵의 볼륨에 제한이 생기기 쉽다.

---

2. 발효종법

발효종법이란 사용하는 가루의 일부, 물, 이스트로 미리 생지를 만들어 발효·숙성시키고(발효종), 여기에 나머지 가루와 그 외의 재료를 더해 본반죽을 완성시키는 제법입니다. 발효종은 형상에 따라서 액상(페이스트 상태)인 것을 액종, 반죽 상태인 것을 반죽종이라고 구분합니다. 액종과 반죽종은 종에 사용하는 가루가 전체 가루 양의 30~40%인 경우가 많으며, 50~100%를 사용하는 중종에 비하면 종을 이용하는 효과나 영향은 적습니다.

1) 액종

이 책에서 말하는 액종이란 가루 총량의 30~40%의 가루와 물을 기본 1:1로 배합하고, 소량의 이스트와 소금을 넣고 섞어 만든 페이스트 상태의 생지를 12~24시간 범위 내에서 저온 발효시켜 숙성시킨 것입니다. 저온에서 장시간 발효시키면 발효생성물과 재료의 풍미가 잘 반영되므로 하드 계열 빵이나 린 타입 배합의 빵에 이용됩니다.

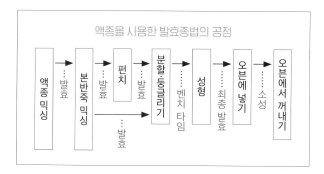

반면 상온에서 단시간 발효로 만드는 액종도 많은데, 그것들은 이스트를 많이 사용해 30~60분 정도 발효시킨 것입니다. 상온 단시간 발효로 이스트가 활성화하고 팽창원으로서의 탄산가스를 다량 생성하므로 폭신하게 부풀리고자 하는 비교적 리치한 배합의 과자빵이나 발효과자의 생지에 사용됩니다.

액종을 사용한 발효종법의 장점
① 빵의 경화(노화)가 늦다.
② 생지의 신장성과 신전성이 좋으며 생지가 잘 손상되지 않는다.
③ 저온 장시간 발효한 액종의 경우 발효생성물의 풍미를 충분히 반영할 수 있다.
④ 빵의 볼륨이 향상된다.

액종을 사용한 발효종법의 단점
① 전체 공정의 소요 시간이 길다.

액종의 역사는 그리 오래되지 않았는데 19세기 전반에 폴란드에서 만들어졌다고 일컬어지며, 그 국명을 따서 풀리시종이라고도 불립니다. 유럽 국가에서도 1920년대 이후 프랑스, 독일을 중심으로 공업제 이스트를 사용한 액종이 일반화되었지요. 여기서는 이 책에서 사용한 액종을 중심으로 대표적인 것을 소개합니다.

· 풀리시(프랑스)

폴란드에서 탄생한 이 액종은 빈에서 파리를 거쳐 20세기 초 프랑스 전역으로 퍼졌고, 팽 트래디셔널의 주류 제법이 되었습니다. 20세기 중반이 지나면서 더 간편한 스트레이트법과 남은 반죽을 이용한 제법이 대두되어 풀리시를 대체하게 되었습니다. 하지만 21세기를 맞이한 오늘날에는 당일 생산시간을 대폭 단축할 수 있는 냉장 발효나 장시간 발효한 풀리시가 제품관리나 노무관리 면에서 대량 생산 공장 등을 중심으로 재평가되고 있습니다.

· 안자츠(독일) / 스타터(영국, 미국) / 비가(이탈리아)

밀가루, 물, 다량의 이스트로 종을 만들어 상온에서 단시간 발효(30~60분)시킵니다. 주로 리치한 배합의 과자빵이나 발효과자용 액종으로 사용됩니다.

2) 반죽종

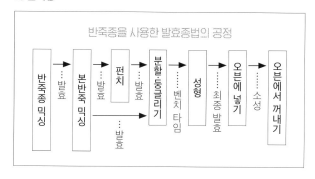

이 책에서 말하는 반죽종이란 중종을 제외한 반죽종 전반을 가리키며, 전체 가루 양의 25~40%에 이스트, 소금, 물을 넣고 반죽하여 12~24시간의 범위 내에서 발효시켜 종을 숙성시킨 것입니다. 이 반죽종에 나머지 가루와 물, 이스트, 그 외의 부재료를 넣어 본반죽을 완성합니다.

3) 중종

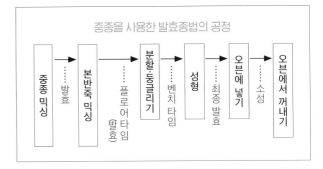

중종을 사용한 발효종법의 공정

중종 믹싱 ····· 발효 → 본반죽 믹싱 ····· 플로어 타임(발효) → 분할·둥글리기 ····· 벤치 타임 → 성형 ····· 최종 발효 → 오븐에 넣기 ····· 소성 → 오븐에서 꺼내기

반죽종의 역사는 길어요. 특히 유럽 국가에서는 독자적인 반죽종이 계승되었는데 20세기 중반 이후에는 공업제 이스트를 사용한 반죽종이 일반화되었습니다. 여기서는 이 책에서 사용한 반죽종을 중심으로 대표적인 것을 소개합니다.

· 르뱅 르뷔르(프랑스)

밀가루, 물, 소량의 이스트와 소금으로 만든 생지를 비교적 저온에서 장시간 발효(12~24시간)시킨 것입니다.

· 르뱅 믹스트(프랑스)

반죽종을 만들 때 발효반죽을 추가하는 것이 특징입니다. 반죽종을 믹싱할 때 전날 혹은 당일에 만든 발효반죽을 5~10% 정도의 비율로 넣으므로, 엄밀히 말하면 2단계식 반죽종이 되어 빵에 더 강한 발효력과 발효생성물을 부여할 수 있어요. 또 비교적 높은 비율로 본반죽에 배합되는 경우가 많으므로 구워진 빵도 자연스레 독특한 풍미와 식감을 갖습니다. 밀이나 호밀 등 곡물 자체의 맛과 발효를 통한 풍미를 충분히 끌어내는 르뱅 믹스트는 현대 프랑스의 주류 제법 중 하나입니다.

· 포어타이크(독일)

독일어로 전(前) 반죽이라는 의미로 밀가루, 물, 소량의 이스트와 소금으로 만든 생지를 비교적 저온에서 장시간 발효(12~24시간)시킨 것입니다. 주로 빵의 반죽종으로 사용합니다.

· 스타터(영국, 미국) / 비가(이탈리아)

밀가루, 물, 소량의 이스트로 생지를 만들어 비교적 저온에서 장시간 발효(12~24시간)시킨 것으로, 주로 빵의 반죽종으로 사용합니다.

중종은 반죽종의 하나입니다. 일반 반죽종은 전체 가루 양의 50% 미만으로 만드는 데 반해 중종은 전체 가루 양의 50~100%로 비율이 반대입니다. 일본에서는 '중종'이라는 명칭이 제빵업계에서 매우 친숙하기에 이 책에서는 구별하여 소개합니다.

이 제법은 1950년대에 미국에서 개발되어 공업제품인 이스트를 사용하며 확립된 스펀지 앤드 도우 메소드를 말하는 것으로, 일본에서는 '중종법'이라고 부릅니다.

전체 가루 양의 50~100%와 물, 이스트를 반죽하고 발효시켜 중종(스펀지)을 만들고 나머지 재료를 넣어 본반죽을 완성합니다. 일본에서는 대형 제빵 제조사를 비롯해 양산형 공장에서 많이 이용하는 대표적인 제법입니다.

중종법에서는 본반죽의 첫 발효(믹싱 후에 진행하는 발효) 공정을 관용적으로 플로어타임이라고 부릅니다.

일본의 중종은 크게 식빵 계열과 과자빵 계열로 나뉩니다. 식빵 계열은 사용하는 가루의 70~80%에 물, 이스트를 넣어 중종을 만듭니다. 과자빵 계열은 여기에 재료 중 당류의 일부를 추가합니다. 일본의 과자빵은 일반적으로 당류의 배합 비율이 가루 대비 30% 전후로 높기 때문에 한 번에 넣으면 생지의 자당 농도와 침투압이 높아집니다. 그래서 이스트의 세포벽이 파괴되어 활성이 저하될 우려가 생기므로, 이를 피하기 위해 당류 첨가를 중종과 본반죽으로 나눠 두 번에 걸쳐 진행하는 방법을 씁니다. 그래서 과자빵 계열의 중종을 가당중종이라고 부르며 식빵 계열의 중종과 구별하기도 합니다. 가당중종의 경우 발효력을 강화하는 의미에서 종에 첨가하는 이스트의 양을 늘리거나, 당류 외에 달걀이나 탈지분유 등 배합을 많이 하는 재료의 일부를 중종에 추가하기도 합니다.

4) 사워종

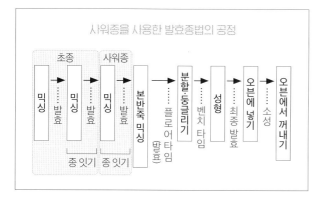

주로 호밀빵에 이용되는 제법으로, 사워종이란 호밀가루와 물만으로 (소량의 소금이 들어가는 경우도 있다) 만드는 발효종입니다. 본고장인 독일에서는 사워타이크라고 불리는데, 타이크는 '종'이 아니라 '반죽'이라는 뜻입니다. 사워종 만들기는 근본이 되는 초종(안슈텔구트)을 만드는 것부터 시작됩니다. 호밀가루와 물을 반죽한 생지를 4~5일에 걸쳐 종을 이어가며 발효 및 숙성시킨 것이 초종인데, 여기에 1~3회 정도 더 종을 이어 사워종을 완성합니다. 이 사워종을 다른 재료와 함께 반죽하여 만든 생지를 구우면 호밀빵이 완성됩니다.

이전에는 호밀로 만든 자가제 효모종(사워종)이 호밀빵을 발효시키는 유일한 방법이었으나, 생이스트가 개발된 후 사워종과 생이스트를 병용한 제법이 확립되었습니다.

<젖산 발효와 알코올 발효>

호밀에는 효모 외에 많은 젖산균이 붙어 있습니다. 물을 넣고 반죽하여 종을 만들면 우선 젖산균이 호밀의 당질(글루코오스나 펜토오스)을 분해하여 젖산 발효하고, 젖산, 초산, 에탄올, 탄산가스 등을 만들어냅니다. 이러한 생성물이 종의 pH를 낮추며 값이 4.5 이하가 되면 이어서 동일하게 호밀에 붙어 있는 효모가 활성화됩니다. 이 효모의 활동으로 알코올 발효가 촉진되고 에탄올이나 탄산가스가 생성되면 종이 발효 및 숙

성합니다. 더 반복해서 종을 이으면 단계적으로 발효 및 숙성이 진행되어 초종이 완성됩니다. 사워종은 젖산균과 효모의 공존공영의 산물인 셈이지요.

<호밀에 들어 있는 성분의 특성>

호밀가루의 성분은 단백질 14%, 펜토산 8%, 펜토산을 제외한 전분 60%, 미네랄 등 그 외의 성분이 5%이며 나머지는 수분입니다. 이 중 중요한 세 가지 성분의 특성을 살펴보겠습니다.

· 글루텐을 형성하지 않는 호밀 단백질

호밀의 주요 단백질은 알부민과 글로불린(둘 다 수용성·염용성), 프롤라민(알코올 가용성), 글루테린(알칼리 가용성)으로 채워져 있습니다.

밀 단백질의 80%를 차지하는 글루테닌과 글리아딘은 물과 결합하여 점착성과 탄력성을 가진 글루텐 조직을 형성하며, 이것이 골격이 되어 가스를 보존·유지하고 빵을 부풀립니다. 하지만 호밀가루 내의 글루테린은 글루테닌과 같은 종의 단백질이지만, 성질이 달라서 탄력성을 갖지 않습니다. 반면 프롤라민은 글리아딘과 성질이 비슷하여 물과 결합하면 점착성을 가집니다. 즉, 호밀가루만으로 만든 빵은 글루텐을 형성하지 않으므로 생지 내에 가스를 보존·유지하지 못하고, 생지의 신장성은 있지만 탄력성이 없어 볼륨이 생기지 않습니다.

· 펜토산의 존재

펜토산이란 5단당(탄소가 5개로 이루어진 단당류의 하나)인 펜토오스가 수없이 많이 결합된 고분자입니다. 약 40%가 가용성, 나머지는 불용성의 펜토오스로 이루어집니다.

가용성의 펜토오스는 중량의 약 8~10배의 수분으로 가수분해 된 후 겔화(물에 녹은 펜토오스의 미립자가 응집되어 굳는 것)하는데, 그 수분의 대부분을 겔 내에 보존·유지합니다. 한편 불용성의 펜토산은 물을 흡수한 단백질과 결합하여 페이스트 상태의 물질로 변화합니다.

일반적인 사워종의 경우 초종이 호밀 10에 대해 물 8의 비율로 혼합되어도 글루텐 형성 없이 생지의 형상을 유지할 수 있는 것은 호밀가루 내에 펜토산이 존재하기 때문입니다.

그리고 이것들을 가열하면 보수성(保水性)이 높은 상태로 고체화되므로 호밀빵은 독특한 탄력을 갖고, 높은 보수성 덕분에 보존성이 좋은 빵이 됩니다.

· 호밀 전분의 역할

호밀의 60%를 차지하는 전분은 수화·팽윤을 거쳐 호화하고, 가열을 통해 최종적으로 고체화되는 밀 전분과 같은 역할을 하는데, 호밀빵에서는 골격이 되는 글루텐이 형성되지 않으므로 기공이 조밀한 탄력을 지닌 크럼이 만들어집니다. 게다가 호밀 전분은 밀 전분에 비해 약 10℃ 낮은 온도대에서 호화하므로 고체화도 빨리 시작되며 그것이 특유의 두꺼운 크러스트를 형성하는 요인이 됩니다.

<사워종의 사용 목적 및 의의>

예로부터 사워종은 호밀빵 생지의 발효 및 팽창에 필요한 가스원이었습니다. 사워종이 없으면 빵이 부풀어 오르지 않으니 꼭 필요한 것이었죠. 하지만 생지를 팽창시키는 가스원으로 간편하게 이스트를 첨가할 수 있게 되면서 사워종의 존재 의의가 달라졌습니다. 생지의 팽창은 이스트의 역할, 생지의 pH나 산도 조정 및 발효생성물에 의한 풍미를 내는 것은 사워종의 역할이라는 식으로 각각의 사용 목적이 구별되었어요. 독일에서도 사워종의 최종 단계에서 소량의 이스트를 넣어 완성시키고, 또 호밀빵의 생지를 믹싱할 때도 이스트를 배합하는 것이 일반화되었습니다.

초종에서 사워종으로 만들기 위한 종 잇기의 횟수에 따라 1단계법, 2단계법, 3단계법 등으로 나뉩니다. 자가제 효모로서의 사워종은 3단계법이면 빵의 볼륨을 유지할 정도의 가스 발생력을 얻을 수 있지만 1단계법, 2단계법으로는 충분하지 않다고 여겨져 앞서 이야기했듯 보통은 이스트를 첨가합니다.

5) 자가제 효모종

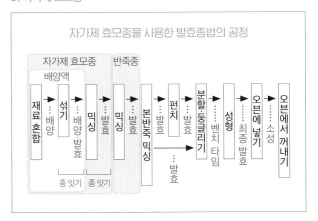

자가제 효모란 흔히 이야기하는 '천연효모'와 동일합니다. 다른 대부분의 반죽종이 이스트를 이용해 만드는 데 비해, 자가제 효모는 곡류를 비롯해 과실, 뿌리채소 등에 붙어 있거나 대기 중에 떠다니는 자연에 서식하는 효모·세균류를 이용합니다. 더 엄밀히 말하면 빵의 생지를 발효·숙성·팽창시키기 위해 야생의 효모나 어떤 종의 세균을 자가 배양한 발효종이 자가제 효모입니다. 영양분이 있는 물을 배지(培地)로 삼고 거기에 효모를 비롯한 미생물을 끌어들여 배양한 후, 그것을 밀가루나 호밀가루에 넣어 배양·발효·숙성시켜 만듭니다.

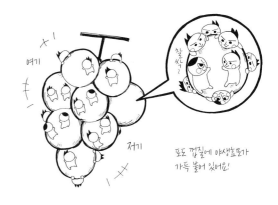

공업제품인 생이스트에는 1g당 100억 이상, 인스턴트 이스트에는 300억 이상의 살아 있는 효모가 존재하여 2~3시간이면 폭신한 빵을 구워낼 수 있는 데 반해, 수천만 정도밖에 존재하지 않는 자가제 효모로는 단시간에 생지를 팽창시킬 수 있는 충분한 가스를 얻기 힘들어요. 효모나 세균을 서서히 배양·발효시키므로 종 만들기부터 빵을 구워낼 때까지 아무리 짧아도 며칠은 걸립니다.

공업용 이스트 　　　　자가제 효모

· 활성이 강하며 수도 많다　 · 활성이 약하며 수도 적다

CO_2

· **자가제 효모의 의의**

예로부터 빵 만들기는 생지 내에서 효모나 세균 등(젖산균이나 초산균 등)의 미생물을 배양하고, 미생물의 생화학반응 중 하나인 발효를 이용해 빵을 팽창시키는 것이었습니다. 하지만 1g에 100억 이상의 살아 있는 효모가 존재하는 공업제품 이스트가 등장한 이후, 생지를 팽창시키는 원동력으로서의 필요성은 약해졌습니다. 생지의 발효와 팽창력만을 생각하면 자가제 효모는 그 효모의 수로 보아 효율적이지 않으니까요.

하지만 이 자가제 효모 안에는 다양한 세균들이 효모와 공존하면서 그들의 활동에 의해 생성되는 유기산(젖산, 초산, 구연산, 낙산 등)과 에탄올 등의 방향성 알코올이 빵에 풍미를 부여합니다. 이렇게 빵의 개성을 살리고 매력을 높이는 데에 바로 자가제 효모를 사용하는 의의와 목적, 그리고 가치가 있습니다.

자가제 효모는 혼자가 아니야!

· **자가제 효모 사용 시 주의할 점**

자연계에는 자가제 효모에 이용하는 효모와 세균류가 존재하지만, 동시에 많은 부패균과 병원균도 있으므로 자가제 효모를 취급할 때는 충분히 주의해야 합니다. 사람의 입에 들어가는 식품을 만든다는 사실을 잊지 말아야겠지요. 종에서 쉰 냄새가 나거나 곰팡이가 피거나 점도가 높아졌다면 부패한 것이라고 판단하세요. 종의 부패를 알아차리지 못하면 이차감염이나 식중독을 일으킬 수도 있습니다. 종을 만진 손으로 빵을 만지거나 같은 장소에 조리·제과도구를 놓지 않는 등의 주의가 필요합니다.

2

제빵의
기본 기술

1. 사전 준비

막힘없이 착착 빵을 만들려면 재료와 틀 준비가 필수입니다. 이 사전 준비도 빵 만들기의 중요한 공정이거든요.

재료 계량하기
재료는 분말, 고형, 액체 재료 모두 기본적으로 중량(g)으로 계량합니다.

가루를 체에 치기
밀가루는 체에 쳐서 사용합니다. 체에 치면 덩어리진 것도 없어지고 이물질이 들어가는 것도 막을 수 있어요. 공기도 더 많이 들어가고, 수분 흡수가 빨라지는 효과도 있습니다. 밀 전립분이나 호밀가루 등은 체에 치면 밀기울이나 거친 입자가 체에 남으니 치지 않아도 됩니다.

● 탈지분유를 쓸 때 주의할 점
탈지분유는 흡습성이 높아 덩어리지기 쉬우므로 계량한 후 곧장 사용하지 않을 경우에는 미리 가루나 설탕과 섞어두면 좋아요.

가루 종류를 섞기
밀가루, 소금, 설탕, 탈지분유 등의 가루 종류는 미리 섞어둡니다. 믹서볼에 넣고 거품기로 골고루 섞어요.

물 준비하기
물의 준비는 믹싱하기 직전에 하며 아래의 작업을 진행합니다.

● 수온 조정하기
생지가 목표한 온도가 되도록 물을 식히거나 데웁니다. (→수온을 구하는 계산식 p.10)

● 조정수 덜어두기
실온이나 습도, 가루 상태 등에 따라 생지의 반죽 상태는 매번 달라집니다. 그래서 처음부터 배합할 물을 모두 사용해 믹싱하지 않고 일부를 덜어두었다가 믹싱 도중에 생지 상태를 확인하면서 추가해 경도를 조정합니다. 이 물을 조정수라고 해요. 조정수는 생지에 넣을 물의 5% 정도를 사용합니다. 그런데도 생지가 단단할 때는 더 추가하기도 합니다.

● 생이스트 녹이기
생이스트는 조정수를 덜어내고 남은 물에 손으로 풀어 넣은 후 거품기로 섞어 녹입니다.

● 몰트엑기스 녹이기
몰트엑기스는 조정수를 덜어낸 물의 일부로 녹인 다음 남은 물에 넣습니다.

유지를 실온으로 만들기
냉장고에서 갓 꺼낸 버터나 쇼트닝은 단단해서 반죽에 잘 섞이지 않습니다. 믹싱에 사용할 때는 분산되기 쉽도록 부드러운 상태로 만드는 것이 기본이에요. 미리 냉장고에서 꺼내 실온에 두어 적당한 경도로 만듭니다.

● 버터의 단단한 정도

너무 단단함
손가락 끝이 들어가지 않는다.

적절함
손가락 끝이 약간 들어간다. 중심 온도는 18℃ 정도가 기준이다.

너무 부드러움
아주 쉽게 손가락이 들어간다.

발효 케이스나 틀에 유지 바르기

발효 케이스나 틀에 유지를 바르면 생지가 들러붙지 않고 떼어내기도 쉽습니다. 발효 케이스에 들러붙으면 떼어낼 때 생지가 늘어나거나 손상되거든요. 유지는 쇼트닝처럼 아무런 맛과 향이 없는 것을 사용하는 것이 좋습니다.

발효 케이스처럼 바르는 면적이 넓은 경우에는 손으로 바르고, 틀에 바를 때는 솔을 사용해 얇고 고르게 바릅니다.

2. 믹싱

재료를 골고루 분산시키고 공기가 들어가도록 하면서 적절한 탄성과 신전성을 가진 생지를 만들기 위한 공정입니다. 빵을 만들 때 가장 중요한 공정 중의 하나입니다.

조정수를 추가하는 타이밍

조정수는 생지가 잘 반죽될 때까지 추가하는데, 가급적 믹싱의 이른 단계에 추가하여 다 반죽되었을 때는 생지에 완전히 섞여 있어야 합니다.

생지 상태 확인하기

생지의 상태는 믹서의 변속이나 믹싱 종료 타이밍을 결정하는 중요한 잣대이므로 도중에 몇 차례 확인합니다.

● 상태 확인 방법

1. 생지의 일부를 손에 덜어낸다. 양은 달걀 크기 정도면 된다.

2. 손가락으로 잡아당겨 중심에서 바깥쪽으로 찢어지지 않도록 편다.

3. 생지를 잡아당기는 방향을 조금씩 바꿔 더 편다. 이를 반복하여 되도록 얇게 편다.

4. 손가락이 비치는 정도(막의 두께), 막을 찢었을 때의 힘(생지의 연결 강도), 찢어진 부분의 매끄러움(생지의 연결 정도) 등을 통해 반죽 상태를 확인한다.

믹싱 중 생지 긁어내기

믹싱 중에 볼이나 후크에 달라붙은 생지는 전체가 균일한 상태로 반죽되도록 중간에 몇 차례 긁어냅니다.

믹싱 후 생지 다듬기

믹서에서 꺼낸 생지는 가스 보존 유지력을 높이기 위해 표면이 팽팽해지도록 다듬어 발효시킵니다. 다듬으면 발효가 어느 정도 진행되었는지 가늠하기도 수월합니다.

● 케이스 안에서 다듬기

1. 생지를 믹서에서 꺼내 발효 케이스로 옮긴 후 살짝 당기면서 접는다.
2. 한두 번 더 접어서 생지를 다듬으면 자연스레 생지의 표면이 팽팽해진다.
3. 생지를 케이스의 모양에 맞춰 놓고 팽팽한 정도를 조정한다. 팽팽하게 할 때는 생지의 끝을 아래로 보내고, 느슨하게 할 때는 동작을 반대로 한다.

● 생지를 들어 올려 다듬기

1. 들어 올린 생지가 무게 때문에 처지면서 늘어나고 표면이 매끄러워지는 것을 이용해 생지를 다듬는다.
2. 양손에 번갈아 옮겨가며 생지의 표면을 팽팽하게 만든다.
3. 모양을 정리하여 발효 케이스에 넣고 위의 3과 같은 방법으로 팽팽한 정도를 조정한다.

● 작업대 위에서 눌러 둥글리기

생지가 단단한 경우 위의 두 가지 방법으로 다듬어지지 않으므로, 생지를 작업대에 놓고 둥글립니다. 표면이 끊어지기 쉬우니 힘 조절에 주의하세요.

1. 생지를 몸 반대쪽에서 중심을 향해 접고 손바닥과 손목이 연결된 부분으로 누른다.
2. 생지의 방향을 조금씩 바꾸면서 생지를 접는 동작을 반복한다.
3. 표면이 팽팽해지도록 둥근 모양으로 다듬어 발효 케이스에 넣는다.

반죽 온도

반죽 온도를 결정짓는 커다란 요인은 물의 온도, 방의 온도, 가루의 온도입니다. 이것들은 계절에 따라 크게 달라지므로 항상 같은 온도로 반죽하기는 어렵지만, 발효 시간의 길이와 큰 연관이 있으니 ±1℃를 목표로 조절하세요. 이 범위라면 발효 시간도 5~10분 정도의 차이 내에 들어가는 경우가 많습니다.

생지의 온도는 발효 중에 서서히 올라가므로, 기본적으로 발효 시간이 긴 것은 반죽 온도를 낮게 하고 발효 시간이 짧은 것은 반죽 온도를 높게 합니다. 가령 발효를 통한 풍미를 중시하는 린 타입의 하드 계열 빵의 반죽 온도는 24~26℃, 리치 타입의 소프트 계열 빵은 26~28℃로 하면 됩니다.

● 반죽 온도를 조정하는 방법

반죽 온도를 조정할 때는 대개 다른 재료에 비해 온도 조절이 수월한 물을 이용합니다(→수온을 구하는 계산식 p.10). 단, 장시간 믹싱을 하는 경우나 실온이 너무 높아 수온만으로 조절하기 힘든 경우에는 믹싱 중에 믹싱 볼을 차갑게 하거나 따뜻하게 하여 조정하기도 합니다.

● 반죽 온도 측정하기

온도계를 생지의 중심부에 닿도록 꽂아 온도를 잽니다.

3. 발효·펀치

발효란 미생물의 작용으로 인해 인간에게 유익한 물질이 생성되는 것을 말합니다. 유해한 경우는 부패라고 하지요. 제빵에서 발효는 이스트로 인해 탄산가스가 생성되어 생지가 부풀어 오르고, 알코올이나 향미 성분이 생성되어 빵의 풍미를 더하는 것을 뜻합니다.

발효실의 온도와 습도

발효 중에는 생지의 온도가 서서히 올라 이스트가 활동합니다. 발효 온도의 기준은 28~30℃입니다. 생지의 반죽 온도가 목표와 많이 다를 경우에는 조정이 필요해요. 습도는 70~75%를 기준으로 삼아 생지 표면이 마르지 않을 정도로 유지합니다.

발효 상태 확인 방법

● 손가락 테스트

검지에 덧가루를 묻혀 생지에 찔러 넣었다가 뺀 후, 남은 손가락 자국의 상태로 발효 정도를 확인합니다.

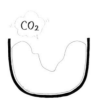

발효 적정
손가락 자국이
그대로 남는다.

발효 부족
생지가 원래대로 되돌아
가려고 해서 손가락 자국이
서서히 작아진다.

발효 과다
손가락 자국의 주위가
꺼지거나 가스가
큰 기공이 생긴다.

● 손가락 바닥 부분으로 확인하기

손가락 바닥으로 생지를 가볍게 누른 다음, 그 자국의 상태로 발효의 정도를 확인합니다. 자국이 남을 정도로 생지가 느슨해져 있으면 적정하게 발효된 것이에요. 생지의 표면이 축축한 경우에는 손가락에 덧가루를 약간 묻힌 후에 진행하세요.

발효 케이스에서 꺼내기

발효된 생지를 케이스에서 꺼낼 때는 생지에 가급적 부담이 없도록 발효 케이스를 뒤집어 생지의 무게를 이용해 꺼냅니다. 생지가 케이스에 들러붙은 경우에는 카드로 생지를 조금씩 떼어내면서 꺼냅니다.

펀치

펀치의 목적은 발효 중에 발생한 가스를 빼내고 생지의 기공을 세밀하고 균일하게 만드는 것입니다. 또 글루텐의 조직을 자극하여 느슨해진 생지를 조이기 위해서 진행하지요. 생지의 종류나 상태에 따라 접는 방법을 바꾸어 생지에 가해지는 힘을 조절합니다. 천을 깔고 그 위에서 진행하면 여분의 덧가루를 사용하지 않아도 됩니다.

● 강한 펀치(소프트 계열·볼륨이 있는 빵을 만들 때)

1. 생지 전체를 누른다.

2. 좌우에서 접어 누른다.

3. 몸 앞쪽에서 접는다.　　**4.** 몸 반대쪽에서도 접어 누른다.

● 약한 펀치(하드 계열 빵을 만들 때)

생지를 좌우에서 접는다.

● 약간 강한 펀치(소프트 계열·린 타입에 가까운 빵을 만들 때)

1. 생지 전체를 가볍게 누른다.　　**2.** 좌우에서 접는다.

3. 몸 앞쪽에서 접는다.　　**4.** 몸 반대쪽에서도 접는다.

펀치 후 생지를 케이스에 다시 넣기

펀치 후의 생지는 매끈한 면을 가급적 만지지 않도록 하며 아래의 순서로 케이스에 넣습니다.

1. 천을 몸 앞쪽에서 들어 올린다.
2. 가볍게 힘을 주어 천을 올려 생지를 뒤집는다(매끈한 면이 위로 온다).
3. 손과 팔 전체를 사용하여 생지를 들어 올려 케이스에 다시 넣는다.

• 케이스에 넣은 생지는 모양을 다듬고 탄력을 조정한다. 팽팽하게 만들 때는 생지의 끝을 아래로 보내고 느슨하게 할 때는 반대로 한다.

● 약간 약한 펀치(세미 하드 계열 빵을 만들 때)

1. 생지 전체를 가볍게 누른다.　　**2.** 좌우에서 접는다.

4. 분할

완성할 크기, 무게, 모양에 맞춰 생지를 자르는 공정입니다.

생지와 저울의 위치
스크래퍼를 쥔 팔 쪽에 생지를 두고, 그 반대쪽에는 접시를 몸 앞쪽으로 하여 저울을 놓으면 작업하기 수월합니다.

생지 자르기
스크래퍼로 위에서부터 눌러 자르고, 잘린 부분끼리 서로 들러붙지 않도록 곧장 생지를 떼어냅니다. 분할 중량에 맞춰 가능한 한 크게 사각형으로 자르면 다음 공정에서 둥글리기가 쉽습니다. 스크래퍼를 앞뒤로 움직이면서 자르면 자른 부분이 스크래퍼에 들러붙어 자르기도 어렵고 생지의 모양이 흐트러집니다.

생지 무게 재기
자른 생지는 저울에 올려 무게를 재고 분할 중량이 되도록 생지를 더하거나 덜어내며 미세하게 조정합니다. 생지가 자잘하게 잘리면 다음 공정에서 둥글게 다듬기 어렵고 반죽이 끊어지기 쉬우므로 되도록 적은 횟수로 분할 중량을 맞춥니다.

5. 둥글리기

발효로 느슨해진 생지를 둥글리거나 뭉쳐서 생지를 긴장시키고 힘을 줌과 동시에 분할한 생지를 성형하기 쉬운 모양으로 정리하는 공정입니다. 생지의 크기에 따라 둥글리는 방법이 다르며 생지의 종류에 따라 가하는 힘의 세기도 다릅니다.

둥글리는 순서
● 작은 생지 둥글리기(오른손으로 진행하는 예)

1. 생지를 몸 앞쪽에서 반대쪽으로 반을 접는다.
2. 생지를 손바닥으로 감싸듯이 하여 손을 왼쪽으로 움직이며 생지를 회전시킨다.

* 손가락 끝을 작업대에 댄 상태에서 생지의 가장자리를 아래로 보낸다는 느낌으로 생지의 표면이 팽팽하고 매끈해질 때까지 2의 작업을 반복하며 둥글린다.
* 양손으로 동시에 2개를 둥글리거나 단단한 생지의 경우 작업대 위는 미끄러지기 쉬우므로 손바닥 위에서 둥글리기도 한다.

● 큰 생지 둥글리기(오른손으로 진행하는 예)

1. 생지를 몸 앞쪽에서 반대쪽으로 반을 접는다.
2. 방향을 90도 바꾸고 동일하게 반을 접는다.

3. 생지의 반대쪽(접은 가장자리 주변)에 손끝을 댄다.
4. 손끝이 오른쪽 아래를 향하도록 호를 그리면서 손을 몸 앞쪽으로 당겨 생지를 회전시킨다.

* 손끝으로 생지의 가장자리를 아래로 보내듯이 한다. 생지의 표면이 팽팽하고 매끈해질
  때까지 3·4의 작업을 반복한다.
* 생지가 커서 한 손으로 둥글리기 어려운 경우에는 두 손으로 진행한다.
* 좌우의 손에 하나씩, 동시에 2개를 둥글리기도 한다.

● 큰 생지 다듬기(막대기 모양으로 성형하는 하드 계열 빵을 만들 때)

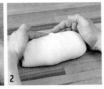

1. 생지를 반대쪽에서 몸 앞쪽을 향해 접는다.
2. 손을 대고 가볍게 몸 앞쪽으로 당기면서 생지를 가볍게 긴장시킨다.

* 생지에 힘을 주고 싶은 경우 1에 이어 2의 작업을 진행한다.

● 눌러서 둥글리기(사워종을 사용한 생지용)

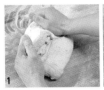

1. 한 손으로 생지를 받치면서 반대쪽에서 중심을 향해 생지를 접고, 손바닥과
   손목이 연결된 부분으로 누른다.
2. 생지 전체를 왼쪽으로 회전시키면서 조금씩 생지를 접어 중앙보다 약간 오
   른쪽으로 치우친 위치에서 누른다.
3. 2의 작업을 반복하여 표면이 팽팽해지도록 둥글린다.

하드 계열 생지를 둥글릴 때 주의할 점

하드 계열 생지는 잘 늘어나지
않으므로 소프트 계열 생지와
같은 세기로 둥글리면 생지가
끊어지고 표면이 거칠어지기
쉽습니다. 둥글리거나 다듬을
때는 횟수와 힘을 조절하세요.

생지가 끊어지는
현상이 일어난 경우

판에 나열하는 방법

둥글린 생지를 판이나 천 위에
나열할 때는 발효하여 부풀어
오를 것을 고려해 간격을 두고
놓습니다.

6. 벤치 타임

둥글리기를 통해 수축된 생지는 성형하기 쉽도록 휴지시키는데
그 시간을 벤치 타임이라고 부릅니다. 기본적으로는 생지를 발
효시킨 조건 하에서 휴지시켜요. 생지의 종류나 둥글리기의 강
도에 따라 다르지만, 손가락 끝으로 가볍게 눌렀을 때 자국이 남
을 정도로 충분히 휴지시키는 것이 기본입니다.

7. 성형

최종적인 빵의 모양으로 정리하는 공정입니다. 생지에 따라 가하는 힘의 세기를 조절합니다. 일반적으로 하드 계열 빵은 소프트 계열 빵에 비해 약한 힘으로 성형합니다.

성형 순서

● 막대기 모양으로 성형하기

1. 생지를 손바닥으로 눌러 가스를 뺀다.
2. 매끈한 면이 아래로 가도록 하고 생지의 반대쪽에서 1/3을 접는다. 손바닥과 손목이 연결된 부분으로 생지의 가장자리를 눌러 붙인다.
3. 방향을 180도 바꾸어 동일하게 1/3을 접어 누른다.

4. 반대쪽에서 반으로 접으면서 손바닥과 손목이 연결된 부분으로 생지의 끝을 확실히 눌러 봉한다.
5. 중앙 부분에 한 손을 올리고 위에서 가볍게 누르면서 굴려 반죽을 약간 가늘게 만든다. 이어서 생지에 두 손을 올리고 굴리면서 양쪽 끝을 향해 늘인다. 균일한 두께의 막대기 모양으로 만든다.
6. 긴 막대기 모양으로 만들 경우에는 5를 반복해 필요한 길이로 만드는데, 되도록 적은 횟수로 진행하는 것이 좋다.

● 둥근 모양으로 성형하기(오른손으로 진행하는 예)

1. 생지를 손바닥으로 눌러 가스를 뺀다. 생지를 몸 앞쪽에서 반대쪽으로 반 접는다.
2. 생지를 손바닥으로 감싸듯이 하여 손을 왼쪽으로 움직이면서 생지를 회전시킨다.
3. 밑부분을 잡아 확실히 봉한다.

* 손가락 끝을 작업대에 댄 상태에서 생지의 가장자리를 아래로 보낸다는 느낌으로 생지의 표면이 팽팽하고 매끈해질 때까지 2의 작업을 계속하며 둥글린다.
* 양손으로 동시에 2개를 둥글리거나 단단한 생지의 경우 작업대 위는 미끄러지기 쉬우므로 손바닥 위에서 둥글리기도 한다.

● 가마니 모양으로 성형하기

1. 생지에 밀대를 밀어서 가스를 빼고 두께를 균일하게 만든다. 우선 생지의 중앙에서 반대쪽을 향해, 이어서 중앙에서 몸 앞쪽을 향해 밀대를 민다.
2. 뒷면에도 막대를 밀어 두께를 균일하게 만든다.
3. 매끈한 면이 아래로 가도록 하여 생지를 반대쪽에서 1/3을 접고 손바닥으로 눌러 붙인다. 몸 앞쪽에서도 동일하게 1/3을 접고 누른다.

4. 방향을 90도 바꾸고 반대쪽 끝을 조금 접어 가볍게 누른다.
5. 반대쪽에서 몸 앞쪽을 향해 만다. 표면이 팽팽해지도록 엄지손가락으로 생지를 가볍게 조이면서 만다.
6. 다 만 끝부분을 손바닥과 손목이 연결된 부분으로 확실히 눌러 봉한다. 생지의 폭이 틀의 폭보다 넓어지지 않도록 한다.

* 생지는 몸 앞쪽과 반대쪽을 반씩 나누어 밀대를 밀면 가스가 확실히 빠진다. 가스를 충분히 빼지 않으면 크럼에 큰 기공이 생기고 결이 고르지 않게 된다.
* 생지의 두께가 균일하지 않으면 가마니 모양이 깔끔하게 나오지 않는다.

● 원로프로 성형하기

1. 생지를 가볍게 반으로 접고 생지의 끝부분이 위로 오도록 바로잡은 다음 양쪽 끝을 같이 잡아 봉한다.

2. 밀대를 밀어 가스를 확실히 빼고 두께를 균일하게 만든다. 생지의 중앙에서 반대쪽을 향해 밀대를 굴리고 이어서 중앙에서 몸 앞쪽으로 향해 굴린다.

3. 이음매 부분이 위로 오도록 놓고 생지를 반대쪽에서 1/3을 접어 손바닥으로 눌러 붙인다. 몸 앞쪽에서도 동일하게 1/3을 접어 누른다.

4. 반대쪽에서 반으로 접으면서 손바닥과 손목이 이어지는 부분으로 생지 끝부분을 확실히 눌러 봉한다.

● 둥근 생지를 사각형으로 펴기

1. 생지의 중앙부 1/3에 밀대를 밀어 얇게 만든다.

2. 생지를 90도 회전시킨 후 동일하게 중앙부 1/3에 밀대를 민다. 생지에 십자 형태로 눌린 모양이 생긴다.

3. 밀대로 밀지 않은 부분을 중앙에서 가장자리를 향해 45도로 밀대를 밀어 각을 만든다.

4. 나머지 세 부분도 3과 동일하게 밀대를 밀고 각을 내어 사각형을 만든다.

천 주름 잡기

직접구이를 하는 빵인데 막대기 형상으로 성형해 최종 발효하는 경우에는 판에 천을 깔아 주름을 만들고, 생지를 주름 사이에 끼워 나열합니다. 주름이 생지를 좌우에서 잡아주니 형태가 유지되고 또 생지끼리 들러붙는 일도 방지할 수 있습니다.

● 천 주름 잡는 방법

 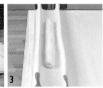

1. 판에 천을 깔고 가장자리에 주름을 잡는다.

2. 1의 주름에서 간격을 두고 생지를 올린 후 또 간격을 두고 다음 주름을 잡는다. 이를 반복하며 생지를 나열한다.

3. 2를 다른 각도에서 본 모습. 생지의 양 옆구리에 적절한 틈새를 두는 것이 포인트다.

8. 최종 발효

성형하여 수축한 생지를 소성할 때 부풀어 오르도록 적절히 이완시켜, 좋은 풍미를 가진 빵이 되도록 발효시키는 공정입니다. 믹싱 후의 발효와는 달리, 빵에 따라 적절한 온도가 다릅니다. 소프트 계열 빵으로 폭신한 식감을 주고 싶다면 약간 높은 온도에서 발효시키고, 발효를 통한 풍미를 중시하는 린 타입의 빵은 약간 낮은 온도에서 발효시키는 것이 기본입니다.

9. 소성

최종 발효시킨 생지를 오븐에서 굽는 공정입니다. 생지는 가열되면 생지 내의 기포가 팽창하므로 부피도 늘어납니다. 그 후 생지의 표면이 피막화하여 크러스트가 되고, 내부는 스펀지화하여 크럼이 됩니다.

슬립벨트에 이동시키기

소성 전에 진행하는 작업(쿠프 넣기, 달걀물 바르기 등)은 오븐 철판에 올려 최종 발효를 진행한 경우에는 그대로 실시하지만, 천 위에서 최종 발효한 경우에는 슬립벨트로 옮겨서 진행합니다. 옮길 때 긴 막대 모양의 생지는 판을 이용해 슬립벨트로 이동시킵니다.

● 판 이용법

1. 생지 양쪽의 천 주름을 펴고 판을 생지 옆에 갖다 댄다.
2. 판의 반대쪽 손으로 천을 들어 올려 아래를 향해 있던 이음매 부분이 위로 오도록 생지를 뒤집은 후 판 위에 올린다.
3. 이음매가 아래로 가도록 다시 생지를 뒤집어 슬립벨트에 올린다.

쿠프 넣기

쿠프 나이프나 나이프 등을 이용해 생지에 칼집(쿠프)을 넣으면 전체가 고르게 부풀어 오르고 빵의 디자인도 만들어집니다. 기본적으로는 표면의 껍질 한 장을 벗겨내듯이 빠르게 칼집을 넣습니다. 격자나 십자 등의 모양으로 할 경우 생지에 수직으로 나이프를 넣습니다.

● 쿠프 나이프와 나이프 잡는 법

쿠프 나이프는 엄지와 검지, 중지로 손잡이 끝을 가볍게 잡는다.

나이프는 손잡이의 가운데 부분을 잡는다.

● 쿠프 넣는 방법

< 벗기듯이 자르기 >

1. 칼을 눕혀서 생지를 얇게 벗겨내듯이 칼집을 넣는다.
2. 칼집을 넣은 부분이 뜬 것처럼 구워진다.

< 수직으로 자르기 >

1. 칼을 세워서 생지에 수직으로 칼집을 넣는다.
2. 칼집을 넣은 부분이 벌어지듯이 구워진다.

달걀물 바르기

달걀물을 바르면 소성할 때 달걀이 빛깔을 내면서 빵 표면에 윤기가 생깁니다. 또 오븐의 열에 의해 생지의 표면이 마르면서 굳는 것을 늦춰 빵의 볼륨을 만들어줍니다.

● 달걀물 바르는 법

1. 솔의 이음매 부분을 엄지, 검지, 중지 사이에 끼우듯이 가볍게 잡는다. 솔에 달걀물을 가득 찍어 컵 등의 가장자리를 이용해 여분의 달걀을 제거한다.

2. 손목의 힘을 빼고 솔을 눕힌 후, 손목을 돌려가면서 솔의 앞과 뒤를 사용해 생지에 균등하게 바른다.

* 솔을 눕히지 않고 솔 끝으로 찌르듯이 바르면 생지가 내려앉거나 꺼진다.
* 달걀물의 양이 너무 많아서 생지 표면의 일부에 달걀이 고이면 구워졌을 때 얼룩이 지거나 오븐 철판에 흘러서 빵이 들러붙는다.
* 달걀물의 양이 적으면 광택이 나지 않고 구웠을 때 칙칙한 색을 띠거나 볼륨이 부족해진다.

스팀 넣기

소성 시 스팀을 사용하면 오븐의 열로 인해 생지가 말라 굳는 것을 늦추고, 빵의 볼륨을 만들어줍니다. 또 표면에 광택도 납니다.

구운 빵 냉각하기

오븐에서 꺼낸 빵은 쿨러에 올려 상온에서 식힙니다.

10. 제빵의 기초 지식

덧가루

생지가 끈적이면 손이나 작업대에 들러붙어 생지가 거칠어지거나 작업성을 떨어뜨리게 되는데, 이를 방지하기 위해 바르거나 뿌리는 가루를 덧가루라고 합니다. 이 책의 레시피에는 특별히 표기하지는 않았지만 필요에 따라 사용하세요.

● 덧가루로 사용하는 가루

기본적으로 매끄럽고 얇게 잘 퍼지는 강력분을 사용하지만, 생지에 사용하는 가루와 동일한 것을 쓰기도 합니다.

● 덧가루를 사용하는 타이밍

작업 중에 생지가 끈적거려 손이나 작업대에 들러붙고 다루기 힘든 경우에 수시로 사용합니다.

● 덧가루 사용 시 주의할 점

덧가루를 사용하면 재료의 가루와는 무관한 가루가 생지에 들어가므로 최소한으로 사용하도록 합니다. 펀치나 성형을 할 때 너무 많이 사용하면 생지가 쉽게 건조해집니다. 또 구워질 때 남아 있으면 표면에 광택이 나지 않기도 해요.

생지의 '매끈한 면'

생지를 다룰 때는 구웠을 때 생지의 '매끈한 면'이 앞(위)이 되도록 의식하며 작업합니다. '매끈한 면'이란 믹싱 후 발효를 할 때 위로 온 면이나 분할 후 둥글리기에서 겉면이 된 부분입니다.

생지를 올리는 천

생지를 천에 올리면 작업대에 들러붙는 것을 방지할 수 있으며 생지가 거칠어지거나 형태가 망가지는 것을 막을 수 있어요. 또 펀치를 할 때 여분의 덧가루를 사용하지 않아도 됩니다. 캔버스 천이나 삼베처럼 보풀이 일지 않는 재질을 고르세요.

3

하드
계열
빵

팽 트래디셔널 Pain traditionnel

바게트 BAGUETTE

바게트는 막대기란 뜻으로 팽 트래디셔널을 대표하는 빵입니다. 가장 대중적인 식사용 빵으로
프랑스인에게 오랫동안 사랑받고 있지요. 향기로운 크러스트와 촉촉한 크럼의 적절한 균형이 특징입니다.
밀의 풍미가 그대로 살아나는 오토리즈 스트레이트법을 소개합니다.

	제법	스트레이트법(오토리즈)
	재료	3kg(18개 분량)

	배합(%)	분량(g)
프랑스빵용 밀가루	100.0	3000
소금	2.0	60
인스턴트 이스트	0.4	12
몰트엑기스	0.3	9
물	70.0	2100
합계	172.7	5181

믹싱	스파이럴 믹서
	1단 3분 오토리즈 20분
	1단 5분 2단 2분
	반죽 온도 24℃
발효	180분(90분에 펀치)
	26~28℃ 75%
분할	280g
벤치 타임	30분
성형	막대기 모양(50cm)
최종 발효	70분 32℃ 70%
소성	쿠프 넣기
	23분
	상불 240℃ 하불 220℃
	스팀

바게트의 단면

잘 구워진 크러스트는 고소한 향이 나며 바삭하다. 크럼에는 크고 작은 기공이 섞여 있는 것이 바람직하다. 촉촉한 식감의 크럼은 기공의 막이 얇으며, 약간 노란색의 광택을 띤다.

믹싱

1 프랑스빵용 밀가루, 몰트엑기스를 녹인 물을 믹서 볼에 넣고 1단으로 3분 반죽한다.

○ 재료가 전체에 섞였다면 오토리즈를 시작한다. 생지의 연결은 약해서 천천히 잡아당겨도 늘어나지 않고 찢어진다.

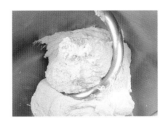

2 비닐을 씌워 20분 둔다.

○ 반죽이 마르지 않도록 주의한다.

3 20분 후의 생지 상태.

○ 휴지시키기 전에 비해 생지 전체가 느슨해져 있다.

4 생지의 일부를 떼어 늘여보며 상태를 확인한다.

○ 생지의 연결이 증대되어 잡아당기면 얇게 펴진다.

5 인스턴트 이스트를 전체에 뿌리고 다시 1단으로 반죽한다. 이스트가 섞이면 믹서를 돌린 채로 소금을 넣는다.

○ 이스트에 소금이 직접 닿으면 발효력이 떨어질 수 있으므로, 이스트가 생지에 섞인 후에 소금을 넣는다.

6 5분 반죽한 후 생지의 일부를 떼어 늘여보며 상태를 확인한다.

○ 펀치는 있지만 얇게 펴진다.

7 2단으로 2분 반죽하고 생지 상태를 확인한다.

  ○ 아직도 편차가 조금은 있지만 매끄러워지고 6보다 더 얇게 펴진다.
  ○ 발효종법(→p.57)으로 만드는 경우에 비해 발효 시간이 길기 때문에 믹싱은 짧게 끝낸다. 단, 믹싱이 부족하면 생지의 함장력이 약해져 완성되었을 때 볼륨이 부족해진다.

8 표면이 팽팽해지도록 생지를 다듬어 발효 케이스에 넣는다.

  ○ 최종 반죽 온도 24℃.

발효

9 온도 26~28℃, 습도 75%의 발효실에서 90분 동안 발효시킨다.

  ○ 아직 많이 부풀어 오르지 않으며 표면이 끈적인다.

펀치

10 좌우에서 접는 '약한 펀치'(→p.40)를 한 후 발효 케이스에 다시 넣는다.

  ○ 생지가 부풀어 오르는 힘이 약하므로 가스를 너무 많이 빼지 않도록 약한 펀치를 진행한다.

발효

11 같은 조건의 발효실에 다시 넣고 90분을 더 발효시킨다.

  ○ 충분히 부풀어 오르고 표면이 끈적이지 않는다.

분할 및 둥글리기

12 생지를 작업대로 꺼내어 280g으로 나누어 자른다.

13 생지를 접어서 짧은 막대기 모양으로 다듬는다.

  ○ 부풀어 오르는 힘이 약한 생지이므로 너무 수축되지 않도록 한다. 생지의 표면은 약간 팽팽한데, 손가락으로 눌렀을 때 자국은 남는다.

다듬기 전   다듬은 후

14 천을 깐 판 위에 나열한다.

벤치 타임

15 발효할 때와 같은 조건의 발효실에서 30분 동안 휴지시킨다.

  ○ 생지의 탄력이 빠질 때까지 충분히 휴지시킨다.

성형

16 생지를 손바닥으로 눌러 가스를 뺀다.

17 매끈한 면이 아래로 가도록 하여 반대쪽에서 1/3을 접고 손바닥과 손목이 연결된 부분으로 생지의 가장자리를 눌러 붙인다.

18 방향을 180도 바꾸어 동일
하게 1/3을 접어 붙인다.

19 반대쪽에서부터 절반으로
접으면서 생지의 끝을 확실
히 눌러 봉한다.

20 위에서 가볍게 누르면서 굴
려 길이 50cm의 막대기 모
양으로 만든다.

○ 앞뒤로 움직이면서 양 끝을 향해
늘린다. 길이가 부족하면 이 작업
을 반복하는데, 적은 횟수로 진행
하는 것이 좋다. 벤치 타임이 충분
하지 않으면 생지가 잘 늘어나지
않으며, 억지로 늘이면 찢어진다.

21 판에 천을 깔고 천 주름을
잡으면서 봉한 이음매 부분
이 아래로 가도록 생지를
나열한다.

○ 이음매가 똑바르지 않으면 구웠을
때 휠 수 있다.
○ 주름과 생지 사이에 손가락 하나
정도의 간격을 둔다.

22 최종 발효 전의 생지.

최종 발효

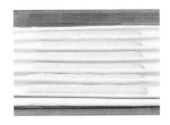

23 온도 32℃, 습도 70%의 발
효실에서 70분 동안 발효
시킨다.

○ 생지가 충분히 느슨해질 때까지
발효시킨다. 생지를 손가락으로 누
르면 자국이 남는 정도.

소성

24 판을 이용해 슬립벨트로 옮
긴다.

25 쿠프를 5개 넣는다.

26 상불 240℃, 하불 220℃의
오븐에 스팀을 넣어 23분
동안 굽는다.

○ 원하는 완성 상태에 따라 스팀의
양을 조절한다.

쿠프 넣는 방법

빵의 한쪽 끝에서 다른 쪽
끝까지 넣으며, 각 쿠프의
길이를 맞춘다. 앞의 쿠프와
1/3 정도가 겹치도록 평행
하게 넣는다.

쿠프 나이프를 눕혀서 껍질을 벗기듯
이 칼집을 넣는다.

에피 성형

A 최종 발효 후의 생지를 슬립벨트로 옮긴 다음, 가
위를 이용해 반죽을 45도로 자른다.

○ 가위집이 얕으면 생지가 잘 벌어지지 않으므로 생지가
거의 잘릴 정도로 가위집을 넣는다.

B 자른 부분이 서로 엇갈리도록 번갈아 벌린다.

에피(épi)는 프랑
스어로 '보리 이
삭'을 의미한다.

x

x

팽 트래디셔널 Pain traditionnel

프티 팽 PETITS PAINS

프티 팽이란 작은 빵을 통틀어 이르는 말로 팽 트래디셔널 중에서도 종류가 많고 형태가 다양합니다.
일반적으로 가정보다는 레스토랑에서 요리와 함께 서비스되며,
비교적 크럼 부분이 많으므로 소스를 찍어 먹기에 적합합니다.

왼쪽 위에서부터 시계 방향으로 팡뒤, 쿠페, 샹피뇽, 타바티에르

제법	스트레이트법(오토리즈)
재료	3kg(4종×16개 분량)
	바게트와 동일. p.49의 재료 참조.

믹싱~발효 ·········	바게트와 동일
	p.49의 공정표 참조
분할 ··················	75g
	상피뇽 윗부분용 : 8g
벤치 타임 ···········	25분
성형 ··················	쿠페, 타바티에르, 팡뒤, 상피뇽
최종 발효 ···········	60분 32℃ 70%
소성 ··················	쿠페 : 쿠프 넣기
	23분
	상불 240℃ 하불 220℃
	스팀

팡뒤 　　　　쿠페

타바티에르 　　　　상피뇽

프티 팽의 단면

크러스트와 크럼의 균형이 중요하며 볼륨도 충분해야 한다. 볼륨이 생기면 크러스트가 얇아지고 고소하며 식감이 좋아진다. 크럼은 바게트와 같은 막대기 모양의 빵에 비해 둥글고 작은 기공이 많으며 균일하게 존재하므로 흡수력이 있고 입에서도 잘 녹는다.

믹싱~발효

1 바게트 만들기의 1~11(→ p.49)과 동일하게 진행한다.

분할 및 둥글리기

2 생지를 작업대에 올리고 75 g과 8g으로 나누어 자른다.

3 생지를 가볍게 둥글린다.

둥글리기 전 　　　둥글린 후

4 천을 깐 판 위에 나열한다.

벤치 타임

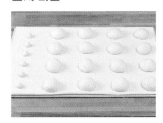

5 발효할 때와 같은 조건(온도 26~28℃, 습도 75%)의 발효실에서 25분 동안 휴지시킨다.

○ 반죽의 탄력이 빠질 때까지 충분히 휴지시킨다.

성형 – 쿠페

6 생지를 손바닥으로 눌러 가스를 뺀다.

7 매끈한 면이 아래로 가도록 하여 반대쪽에서 1/3을 접고 가장자리를 눌러 붙인다.

8 양쪽 모퉁이를 안쪽으로 접는다.

9 접은 생지의 끝을 눌러 붙인다.

10 반대쪽에서부터 절반으로 접고, 손바닥과 손목이 연결된 부분으로 생지의 끝을 확실히 눌러 봉한다.

11 위에서 가볍게 누르면서 굴려 모양을 다듬는다.

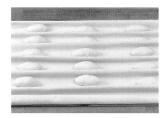

12 판에 천을 깔고 천 주름을 잡으면서 봉한 이음매 부분이 아래로 가도록 생지를 나열한다.

○ 주름과 생지 사이에 손가락 하나가 들어갈 정도의 간격을 둔다.

성형 – 타바티에르, 팡뒤, 샹피뇽의 본체

13 손바닥으로 생지를 눌러 가스를 빼고 잘 둥글린다. 밑부분을 잡아 봉한 다음, 이음매 부분이 아래로 가도록 천을 깐 판 위에 나열한다.

○ 표면에 큰 기포가 생기면 생지가 망가지지 않도록 살짝 두드려 없앤다.

성형 – 샹피뇽의 윗부분

14 8g의 생지를 밀대로 얇게 펴준다. 천을 깐 판 위에 나열하고 비닐을 씌워 상온에 둔다.

○ 13에서 둥글린 본체 생지의 지름과 거의 같은 정도로 편다.

최종 발효

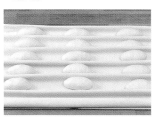

15 **전체 공통** : 12와 13을 온도 32℃, 습도 70%의 발효실에서 60분 동안 발효시킨다. 타바티에르, 팡뒤, 샹피뇽은 도중에 성형의 최종 공정을 진행한다.

○ 사진은 쿠페의 최종 발효 후의 상태. 생지가 충분히 느슨해질 때까지 발효시킨다. 손가락으로 눌렀을 때 자국이 남는 정도면 된다.

16 **타바티에르 ①** : 10분 발효시킨 후 생지를 몸 앞쪽부터 1/3 지점까지 밀대로 밀어 얇게 편다.

○ 둥글려서 긴장했던 생지가 조금 느슨해진 후에 편다.
○ 접었을 때 펴지 않은 부분이 비어져 나오지 않을 정도까지 편다.

17 타바티에르 ② : 편 부분에 덧가루를 묻힌 후 반대쪽에서부터 되접는다.

○ 덧가루를 이용하면 편 부분이 적절하게 분리되어 예쁘게 구워진다.

18 타바티에르 ③ : 편 부분이 아래로 가도록 하여 천을 깐 판 위에 나열한다.

19 타바티에르 ④ : 같은 조건의 발효실에 넣어 50분 더 발효시킨다.

20 팡뒤 ① : 10분간 발효시킨 후 생지의 가운데를 밀대로 얇게 편다.

○ 나뉘는 부분이 분명하도록 가급적 얇게 편다.

21 팡뒤 ② : 펴지 않은 양 끝을 중앙으로 가져온다.

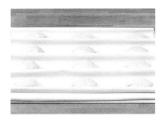

22 팡뒤 ③ : 판에 천을 깔고 천 주름을 잡으면서 생지를 뒤집어 나열한다.

○ 주름과 생지 사이에 손가락 하나 정도의 간격을 둔다.

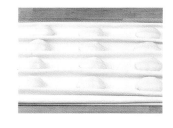

23 팡뒤 ④ : 같은 조건의 발효실에 넣고 50분 더 발효시킨다.

24 샹피뇽 ① : 본체 생지를 20분간 발효시킨 다음 14의 생지 한쪽 면에 덧가루를 묻히고 그 면을 아래로 가게 하여 본체 생지에 올린다. 검지를 작업대에 닿을 정도로 찔러 생지끼리 붙인다.

○ 생지가 충분히 느슨하지 않으면 분리될 수 있으며, 완성되었을 때의 모양이 나빠진다.

25 샹피뇽 ② : 천을 깐 판 위에 뒤집어서 나열한다.

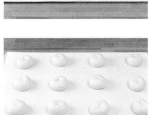

26 샹피뇽 ③ : 같은 조건의 발효실에 넣어 40분 더 발효시킨다.

소성

27 슬립벨트로 옮긴 후 쿠페에는 쿠프를 넣는다.

○ 쿠페 이외는 생지를 반전시켜 슬립벨트에 올린다.

28 상불 240℃, 하불 220℃의 오븐에 스팀을 넣고 23분 동안 굽는다.

프랑스의 표준 바게트

프랑스의 바게트는 350g 정도의 생지를 길이 70cm 정도의 막대기 모양으로 성형한 후 쿠프를 7개 넣은 것이 일반적이다. 이 책에서는 작업의 효율과 오븐 등의 설비 용량을 고려하여 반죽량 280g, 길이 50cm, 쿠프 5개의 작은 바게트를 소개한다.

프랑스의 표준 바게트

이 책의 바게트

같은 막대기 모양이라도 생지의 무게나 길이에 따라 이름이 다르다. 불(Boule)은 작은 것도 있다.

불

왼쪽부터 되 리브르, 파리지앵, 바게트, 바타르, 피셀

다양한 팽 트래디셔널

같은 생지라도 모양이나 크기에 따라 이름이 다르다. 이 표에는 책에서 소개한 것을 중심으로 실었다.

	명칭	의미	표준 생지 중량	표준 길이/쿠프 개수
막대모양	되 리브르 deux livres	1kg(livre는 500g이라는 뜻)	1000g	55cm / 3개
	파리지앵 parisien	파리 사람	650g	68cm / 5개
	바게트 baguette	가느다란 막대기, 지팡이	350g	68cm / 7개
	바타르 bâtard	중간의	350g	40cm / 3개
	피셀 ficelle	줄, 끈	150g	40cm / 5개
	에피 épi	밀의 이삭	350g	68cm / -
대형	불 boule	볼	350g (소형도 있음)	-
소형	쿠페 coupe	잘린	50g (약간 큰 것도 있음)	- / 1개
	타바티에르 tabatière	코담배갑	50g	-
	팡뒤 fendu	쪼개진	50g	-
	샹피뇽 champignon	버섯	50g	-

발효종법으로 만드는 팽 트래디셔널

팽 트래디셔널의 제법으로는 스트레이트법이 가장 일반적인데, 당일의 모든 제조 공정에 소요되는 시간이 길다는 단점이 있습니다. 가령 아침 10시 무렵에 갓 구운 빵을 매장에 내놓으려면 새벽 5시 경에는 시작해야 하니 많은 빵집의 고민거리였지요. 이에 이 문제점을 해결함과 동시에 빵의 품질 향상을 목적으로 다양한 제법이 개발되었습니다. 그중 하나가 발효종법입니다. 여기서는 냉장액종과 반죽종을 사용한 두 종류의 발효종법으로 생지를 만드는 법을 소개합니다.

냉장액종을 사용한 생지

재료 3kg	배합(%)	분량(g)
● 액종		
프랑스빵용 밀가루	30.0	900
소금	0.2	6
인스턴트 이스트	0.1	3
물	30.0	900
● 본반죽		
프랑스빵용 밀가루	70.0	2100
소금	1.8	54
인스턴트 이스트	0.3	9
몰트엑기스	0.3	9
물	40.0	1200
합계	172.7	5181

액종 믹싱 ··········	나무주걱으로 섞는다
	반죽 온도 25℃
발효 ··············	3시간 28~30℃ 75%
냉장 발효 ··········	18시간(±3시간) 5℃
본반죽 믹싱 ········	스파이럴 믹서
	1단 5분 2단 4분
	반죽 온도 26℃
발효 ··············	90분(30분에 펀치)
	28~30℃ 75%

액종 믹싱

1 액종의 재료를 볼에 넣고 나무주걱으로 섞는다(**A**).

   ○ 가루 느낌이 완전히 사라질 때까지 잘 섞는다. 나무주걱으로 떴을 때 들어 올려질 정도의 점성이 생기면 된다.

2 발효 전의 생지(**B**).

   ○ 최종 반죽 온도 25℃.

발효

3 온도 28~30℃, 습도 75%의 발효실에서 3시간 동안 발효시킨다(**C**).

냉장 발효

4 볼별로 비닐에 넣어 온도 5℃의 냉장고에서 18시간 발효시킨다(**D**).

   ○ 볼의 가장자리를 보면 생지가 최대한으로 부풀어 올랐다가 조금 꺼져서 표면이 내려갔음을 알 수 있다.
   ○ 발효 시간은 18시간을 기본으로 하지만 15~20시간 내에서 조절 가능하다.

본반죽 믹싱

5 본반죽의 재료와 4의 액종을 믹서 볼에 넣고 1단으로 5분 반죽한다. 생지의 일부를 떼어 늘여보며 상태를 확인한다(**E**).

   ○ 생지가 고르지 못하며 잡아당겨도 매끄럽게 늘어나지 않는다.

6 2단으로 하여 4분 반죽한 후에 상태를 확인한다(**F**).

   ○ 생지가 균일해지고 얇게 퍼진다.
   ○ 생지의 발효 시간이 스트레이트법보다 짧으므로 믹싱은 조금 강하게 진행한다.

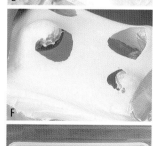

7 표면이 팽팽해지도록 생지를 다듬고 발효 케이스에 넣는다(**G**).

   ○ 최종 반죽 온도 26℃.

발효

8 온도 28~30℃, 습도 75%의 발효실에서 30분 발효시킨다.

○ 아직 제대로 부풀어 오르지 않으며 표면이 끈적인다.

펀치

9 좌우에서 접는 '약한 펀치'(→p.40)를 하고 다시 발효 케이스에 넣는다.

○ 생지의 부풀어 오르는 힘이 약하므로 가스를 너무 빼지 않도록 펀치를 약하게 진행한다.

발효

10 같은 조건의 발효실에 다시 넣어 60분 더 발효시킨다(**H**).

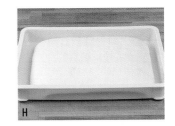

반죽종을 사용한 생지

재료	3kg	배합(%)	분량(g)
● 반죽종			
프랑스빵용 밀가루		25.000	750.00
소금		0.500	15.00
인스턴트 이스트		0.125	3.75
물		17.000	510.00
● 본반죽			
프랑스빵용 밀가루		75.000	2250.00
소금		1.500	45.00
인스턴트 이스트		0.300	9.00
몰트엑기스		0.300	9.00
물		52.000	1560.00
합계		171.725	5151.75

반죽종 믹싱 ………	버티컬 믹서
	1단 3분 2단 2분
	반죽 온도 25℃
발효 ……………	60분 28~30℃ 75%
냉장 발효 ………	18시간(±3시간) 5℃
본반죽 믹싱 ……	스파이럴 믹서
	1단 5분 2단 4분
	반죽 온도 26℃
발효 ……………	90분(40분에 펀치)
	28~30℃ 75%

반죽종 믹싱

1 반죽종의 재료를 믹서 볼에 넣고 1단으로 3분 반죽한다.

○ 재료가 전체에 대강 섞이면 된다. 생지의 연결은 약하여 천천히 잡아당겨도 늘어나지 않고 찢어진다.

2 2단으로 하여 2분 반죽한다(**A**).

○ 재료가 균일하게 섞이면 된다. 약간 탄력이 생겼지만 잘 늘어나지는 않으며 매끄러운 상태가 아니다.

3 표면이 팽팽해지도록 생지를 다듬어 발효 케이스에 넣는다(**B**).

○ 최종 반죽 온도 25℃.

발효

4 온도 28~30℃, 습도 75%의 발효실에서 60분 발효시킨다(**C**).

냉장 발효

5 비닐에 넣어 온도 5℃의 냉장고에서 18시간 발효시킨다(**D**).

○ 충분히 부풀었다.
○ 발효 시간은 18시간을 기본으로 하지만 15~20시간 내에서 조절 가능하다.

본반죽 믹싱

6 본반죽의 재료와 5의 반죽종을 믹서 볼에 넣고 1단으로 5분 반죽한다. 생지의 일부를 떼어 늘여보며 상태를 확인한다(**E**).

○ 재료는 거의 섞였지만 생지는 아직 연결되지 않았다.

7 2단으로 4분 반죽하고 상태를 확인한다(**F**).

○ 생지가 균일해지고 얇게 늘어난다.
○ 생지의 발효 시간이 스트레이트법에 비해 짧으므로 믹싱은 조금 강하게 진행한다.

8 표면이 팽팽해지도록 생지를 다듬고 발효 케이스에 넣는다(**G**).

○ 최종 반죽 온도 26℃.

발효

9 온도 28~30℃, 습도 75%의 발효실에서 40분 발효시킨다.

○ 아직 많이 부풀어 오르지는 않으며 표면이 끈적인다.

펀치

10 좌우에서 접는 '약한 펀치'(→p.40)를 하고 발효 케이스에 다시 넣는다.

○ 생지의 부풀어 오르는 힘이 약하므로 가스를 너무 빼지 않도록 펀치를 약하게 진행한다.

발효

11 같은 조건의 발효실에 다시 넣어 50분 더 발효시킨다(**H**).

프랑스빵 깨알지식

팽 트래디셔널*은 프랑스를 대표하는 식사용 빵으로 일본에서 말하는 '프랑스 빵'의 총칭입니다. 아침에는 카페오레와 함께, 점심에는 햄이나 치즈를 끼워 샌드위치로, 저녁에는 요리에 곁들여서 1년 365일 식탁에 올라오는 그야말로 프랑스인의 식생활에 밀착된 빵이라고 할 수 있지요. 본고장인 프랑스에서도 팽 트래디셔널이라고 부르는 일은 적으며, 크기나 모양에 따라 개별 명칭이 있어서 대개는 그 명칭으로 부릅니다(→p.56).

팽 트래디셔널은 기본적으로 밀가루, 소금, 이스트, 물만으로 만드는 가장 간소한 배합의 빵이지만 풍기는 향이 고소하고 바삭한 크러스트와 촉촉한 크럼의 조화가 절묘합니다. 최소한의 재료로 맛과 풍미를 최대한 끌어내는 심플하면서도 섬세한 이 빵을 프랑스인들이 '빵의 왕은 바게트'라고 자랑하는 이유도 알 만합니다.

팽 트래디셔널의 제법으로는 스트레이트법과 르뱅 믹스트나 액종 등을 사용한 발효종법이 있습니다. 시대에 따라 주류를 이루는 제법은 달라지는데, 현재 프랑스의 불랑주리에서는 한 차례 시들해졌던 스트레이트법이 다시금 각광을 받고 있습니다. 그중에서도 오토리즈(2단계 믹싱)나 믹싱 도중에 물을 추가하는 제법(바시나주)이 유행하고 있다고 해요. 대형 양산점에서는 일반적으로 전날 반죽종이나 액종(수종)을 준비해 당일 제조 시간을 단축하는 발효종법을 사용합니다.

* 정식 명칭은 팽 트래디셔널 프랑세즈pain traditionnel francaise.

제법별 단면 비교

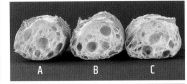

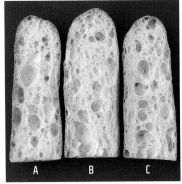

A : 스트레이트법
빵의 볼륨은 세 가지 제법 중 가장 작으며, 단면은 원형에 가깝다. 크러스트는 가장 두껍고 크럼에는 평평한 타원형의 크고 작은 기공이 혼재한다.

B : 냉장액종을 사용한 발효종법
빵의 볼륨은 세 가지 제법 중에서 가장 크며, 단면은 평평한 타원형에 가깝다. 크러스트는 가장 얇고, 크럼은 큰 기공이 많아지는 경향이 있으며 그 모양은 원형에 가깝다.

C : 반죽종을 사용한 발효종법
빵의 볼륨은 세 가지 제법 중에서는 냉장액종에 가까우며, 단면은 반원형에 가깝다. 크러스트는 약간 두꺼운 편이며 크럼도 냉장액종과 비슷하다. 기포의 모양은 평평한 타원형이다.

스트레이트법

오토리즈

밀가루, 물, 몰트엑기스를 몇 분 동안 믹싱한 후, 믹서 볼 안에서 20~30분 휴지시킨 다음 이스트, 소금을 순서대로 첨가하여 다시 믹싱을 진행하는 2단계 믹싱법. 오토리즈는 자기분해라는 의미다. 믹싱 도중에 생지를 휴지시켜 긴장한 글루텐을 이완시킴으로써 생지의 신전성을 개선하는 것이 목적이다. 유연하고 부드러운 생지가 만들어진다. 성형 시에 반죽을 펴는 것이 어렵지 않으며, 최종적인 빵의 볼륨도 향상된다.

바시나주

바시나주란 빵 생지를 촉촉하게 만드는 것이다. 글루텐이 형성되는 믹싱 마지막에 물을 첨가하여 생지를 반죽한다. 생지를 촉촉하게 만들어 발효 중인 생지가 산화로 인해 표면이 건조하는 것을 방지하며 생지 내의 유리수를 늘려 유연성을 향상시킨다. 바시나주의 물 양은 배합 외로 하며, 그때의 생지 상태에 따라 물을 첨가한다.

발효종법

액종

팽 트래디셔널에 사용하는 표준적인 액종은 같은 비율의 밀가루와 물에 소량의 이스트를 넣어 섞은 점도를 띤 생지를 발효시킨 것이다. 이를 저온에서 장시간 발효시키면 무수한 기공을 가진 끈적거리는 상태로 숙성되며, 본반죽에 넣으면 유연성이 늘어나 품질이 안정되고 동시에 발효력이 강화된다. 또 많은 발효 생성물이 특징적인 향을 풍겨 빵의 풍미가 한층 살아난다.

반죽종

원래는 전날 남은 생지를 그다음 날 같은 생지를 믹싱할 때 넣었다. 일종의 노면법이라고 할 수 있다. 반죽종은 여분으로 발효 및 숙성했으므로 발효력, 발효 생성물 모두 증강되어 있는데, 이를 본반죽에 넣어 발효를 촉진하는 것이 목적이다. 생지의 신장성과 풍미도 향상된다. 장시간 발효시키면 끈적이며 부드러운 생지로 숙성된다. 현재는 남은 생지를 사용하지 않고, 의도적으로 반죽종을 만들기도 한다. 프랑스에서는 르뱅 믹스트(→p.30)를 사용하는 경우가 많다.

팽 드 캄파뉴 PAIN DE CAMPAGNE

'시골빵'이라는 이름의 이 빵은 팽 트래디셔널과 함께 대표적인 프랑스 식사용 빵입니다.

두껍고 고소한 향의 크러스트와 촉촉한 식감의 크럼이 특징입니다.

팽 트래디셔널은 밀가루로 만드는 데 반해,

팽 드 캄파뉴는 호밀가루를 배합한 생지를 1시간여에 걸쳐 구워낸 큰 빵이 많아요.

제법	발효종법(르뱅 믹스트)
재료	2kg(둥근형 3개+말굽형 4개 분량)

	배합(%)	분량(g)
● 르뱅 믹스트		
프랑스빵용 밀가루	100.00	2000
발효 생지*	6.0	120
소금	2.0	40
물	62.0	1240
합계	170.0	3400
● 본반죽		
프랑스빵용 밀가루	85.0	1700
호밀가루	15.0	300
르뱅 믹스트	170.0	3400
소금	2.0	40
인스턴트 이스트	0.4	8
몰트엑기스	0.3	6
물	78.0	1560
합계	350.7	7014

프랑스빵용 밀가루

* 린 타입의 생지를 4~5시간 발효시킨 것. 이 책에서는 팽 트래디셔
  널[→p.48]의 생지를 사용했다.

르뱅 믹스트 믹싱 ‥	버티컬 믹서	
	1단 3분 2단 2분	
	반죽 온도 25℃	
발효 ‥‥‥‥‥‥	18시간(±3시간)	
	22~25℃ 75%	
본반죽 믹싱 ‥‥‥	스파이럴 믹서	
	1단 5분 2단 3분	
	반죽 온도 26℃	
발효 ‥‥‥‥‥‥	130분(65분에 펀치)	
	28~30℃ 75%	
분할 ‥‥‥‥‥	둥근형 : 1200g	
	말굽형 : 800g	
벤치 타임 ‥‥‥	20분	
성형 ‥‥‥‥‥	둥근형 말굽형	
최종 발효 ‥‥‥	둥근형 : 70분 32℃ 70%	
	말굽형 : 60분 32℃ 70%	
소성 ‥‥‥‥‥‥	쿠프 넣기	
	둥근형 : 35분	
	상불 240℃ 하불 230℃	
	말굽형 : 30분	
	상불 235℃ 하불 225℃	
	스팀	

사전 준비
• 바네통(둥근형 : 구경
  36cm, 말굽형 : 구경
  39cm)에 프랑스빵용
  밀가루를 뿌린다.

르뱅 믹스트 믹싱

1 르뱅 믹스트의 재료를 믹서
볼에 넣고 1단으로 반죽한
다.

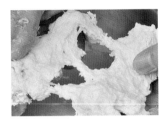

2 3분 동안 반죽한 상태.

○ 재료가 전체에 대강 섞이면 된다.
  생지의 연결은 약해서 천천히 잡아
  당겨도 늘어나지 않고 찢어진다.

3 2단으로 2분 반죽한다.

○ 재료가 균일하게 섞여 하나의 덩어
  리가 되면 된다. 단단한 생지이므로
  잘 늘어나지 않는다.

4 표면이 팽팽해지도록 생지
를 다듬어 발효 케이스에 넣
는다.

○ 생지가 단단하므로 작업대 위에서
  누르면서 둥글려 다듬는다.
○ 최종 반죽 온도 25℃.

발효

5 온도 22~25℃, 습도 75%의
발효실에서 18시간 발효시
킨다.

○ 충분히 부풀었음을 확인한다.
○ 발효 시간은 18시간을 기본으로 하
  지만 15~21시간 내에서 조절 가능
  하다.

본반죽 믹싱

6 본반죽의 재료를 믹서 볼에
넣고 1단으로 반죽한다.

7 5분 동안 반죽한 후 생지의 일부를 떼어 늘여보며 상태를 확인한다.

○ 재료는 거의 섞였지만, 생지의 연결은 약해서 천천히 잡아당겨도 쉽게 찢어진다.

8 2단으로 3분 반죽하고 생지의 상태를 확인한다.

○ 발효 시간이 길기 때문에 믹싱은 조금 짧게 끝내는데, 믹싱이 부족하면 생지의 향장력이 약해져 완성되었을 때 볼륨이 부족해진다.

9 표면이 팽팽해지도록 생지를 다듬어 발효 케이스에 넣는다.

○ 최종 반죽 온도 26℃.

발효

10 온도 28~30℃, 습도 75%의 발효실에서 65분 동안 발효시킨다.

○ 아직 많이 부풀어 오르지 않으며 표면이 끈적거린다.

펀치

11 좌우에서 접는 '약한 펀치'(→p.40)를 진행한 후 발효 케이스에 넣는다.

○ 생지의 부풀어 오르는 힘이 약하므로 가스가 너무 많이 빠지지 않도록 펀치를 약하게 진행한다.

발효

12 같은 조건의 발효실에 넣어 65분 더 발효시킨다.

○ 거의 끈적이지 않으며 손가락 자국이 남을 정도로 충분히 부풀어 올라 있다.

분할 및 둥글리기

13 생지를 작업대에 놓고 1200g과 800g으로 나누어 자른다.

14 둥근형 ① : 1200g의 생지를 양손으로 살짝 둥글린다.

○ 부풀어 오르는 힘이 약한 생지이므로, 너무 세게 둥글리지 않는다. 생지의 표면은 살짝 팽팽한데, 손가락으로 누르면 자국이 남는다.

둥글리기 전   둥글린 후

15 둥근형 ② : 천을 깐 판 위에 나열한다.

16 말굽형 ① : 800g의 생지는 접어서 짧은 막대기 모양으로 다듬는다.

○ 너무 세게 조이지 않는다. 생지의 표면은 약간 팽팽한데, 손가락으로 누르면 자국이 남는다.

다듬기 전   다듬은 후

17 말굽형 ② : 천을 깐 판 위에 나열한다.

벤치 타임

18 둥근형 : 15를 발효할 때 와 같은 조건의 발효실에서 20분 휴지시킨다.

○ 생지의 탄력이 빠질 때까지 충분히 휴지시킨다.

19 말굽형 : 17을 발효할 때 와 같은 조건의 발효실에서 20분 휴지시킨다.

○ 생지의 탄력이 빠질 때까지 충분히 휴지시킨다.

성형

20 둥근형 ① : 생지를 손바닥 으로 눌러서 가스를 뺀다.

21 둥근형 ② : 매끈한 면이 위 가 되도록 회전시키며 둥글 린다.

○ 생지의 표면이 거칠어지지 않도록 주의한다.
○ 부풀어 오르는 힘이 약한 생지이 므로, 성형을 너무 세게 하면 최종 발효에서 잘 부풀지 않는다.

22 둥근형 ③ : 밑부분을 잡고 봉한 후, 봉한 이음매 부분 이 위로 오도록 바네통에 넣는다.

23 말굽형 ① : 생지를 손바닥 으로 눌러서 가스를 뺀다.

24 말굽형 ② : 매끈한 면을 아 래로 가게 놓고 반대쪽에서 부터 1/3을 접은 다음 손바 닥과 손목이 연결된 부분으 로 눌러서 붙인다. 생지의 방향을 180도 바꾸어 똑같 이 1/3을 접어 붙인다.

25 말굽형 ③ : 반대쪽에서부 터 반으로 접으면서 생지의 끝을 확실히 눌러 봉한다.

26 말굽형 ④ : 위에서 가볍게 누르면서 굴려 길이 55cm 의 막대기 모양을 만든다.

○ 앞뒤로 움직이면서 양 끝을 향해 늘려 간다. 길이가 부족한 경우에 는 이 동작을 반복하는데, 가급적 적은 횟수로 진행한다.
○ 벤치 타임이 충분하지 않으면 생 지가 잘 늘어나지 않기도 한다. 억 지로 늘이면 생지가 끊어지니 늘 어날 것 같을 때까지 휴지시킨다.

이음매

27 말굽형 ⑤ : 이음매 부분이 위로 오도록 하여 바네통에 넣는다.

○ 이음매 부분이 생지의 가운데로 오게 한다.

최종 발효

28 둥근형 : 온도 32℃, 습도 70%의 발효실에서 70분 발효시킨다.

○ 습도가 너무 높으면 반죽이 바네 통에 들러붙어 떼기 힘들어진다.

29 말굽형 : 온도 32℃, 습도 70%의 발효실에서 60분 발효시킨다.

○ 습도가 너무 높으면 반죽이 바네 통에 들러붙어 떼기 힘들어진다.

소성

30 둥근형 ① : 바네통을 뒤집어 생지를 슬립벨트로 옮긴 후 격자 모양으로 쿠프를 넣는다.

○ 생지에 수직으로 쿠프를 넣는다.

31 둥근형 ② : 상불 240℃, 하불 230℃의 오븐에 스팀을 넣고 35분 굽는다.

○ 생지가 크므로 볼륨을 만들기 위해 말굽형의 생지보다 약간 고온에서 굽는데, 너무 색이 진해진다 싶으면 중간에 온도를 낮춘다.

32 말굽형 ① : 바네통을 뒤집어 생지를 슬립벨트로 옮긴 후, 쿠프를 5개 넣는다.

○ 껍질을 벗기듯이 쿠프를 넣는다.

33 말굽형 ② : 상불 235℃, 하불 225℃의 오븐에 스팀을 넣고 30분 굽는다.

팽 드 캄파뉴의 단면

비교적 장시간 구우므로 크러스트는 두껍다. 팽 트래디셔널에 비해 크럼은 기공의 크기 차이는 있어도 균일한 편이며, 호밀가루가 배합되어 있어 광택을 띤 연한 갈색이 된다.

팽 드 세이글 PAIN DE SEIGLE

일반적으로 호밀(세이글)가루가 20~30% 배합되는데, 더러는 배합이 50%에 가까운 것도 있어요.
남독일에서 알자스를 거쳐 프랑스로 들어가, 지금은 호밀가루 특유의 풍미와 식감을 살린 식사용 빵으로서
시민권을 얻었다고 할 수 있습니다. 커런트나 호두를 넣은 것은 와인이나 치즈와 잘 어울려
곁들이기 좋습니다. 취향에 따라 건조과일이나 견과류도 시도해보세요.

왼쪽부터 호두가 들어간 것, 플레인, 커런트가 들어간 것

	제법	발효종법(르뱅 믹스트)
	재료	3kg(플레인 18개 분량)

	배합(%)	분량(g)
● 르뱅 믹스트		
프랑스빵용 밀가루	100.0	1800
발효 생지*	6.0	108
소금	2.0	36
물	62.0	1116
합계	170.0	3060
● 본반죽		
프랑스빵용 밀가루	20.0	600
호밀가루	80.0	2400
르뱅 믹스트	100.0	3000
소금	2.0	60
인스턴트 이스트	0.5	15
몰트엑기스	0.3	9
물	74.0	2220
합계	276.8	8304
호밀가루		
커런트나 호두	45.0	1350

* 린 타입의 생지를 4~5시간 발효시킨 것. 이 책에서는 팽 트래디셔널(→p.48)의 생지를 사용했다.

르뱅 믹스트 믹싱 ·· 버티컬 믹서
1단 3분 2단 2분
반죽 온도 25℃

발효 ················· 18시간(±3시간)
22~25℃ 75%

본반죽 믹싱 ········ 스파이럴 믹서
1단 5분 2단 1분
(커런트, 호두 1단 1분~)
반죽 온도 26℃

발효 ················· 50분 28~30℃ 75%

분할 ················· 450g
커런트, 호두를 넣은 것 : 500g

벤치 타임 ·········· 10분

성형 ················· 막대기 모양(26cm)
호밀가루 뿌리고 쿠프 넣기

최종 발효 ·········· 60분 32℃ 70%

소성 ················· 35분
상불 225℃ 하불 215℃
스팀

르뱅 믹스트

1 팽 드 캄파뉴의 1~5(→p.62)를 참조하여 르뱅 믹스트를 만든다.

본반죽 믹싱

2 본반죽의 재료를 믹서 볼에 넣고 1단으로 반죽한다.

3 5분 반죽한 후 생지의 일부를 떼어 상태를 확인한다.
○ 재료는 섞였지만 꽤 끈적인다.

4 2단으로 하여 1분 반죽하고 생지의 상태를 확인한다.
○ 호밀가루가 많이 배합되어 생지의 연결은 약하고, 끈적이며 부드럽다.
○ 커런트, 호두를 넣어 만들 경우에는 이다음에 첨가하여 1단으로 섞는다. 전체에 균일하게 섞이면 종료한다.

5 표면이 팽팽해지도록 생지를 다듬어 발효 케이스에 넣는다.
○ 최종 반죽 온도 26℃.

발효

6 온도 28~30℃, 습도 75%의 발효실에서 50분 동안 발효시킨다.

○ 아직 끈적이며 많이 부풀지 않았지만 손가락으로 누르면 자국이 남는다.

분할 및 둥글리기

7 생지를 작업대에 꺼내 450g으로 나누어 자른다.

○ 커런트, 호두를 넣은 것은 500g으로 분할한다.

8 생지를 가볍게 둥글린다.

○ 생지가 들러붙어서 둥글리기 어려우면 덧가루를 소량 사용한다.

둥글리기 전　　둥글린 후

9 천을 깐 판 위에 나열한다.

벤치 타임

10 발효할 때와 같은 조건의 발효실에서 10분 동안 휴지시킨다.

○ 생지의 탄력이 빠질 때까지 충분히 휴지시킨다.

성형

11 생지를 손바닥으로 눌러서 가스를 뺀다.

12 매끈한 면이 아래로 가도록 하여 반대쪽에서부터 1/3을 접고 손바닥과 손목이 연결된 부분으로 생지의 끝을 눌러서 붙인다.

○ 호밀가루를 배합한 생지는 잘 끊어지므로 천천히 누른다.

13 방향을 180도 바꾸어 똑같이 1/3을 접어 붙인다.

14 반대쪽에서부터 절반으로 접으면서 생지의 끝을 확실히 눌러 봉한다.

15 위에서 가볍게 누르면서 굴려 길이 26cm의 막대기 모양으로 만든다.

16 판에 천을 깔고 천 주름을 잡으면서 봉한 이음매가 아래로 가도록 생지를 나열한 후 호밀가루를 뿌린다.

○ 주름과 생지 사이에 손가락 하나 정도의 간격을 둔다.
○ 가루를 뿌린 후에 발효실에 넣으므로, 호밀가루의 양이 너무 적으면 쿠프 모양이 잘 살아나지 않는다.

17 쿠프를 넣는다.

○ 생지에 수직으로 얕게 쿠프를 넣
는다.

18 최종 발효 전의 상태.

최종 발효

19 온도 32℃, 습도 70%의 발
효실에서 60분 동안 발효
시킨다.

○ 생지가 충분히 느슨해질 때까지
발효시킨다. 생지를 손가락으로 누
르면 자국이 남는 정도.

소성

20 판을 이용해 슬립벨트로
옮긴다. 상불 225℃, 하불
215℃의 오븐에 스팀을 넣
고 35분 굽는다.

○ 커런트, 호두를 넣은 것은 온도 조
정이 필요하다. 커런트를 넣었다면
상불, 하불 모두 5℃를 낮추고, 호
두를 넣었다면 5℃를 올린다.

호두를 넣은 것

플레인

커런트를 넣은 것

팽 드 세이글의 단면

플레인은 바닥면부터 윗부분에 걸쳐 측면이 둥근 모양을 띠면 된다.
비교적 두꺼운 크러스트와 촘촘하고 균일한 기공이 특징이다. 호두를
넣은 것, 커런트를 넣은 것은 호두와 커런트가 어느 정도 균일하게 분
산해 있으면 된다.

팽 페이장 PAIN PAYSAN

농부의 빵이라는 의미의 팽 페이장은 팽 드 캄파뉴와 마찬가지로
시골과 지방의 느낌이 강한 빵입니다.
호밀가루나 밀 전립분 등이 배합되는 하드 계열의 식사용 빵으로,
스프나 스튜 같은 요리와 잘 어울립니다.

제법	발효종법(르뱅 믹스트)
재료	3kg(15개 분량)

	배합(%)	분량(g)
● 르뱅 믹스트		
프랑스빵용 밀가루	100.0	1500
발효 생지*	6.0	90
소금	2.0	30
물	62.0	930
합계	170.0	2550
● 본반죽		
프랑스빵용 밀가루	50.0	1500
밀 전립분	25.0	750
호밀가루	25.0	750
르뱅 믹스트	80.0	2400
소금	2.0	60
버터	3.0	90
인스턴트 이스트	0.4	12
몰트엑기스	0.3	9
물	75.0	2250
합계	260.7	7821

프랑스빵용 밀가루

* 린 타입의 생지를 4~5시간 발효시킨 것. 이 책에서는 팽 트
  래디셔널(→p.48)의 생지를 사용했다.

르뱅 믹스트 믹싱	··	버티컬 믹서
		1단 3분 2단 2분
		반죽 온도 25℃
발효	··········	18시간(±3시간)
		22~25℃ 75%
본반죽 믹싱	·······	스파이럴 믹서
		1단 5분 2단 5분
		반죽 온도 26℃
발효	··········	130분(40분에 펀치)
		28~30℃ 75%
분할	··········	500g
벤치 타임	······	20분
성형	··········	막대기 모양(40cm)
최종 발효	······	55분 32℃ 70%
소성	··········	프랑스빵용 밀가루
		뿌리고 쿠프 넣기
		28분
		상불 235℃ 하불 225℃
		스팀

르뱅 믹스트

1 팽 드 캄파뉴의 1~5(→p.62)를 참조하여 르뱅 믹스트를 만든다.

본반죽 믹싱

2 본반죽의 재료를 믹서 볼에 넣고 1단으로 반죽한다.

3 5분 반죽한 후 생지의 일부를 떼어 상태를 확인한다(A).

○ 생지가 약하게 연결되어 천천히 잡아당겨도 쉽게 찢어진다.

4 2단으로 하여 5분 반죽하고 생지의 상태를 확인한다(B).

○ 매끈하고 얇게 늘어난다.

5 표면이 팽팽해지도록 생지를 다듬어 발효 케이스에 넣는다(C).

○ 최종 반죽 온도 26℃.

발효

6 온도 28~30℃, 습도 75%의 발효실에서 40분 발효시킨다(D).

○ 아직 부풀어 오르는 정도가 약하며 표면이 끈적인다.

펀치

7 좌우에서 접는 '약한 펀치'(→p.40)를 진행하여 발효 케이스에 넣는다.

○ 생지가 부풀어 오르는 힘이 약하므로 가스가 너무 많이 빠지지 않도록 펀치를 약하게 한다.

발효

8 같은 조건의 발효실에 넣어 90분 더 발효시킨다(E).

○ 거의 끈적이지 않고 손가락 자국이 남을 정도로 충분히 부풀어 있다.

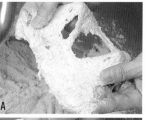

A

B

C

D

E

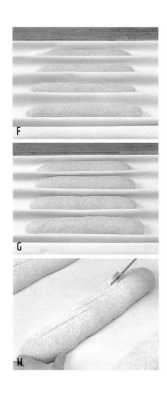

분할 및 둥글리기

9 생지를 작업대에 꺼내 500g으로 나누어 자른다.

10 생지를 접어 짧은 막대기 모양으로 다듬는다.

○ 너무 세게 조이지 않도록 한다. 생지의 표면은 살짝 팽팽한데, 손가락으로 누르면 자국이 남는다.

11 천을 깐 판 위에 나열한다.

벤치 타임

12 발효를 할 때와 같은 조건의 발효실에서 20분 동안 휴지시킨다.

○ 생지의 탄력이 빠질 때까지 충분히 휴지시킨다.

성형

13 생지를 손바닥으로 눌러 가스를 뺀다.

14 매끈한 면이 아래로 가도록 하여 반대쪽에서부터 1/3을 접고 손바닥과 손목이 연결된 부분으로 생지의 끝을 눌러서 붙인다. 방향을 180도 바꾸어 똑같이 1/3을 접어 붙인다.

15 반대쪽에서부터 절반으로 접으면서 생지의 끝을 확실히 눌러 봉한다.

16 위에서 가볍게 누르면서 굴려 길이 40cm의 막대기 모양으로 만든다.

17 판에 천을 깔고 천 주름을 잡으면서 봉한 이음매가 아래로 가도록 생지를 나열한다(**F**).

○ 주름과 생지 사이에 손가락 하나 정도의 간격을 둔다.

최종 발효

18 온도 32℃, 습도 70%의 발효실에서 55분 발효시킨다(**G**).

○ 손가락으로 누르면 자국이 남을 정도로 발효시키는데, 지나치게 발효시키면 완성했을 때 볼륨이 부족해지므로 조금 빨리 마무리한다.

소성

19 판을 이용해 슬립벨트로 옮긴 후, 프랑스빵용 밀가루를 뿌리고 쿠프를 3개 넣는다(**H**).

○ 껍질을 벗기듯이 조금 깊게 쿠프를 넣는다.

20 상불 235℃, 하불 225℃의 오븐에 스팀을 넣고 28분 동안 굽는다.

팽 페이장의 단면

호밀가루나 밀 전립분을 넣어 반죽한 생지를 확실히 구워내므로 크러스트는 약간 두껍다. 크럼에는 크고 작은 여러 기공이 존재한다. 기공의 밀도가 높으면 크럼의 탄력이 강한 빵이 된다.

팽 브리에 PAIN BRIÉ

프랑스 북서부 노르망디 지방의 빵. 속까지 잘 익도록 빵 생지의 표면에 칼집을 깊게 넣어 굽습니다.
크러스트가 딱딱하여 수분의 증발을 막고 보존성이 좋으므로
원래는 뱃사람들의 식사용 빵이었다고도 해요.
린 타입의 배합이라고 하기에는 유지분이 약간 많지만, 이것도 빵이 굳는 것을 막는 데 한몫합니다.

| 제법 | 발효종법(르뱅 믹스트) |
| 재료 | 1kg(15개 분량) |

	배합(%)	분량(g)
● 르뱅 믹스트		
프랑스빵용 밀가루	100.0	2000
발효 생지*	6.0	120
소금	2.0	40
물	62.0	1240
합계	170.0	3400
● 본반죽		
프랑스빵용 밀가루	100.0	1000
르뱅 믹스트	340.0	3400
소금	2.0	20
쇼트닝	10.0	100
생이스트	1.5	15
몰트엑기스	0.3	3
물	20.0	200
합계	473.8	4738

* 린 타입의 생지를 4~5시간 발효시킨 것. 이 책에서는 팽 트 래디셔널(→p.48)의 생지를 사용했다.

르뱅 믹스트 믹싱 ··	버티컬 믹서
	1단 3분 2단 2분
	반죽 온도 25℃
발효 ··········	18시간(±3시간)
	22~25℃ 75%
본반죽 믹싱 ········	스파이럴 믹서
	1단 10분 2단 1분
	반죽 온도 26℃
발효 ·········	30분 28~30℃ 75%
분할 ·········	300g
벤치 타임 ·········	15분
성형 ··········	막대기 모양(20cm)
최종 발효 ·········	60분 32℃ 70%
소성 ··········	쿠프 넣기
	22분
	상불 240℃ 하불 230℃
	스팀

르뱅 믹스트

1 팽 드 캄파뉴의 1~5(→p.62)를 참조하여 르뱅 믹스트를 만든다.

본반죽 믹싱

2 본반죽의 재료를 믹서 볼에 넣고 1단으로 반죽한다.

3 10분 반죽한 후 생지의 일부를 떼어 상태를 확인한다(A).

○ 생지는 충분히 연결되어 매끄럽지만, 단단한 생지이므로 그리 얇게 펴지지는 않는다.

4 2단으로 하여 1분 반죽하고 생지의 상태를 확인한다(B).

○ 상태는 거의 변함이 없지만, 더 매끄러워진다. 생지가 거의 하나로 뭉쳐진다.

5 표면이 팽팽해지도록 생지를 다듬어 발효 케이스에 넣는다(C).

○ 생지가 단단하므로 작업대 위에서 눌러서 둥글리며 다듬는다.
○ 최종 반죽 온도 26℃.

발효

6 온도 28~30℃, 습도 75%의 발효실에서 30분 발효시킨다(D).

○ 발효 시간이 짧아서 거의 부풀어 오르지 않는다. 손가락으로 누르면 탄력이 있다.

분할 및 둥글리기

7 생지를 작업대에 꺼내 300g으로 나누어 자른다.

8 생지를 둥글리고 천을 깐 판 위에 나열한다.

○ 생지가 단단하므로 힘을 주어 확실히 둥글린다. 생지가 끊어지지 않도록 주의한다.

벤치 타임

9 발효할 때와 같은 조건의 발효실에서 15분 휴지시킨다.

○ 생지의 탄력이 빠질 때까지 휴지시키는데, 생지는 단단한 상태.

성형

10 생지를 손바닥으로 눌러서 가스를 뺀다.

○ 결을 촘촘하게 만들기 위해 가스를 제대로 뺀다. 생지가 단단하므로 천천히 세게 누르면서 성형한다.

11 매끈한 면이 아래로 가도록 하여 반대쪽에서부터 1/3을 접고 손바닥과 손목이 연결된 부분으로 생지의 끝을 눌러서 붙인다.

12 생지의 방향을 180도 바꾸어 마찬가지로 1/3을 접어 붙인다.

13 반대쪽에서부터 절반으로 접으면서 생지의 끝을 확실히 눌러 봉한다.

14 위에서 가볍게 누르면서 굴려 길이 20cm의 막대기 모양으로 만든다(**E**).

○ 양쪽 끝이 약간 가늘어지도록 성형한다.

15 판에 천을 깔고 천 주름을 잡으면서 봉한 이음매가 아래로 가도록 생지를 나열한다(**F**).

○ 주름과 생지 사이에 손가락 하나 정도의 간격을 둔다.

최종 발효

16 온도 32℃, 습도 70%의 발효실에서 60분 발효시킨다(**G**).

○ 부풀어 올라 충분히 발효되었지만 손가락으로 누르면 자국이 약간 돌아온다.

소성

17 판을 이용해 슬립벨트로 옮긴 후 쿠프를 5개 넣는다(**H**).

○ 생지에 수직으로 4~5mm 깊이의 쿠프를 넣는다.
○ 생지가 단단하여 속까지 잘 익지 않으므로 칼집을 깊게 넣는다.

18 상불 240℃, 하불 230℃의 오븐에 스팀을 넣고 22분 굽는다.

팽 브리에의 단면

단단한 생지에 칼집을 깊게 넣었기 때문에 올록볼록한 모양이 확연한 두꺼운 크러스트가 만들어진다. 크럼은 결이 촘촘하고 매우 세밀한 원형의 기공이 만들어지며 탄력이 강하다.

팽 콩플레 PAIN COMPLET

원래 밀 전립분 파린느 콩플레farine compléte만으로 만드는 묵직한 프랑스빵입니다.
여기에서는 밀 전립분과 밀가루를 거의 같은 양으로 배합하여 본래의 팽 콩플레에 비해 먹기 좋도록
가벼운 식감으로 만들었습니다. 밀기울이나 배아가 들어 있는 전립분을 많이 사용한 빵은
미네랄과 식이섬유가 풍부하여 전형적인 건강빵이라고 할 수 있지요.

	배합(%)	분량(g)
● 르뱅 믹스트		
프랑스빵용 밀가루	100.0	1800
발효 생지*	6.0	108
소금	2.0	36
물	62.0	1116
합계	170.0	3060
● 본반죽		
프랑스빵용 밀가루	20.0	600
밀 전립분	80.0	2400
르뱅 믹스트	100.0	3000
소금	2.0	60
쇼트닝	3.0	90
인스턴트 이스트	0.5	15
몰트엑기스	0.3	9
물	74.0	2220
합계	279.8	8394

제법 발효종법(르뱅 믹스트)
재료 3kg(23개 분량)

* 린 타입의 생지를 4~5시간 발효시킨 것. 이 책에서는 팽 트 래디셔널(→p.48)의 생지를 사용했다.

르뱅 믹스트 믹싱 ·· 스파이럴 믹서
　　　　　　　　　 1단 3분 2단 2분
　　　　　　　　　 반죽 온도 25℃
발효 ················ 18시간(±3시간)
　　　　　　　　　 22~25℃ 75%
본반죽 믹싱 ········ 스파이럴 믹서
　　　　　　　　　 1단 6분 2단 3분
　　　　　　　　　 반죽 온도 26℃
발효 ················ 50분 28~30℃ 75%
분할 ················ 350g
벤치 타임 ·········· 20분
성형 ················ 막대기 모양(25cm)
최종 발효 ·········· 50분 32℃ 70%
소성 ················ 구멍 뚫기
　　　　　　　　　 30분
　　　　　　　　　 상불 225℃ 하불 220℃
　　　　　　　　　 스팀

르뱅 믹스트

1 팽 드 캄파뉴의 1~5(→p.62)를 참조하여 르뱅 믹스트를 만든다.

본반죽 믹싱

2 본반죽의 재료를 믹서 볼에 넣고(A) 1단으로 반죽한다.

3 6분 반죽한 후 생지의 일부를 떼어 상태를 확인한다(B).

○ 밀 전립분이 많이 배합되어 생지의 연결이 약하므로 천천히 잡아당겨도 쉽게 찢어진다.

4 2단으로 하여 3분 반죽하고 생지의 상태를 확인한다(C).

○ 매끄럽게 펴지는 상태가 되었지만 연결은 약하다.

5 표면이 팽팽해지도록 생지를 다듬어 발효 케이스에 넣는다(D).

○ 최종 반죽 온도 26℃.

발효

6 온도 28~30℃, 습도 75%의 발효실에서 50분 발효시킨다(E).

○ 생지는 약간 부드러워졌지만, 손가락 자국이 남을 정도로 충분히 부풀어 있다.

분할 및 둥글리기

7 생지를 작업대에 꺼내 350g으로 나누어 자른다.

8 생지를 가볍게 둥글린다.

○ 생지가 끊어지기 쉬우므로 조금 약하게 둥글린다.

9 천을 깐 판 위에 나열한다.

벤치 타임

10 발효할 때와 같은 조건의 발효실에서 20분 휴지시킨다.

○ 생지의 탄력이 없어질 때까지 충분히 휴지시킨다.

성형

11 생지를 손바닥으로 눌러서 가스를 뺀다.

12 매끈한 면이 아래로 가도록 하여 반대쪽에서부터 1/3을 접고 손바닥과 손목이 연결된 부분으로 생지의 끝을 눌러서 붙인다.

○ 생지가 끊어지기 쉬우므로 천천히 누른다.

13 생지의 방향을 180도 바꾸어 마찬가지로 1/3을 접어 붙인다.

14 반대쪽에서부터 절반으로 접으면서 생지의 끝을 확실히 눌러 봉한다.

15 위에서 가볍게 누르면서 굴려 길이 25cm의 막대기 모양으로 만든다.

16 판에 천을 깔고 천 주름을 잡으면서 봉한 이음매가 아래로 가도록 생지를 나열한다(F).

○ 주름과 생지 사이에 손가락 하나 정도의 간격을 둔다.

최종 발효

17 온도 32℃, 습도 70%의 발효실에서 50분 발효시킨다(G).

○ 생지가 충분히 느슨해질 때까지 발효시킨다. 생지를 손가락으로 누르면 자국이 남는 정도.

소성

18 판을 이용해 슬립벨트로 옮긴 후, 가느다란 막대기로 구멍을 몇 군데 뚫는다(H).

○ 구멍을 뚫는 것은 쿠프와 마찬가지로 소성 중에 빵이 갈라지는 것을 막기 위해서이다.

19 상불 225℃, 하불 220℃의 오븐에 스팀을 넣고 30분 굽는다.

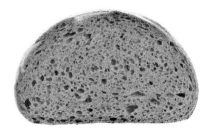

팽 콩플레의 단면

잘 부풀어 오르지 않는 생지를 확실히 구우므로 빵의 볼륨은 작고 크러스트는 두꺼워진다. 크럼은 세밀하고 균일한 기공이 가지런히 나열되어 있으며, 전립분 특유의 갈색을 띤다.

카이저젬멜 KAISERSEMMEL

오스트리아, 남독일에서 대중적인 작은 크기의 식사용 빵입니다.

표면에 누름틀로 특유의 모양을 만들어 고소하게 구워냅니다.

양귀비씨나 깨 등을 얹으면 풍미뿐만 아니라 보는 재미도 느낄 수 있어요.

반으로 잘라 좋아하는 식재료를 끼워 샌드위치로 만들어 먹어도 좋습니다.

제법	스트레이트법
재료	3kg(87개 분량)

	배합(%)	분량(g)
프랑스빵용 밀가루	90.0	2700
박력분	10.0	300
소금	2.0	60
탈지분유	2.0	60
버터	3.0	90
인스턴트 이스트	0.8	24
몰트엑기스	0.3	9
물	66.0	1980
합계	174.1	5223

호밀가루, 콘스타치, 양귀비씨(흰색, 검은색), 흰깨

믹싱 ················	스파이럴 믹서
	1단 6분 2단 4분
	반죽 온도 26℃
발효 ················	90분(60분에 펀치)
	28~30℃ 75%
분할 ················	60g
벤치 타임 ··········	20분
성형 ················	둥근형
최종 발효 ··········	65분(15분에 모양틀 찍기, 토핑)
	32℃ 70%
소성 ················	18분
	상불 235℃ 하불 215℃
	스팀
	오븐에서 꺼낸 후 분무하기

카이저젬멜의 단면

모양틀을 찍어 의도적으로 빵의 볼륨이 너무 커지지 않도록 했기 때문에 단면이 평평하다. 소성을 할 때 스팀을 많이 넣어서 구우므로, 크러스트는 비교적 얇으며 크럼은 둥근 모양의 작은 기공이 균일하게 줄지어 있다.

믹싱

1 모든 재료를 믹서 볼에 넣고 1단으로 6분 반죽한다. 생지의 일부를 떼어 늘여보며 상태를 확인한다.

○ 생지의 연결이 약하며 표면은 물기를 머금고 있어서 끈적인다.

2 2단으로 하여 4분 반죽한 후 생지의 상태를 확인한다.

○ 생지가 끈적이지 않고 살짝 얇게 펴진다.

3 표면이 팽팽해지도록 생지를 다듬어 발효 케이스에 넣는다.

○ 최종 반죽 온도 26℃.

발효

4 온도 28~30℃, 습도 75%의 발효실에서 60분 발효시킨다.

○ 손가락 자국이 남을 정도로 충분히 부풀어 있다.

펀치

5 전체를 누르고 좌우에서 접는 '약간 약한 펀치'(→p.40)를 한 후 다시 발효 케이스에 넣는다.

○ 이 빵의 배합은 세미 하드 계열에 가깝다. 결이 촘촘하며 촉촉한 크럼을 만들기 위해 펀치를 하드 계열보다 약간 세게 진행한다. 다만 가스를 너무 빼버리면 이후에 잘 부풀어 오르지 않는다.

발효

6 같은 조건의 발효실에 다시 넣고 30분 더 발효시킨다.

○ 손가락 자국이 남을 정도로 충분히 부풀어 있다.

분할 및 둥글리기

둥글리기 전　　둥글린 후

7 생지를 작업대로 꺼내 60g 으로 나누어 자른 후 둥글린 다.

8 천을 깐 판 위에 나열한다.

벤치 타임

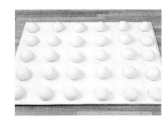

9 발효할 때와 같은 조건의 발 효실에서 20분 휴지시킨다.

○ 생지의 탄력이 빠질 때까지 충분히 휴지시킨다.

성형

10 생지를 손바닥으로 눌러 가 스를 뺀다.

11 매끈한 면이 윗부분이 되도 록 회전시켜 잘 둥글린다.

○ 가스를 충분히 빼고 생지가 끊어지 지 않을 정도로 잘 둥글리면 크럼 의 결이 가지런하면서 촉촉해진다.
○ 표면에 커다란 기포가 생기면 생 지가 찢어지지 않도록 가볍게 두 드려 없앤다.

12 밑부분을 잡고 봉한다.

13 봉한 이음매가 아래로 가도 록 하여 천을 깐 판 위에 나 열한다.

최종 발효 및 틀 찍기

14 온도 32℃, 습도 70%의 발 효실에서 15분 동안 발효 시킨 후, 같은 양의 호밀가 루와 콘스타치를 섞은 것을 표면 전체에 뿌린다.

15 손바닥을 오목하게 만들고 생지를 이음매가 아래로 가 도록 하여 올린 후 누름틀 을 단번에 눌러 모양을 만 든다.

○ 생지의 가장자리 아슬아슬한 곳까 지 모양을 넣는다. 가장자리까지 넣지 않으면 구웠을 때 가운데 부 분이 부풀어 있기도 한다.

16 뒤쪽에도 자국이 남을 정도 로 확실히 누른다.

17 틀을 누른 후, 표면에 기포가 있으면 생지가 찢어지지 않도록 살짝 두드려 없앤다. 모양이 있는 면이 아래로 가도록 하여 천을 깐 판 위에 나열한다.

18 토핑을 할 것은 젖은 천에 모양이 있는 면을 올려 촉촉하게 만든다.

19 촉촉하게 만든 면에 양귀비씨나 깨를 묻힌다. 그 면이 아래로 가도록 하여 천을 깐 판 위에 나열한다.

20 플레인, 토핑한 것 모두 판에 올릴 때는 손을 오므려서 모양이 너무 벌어지지 않도록 한다.

21 판 위에 나열한 상태.

22 같은 조건의 발효실에 넣어 50분 더 발효시킨다.

○ 손가락으로 살짝 누른 자국이 그대로 남을 정도까지 충분히 발효시킨다. 발효가 부족하면 완성되었을 때 가운데 부분이 부풀어 모양이 예쁘게 나오지 않을 수 있다.

소성

23 모양이 있는 면을 위로 하여 슬립벨트에 옮긴다.

24 상불 235℃, 하불 215℃의 오븐에 스팀을 많이 넣고 18분 굽는다.

○ 스팀을 많이 넣으면 광택이 나며 크러스트가 얇고 바삭해진다.

25 오븐에서 꺼내 쿨러에 올리고 식기 전에 표면에 살짝 분무한 후 상온에서 식힌다.

○ 분무를 하면 광택이 더 살아난다.

카이저젬멜의 누름틀
손잡이를 잡고 생지에 눌러 모양을 만든다.

아름다운 카이저젬멜

카이저젬멜에는 '황제의 빵'이라는 이름에 걸맞은 샤프한 아름다움이 요구됩니다.

5개의 꽃잎 같은 독특한 모양과 편평한 형태는 누름틀을 이용해 만드는데, 모양을 확실히 남기려면 틀을 누르는 타이밍이 중요합니다. 둥글린 직후의 생지에 틀을 누르면 최종 발효하는 동안에 생지가 부풀면서 모양이 주위와 어우러져 모양이 흐릿해집니다. 반대로 타이밍이 너무 늦으면 틀을 눌러 빠진 가스가 충분히 쌓이기 전에 소성하게 되어 구웠을 때 오므라듭니다.

생지의 상태에 따라서도 다르겠지만, 틀을 누르는 타이밍은 기본적으로 성형 후 10~20분 사이입니다. 생지가 한 둘레 커지고 손가락으로 눌렀을 때 살짝 들어가는 정도가 되면 진행하세요.

Kaisersemmel

바이첸브로트 WEIZENBROT

독일의 대중적인 하드 계열 식사용 빵입니다.
바이첸은 밀, 브로트는 큰 빵을 의미합니다. 밀가루만으로 만든 밀 빵을
가리키는 것이지요. 제2차 세계대전 이후 독일의 밀 수입이 늘어나면서
바이첸브로트의 수요가 급속히 증가했다고 합니다.

제법	스트레이트법
재료	3kg(14개 분량)

	배합(%)	분량(g)
프랑스빵용 밀가루	100.0	3000
설탕	0.5	15
소금	2.0	60
버터	1.0	30
인스턴트 이스트*	0.8	24
몰트엑기스	0.3	9
물	65.0	1950
합계	169.6	5088

* 비타민C가 첨가되지 않은 것.

믹싱	스파이럴 믹서
	1단 4분 2단 5분
	반죽 온도 26℃
발효	90분(60분에 펀치)
	28~30℃ 75%
분할	350g
벤치 타임	20분
성형	막대기 모양(25cm)
최종 발효	45분 32℃ 70%
소성	쿠프 넣기
	24분
	상불 235℃ 하불 215℃
	스팀

바이첸브로트의 단면

둥그스름한 단면이 특징이며 적당한 두께의 크러
스트는 씹는 맛이 있고 고소하다. 크럼은 성형할
때 가스를 잘 빼기 때문에 비교적 세밀한 기공이
균일하게 줄지어 있다. 크럼의 색은 밀 빵 특유의
광택을 띤 크림색이다.

믹싱

1 모든 재료를 믹서 볼에 넣고 1단으로 4분 반죽한다.

◦ 생지가 아직 하나로 뭉쳐지지 않았으며 표면이 끈적인다.

2 1의 생지 일부를 떼어 늘여보며 상태를 확인한다.

◦ 생지의 연결이 약해서 늘이려 해도 찢어진다.

3 2단으로 하여 5분 반죽한다.

◦ 생지가 한 덩어리로 뭉쳐진다. 표면은 약간 매끄러워지며 끈적이지 않는다.

4 3의 생지 상태를 확인한다.

◦ 펴지기는 하지만, 약간 단단한 생지이므로 그다지 얇게 펴지지는 않는다.

5 표면이 팽팽해지도록 생지를 다듬어 발효 케이스에 넣는다.

◦ 최종 반죽 온도 26℃.

발효

6 온도 28~30℃, 습도 75%의 발효실에서 60분 발효시킨다.

◦ 손가락 자국이 남을 정도로 충분히 부풀어 있다.

펀치

7 전체를 누르고 좌우에서 접는 '약간 약한 펀치'(→p.40)를 한 후 다시 발효 케이스에 넣는다.

◦ 비타민C가 첨가되지 않은 인스턴트 이스트를 사용하면 생지의 힘이 약해지므로, 힘을 부여하기 위해 보통보다 약간 세게 펀치를 진행한다. 다만 가스를 너무 많이 빼면 이후에 잘 부풀지 않는다.

발효

8 같은 조건의 발효실에 넣어 30분 더 발효시킨다.

◦ 손가락 자국이 남을 정도로 충분히 부풀어 있다.

분할 및 둥글리기

9 생지를 작업대로 꺼내 350g으로 나누어 자른다.

10 생지를 가볍게 둥글린다.

둥글리기 전   둥글린 후

11 천을 깐 판 위에 나열한다.

벤치 타임

12 발효할 때와 같은 조건의 발효실에서 20분 휴지시킨다.

○ 반죽의 탄력이 빠질 때까지 충분히 휴지시킨다.

성형

13 생지를 손바닥으로 눌러 가스를 뺀다.

14 매끈한 면이 아래로 가도록 하여 반대쪽에서부터 1/3을 접고 손바닥과 손목이 연결된 부분으로 생지의 끝을 눌러 붙인다.

15 방향을 180도 바꾸어 마찬가지로 1/3을 접어 붙인다.

16 반대쪽에서부터 절반으로 접으면서 생지의 끝을 확실히 눌러 봉한다.

○ 단단한 생지이므로 생지가 끊어지지 않도록 살살 누른다.

17 위에서 가볍게 누르면서 굴려 길이 25cm의 막대기 모양으로 만든다.

○ 두껍게 만들기 위해 커다란 생지를 짧게 성형한다. 너무 길어지지 않도록 주의한다.

18 판에 천을 깔고 천 주름을 잡으면서 봉한 이음매가 아래로 가도록 생지를 나열한다.

○ 주름과 생지 사이에 손가락 하나 정도의 간격을 둔다.

최종 발효

19 온도 32℃, 습도 70%의 발효실에서 45분 동안 발효시킨다.

○ 비타민C가 들어 있지 않은 인스턴트 이스트를 사용하므로 생지가 느슨해지기 쉽다. 조금 빨리 발효를 마무리한다.
○ 단단한 생지는 쉽게 말라버리므로 주의한다.

소성

20 판을 이용해 슬립벨트로 옮긴 후 쿠프를 5개 넣는다.

○ 생지에 수직으로 4~5mm 깊이의 칼집을 넣는다.

21 상불 235℃, 하불 215℃의 오븐에 스팀을 많이 넣고 24분 굽는다.

○ 스팀을 많이 넣어 구우면 광택이 나며 크러스트가 얇고 바삭해진다. 볼륨도 생긴다.

슈바이처브로트 SCHWEIZERBROT

'스위스의 빵'이라는 이름이지만, 스위스와는 별다른 연관이 없다고 합니다.
호밀가루를 10~20% 배합하는 것이 일반적이며, 밀가루만으로 만드는 바이첸브로트와
더불어 독일을 대표하는 중형 식사용 빵입니다. 고소하고 식감이 뛰어난 크러스트,
적당한 감칠맛과 풍미를 느낄 수 있는 부드럽고 탄력 있는 크럼이 특징입니다.

제법	스트레이트법
재료	3kg(26개 분량)

	배합(%)	분량(g)
프랑스빵용 밀가루	85.0	2550
호밀가루	15.0	450
소금	2.0	60
탈지분유	2.0	60
버터	2.0	60
인스턴트 이스트*	0.8	24
몰트엑기스	0.3	9
물	68.0	2040
합계	175.1	5253

호밀가루

* 비타민C가 첨가되지 않은 것.

믹싱	……………	스파이럴 믹서
		1단 4분 2단 4분
		반죽 온도 26℃
발효	……………	90분(60분에 펀치)
		28~30℃ 75%
분할	……………	200g
벤치 타임	…………	20분
성형	……………	둥근형
최종 발효	…………	40분 32℃ 70%
소성	……………	호밀가루 뿌리고 쿠프 넣기
		24분
		상불 240℃ 하불 220℃
		스팀

믹싱

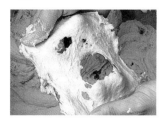

1 모든 재료를 믹서 볼에 넣고 1단으로 반죽한다. 4분 반죽한 후 생지 일부를 떼어 늘여보며 상태를 확인한다.

○ 호밀가루가 배합되어 생지의 연결은 약하고, 끈적이며 부드럽다.

2 2단으로 하여 4분 반죽한 후 생지 상태를 확인한다.

○ 반죽은 아직 끈적이지만 약간 얇게 펴진다.

3 표면이 팽팽해지도록 생지를 다듬어 발효 케이스에 넣는다.

○ 최종 반죽 온도 26℃.

발효

4 온도 28~30℃, 습도 75%의 발효실에서 60분 동안 발효시킨다.

펀치

5 좌우에서 접는 '약한 펀치'(→ p.40)를 한 후 발효 케이스에 다시 넣는다.

○ 생지가 부풀어 오르는 힘이 약하므로 가스가 너무 많이 빠지지 않도록 펀치를 약하게 한다. 가스가 너무 많이 빠지면 이후에 잘 부풀지 않는다.

발효

6 같은 조건의 발효실에 넣어 30분 더 발효시킨다.

○ 거의 끈적이지 않고, 손가락 자국이 남을 만큼 충분히 부풀어 있다.

분할 및 둥글리기

7 생지를 작업대에 꺼내 200g으로 나누어 자른다.

8 가볍게 둥글린다.

둥글리기 전   둥글린 후

9 천을 깐 판 위에 나열한다.

벤치 타임

10 발효할 때와 같은 조건의 발효실에서 20분 동안 휴지시킨다.

○ 생지의 탄력이 빠질 때까지 충분히 휴지시킨다.

성형

11 생지를 손바닥으로 눌러 가스를 뺀다.

12 매끈한 면이 윗부분이 되도록 둥글린다.

○ 밀가루만 사용한 생지에 비해 연결이 약하므로 생지가 끊어지기 쉽다.

13 밑부분을 잡아 봉한다.

14 봉한 이음매가 아래로 가도록 하여 천을 깐 판 위에 나열한다.

최종 발효

15 온도 32℃, 습도 70%의 발효실에서 40분 동안 발효시킨다.

○ 발효가 지나치면 완성했을 때 볼륨이 부족하기 쉬우니, 발효를 조금 일찍 마무리한다. 손가락 자국이 약간 되돌아오는 정도가 좋다.

소성

16 호밀가루를 표면 전체에 뿌린다.

○ 너무 많이 뿌리면 구웠을 때 가루 느낌이 남으므로 주의한다.

17 슬립벨트로 옮긴 후 십자로 쿠프를 넣는다.

○ 생지에 수직으로 2개의 깊이가 같도록 칼집을 넣는다.

18 상불 240℃, 하불 220℃의 오븐에 스팀을 넣고 24분 굽는다.

○ 크러스트가 두꺼워지도록 확실히 굽는다.

슈바이쳐브로트의 단면

바이첸브로트(→p.83)와 마찬가지로 단면은 둥그스름한 모양이 특징이며, 적당한 두께의 크러스트는 식감이 뛰어나고 고소하다. 세밀한 둥근 모양의 기공이 가지런히 나열된 크럼은 탄력이 있다. 호밀가루가 배합되어 바이첸브로트에 비해 약간 갈색을 띤다.

제잠브뢰첸 SESAMBRÖTCHEN

제잠은 깨, 브뢰첸은 작은 빵을 뜻합니다. 식사용 빵을 변형한 것으로,
누름틀로 모양을 만들고 그 위에 흰깨를 올려 잘 구워내는 것이 특징입니다.
일반적으로 밀 전립분이나 호밀가루가 전체의 20~30% 정도 배합되며,
식감이 살아 있으며 풍미가 뛰어난 빵입니다.

제법	발효종법(포아타이크)
재료	3kg(85개 분량)

	배합(%)	분량(g)
● 포아타이크		
프랑스빵용 밀가루	25.00	750.0
소금	0.50	15.0
인스턴트 이스트	0.05	1.5
물	15.00	450.0
● 본반죽		
프랑스빵용 밀가루	45.00	1350.0
호밀가루	20.00	600.0
밀 전립분	10.00	300.0
소금	1.50	45.0
인스턴트 이스트	0.50	15.0
몰트엑기스	0.30	9.0
물	54.00	1620.0
합계	171.85	5155.5

흰깨

포아타이크 믹싱 ···	버티컬 믹서
	1단 3분 2단 2분
	반죽 온도 25℃
발효 ··············	18시간(±3시간)
	22~25℃ 75%
본반죽 믹싱 ········	스파이럴 믹서
	1단 5분 2단 4분
	반죽 온도 26℃
발효 ··············	70분 28~30℃ 75%
분할 ··············	60g
벤치 타임 ·········	15분
성형 ··············	둥근형
최종 발효 ·········	55분(10분에 틀 찍기, 흰깨 묻히기)
	32℃ 70%
소성 ··············	18분
	상불 235℃ 하불 215℃
	스팀

포아타이크 믹싱

1 포아타이크의 재료를 믹서 볼에 넣고 1단으로 3분 반죽 한다.

○ 재료가 전체에 대강 섞이면 된다. 생지의 연결이 약해서 천천히 잡아 당겨도 늘어나지 않고 찢어진다.

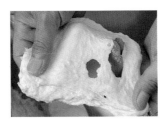

2 2단으로 2분 반죽한다.

○ 재료가 균일하게 섞이고 한 덩어리 로 뭉쳐지면 된다. 단단한 생지이므 로 잘 늘어나지 않는다.

3 표면이 팽팽해지도록 생지 를 다듬어 볼에 넣는다.

○ 생지가 단단하므로 작업대 위에서 눌러 둥글린다.
○ 최종 반죽 온도 25℃.

발효

4 온도 22~25℃, 습도 75%의 발효실에서 18시간 발효시 킨다.

○ 충분히 부풀었음을 확인한다.
○ 발효 시간은 18시간을 기본으로 하 지만 15~21시간 내에서 조절 가능 하다.

본반죽 믹싱

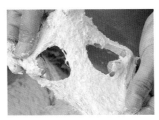

5 본반죽의 재료와 4의 포아 타이크를 믹서 볼에 넣고 1 단으로 5분 반죽한다. 생지 의 일부를 떼어 늘여보며 상 태를 확인한다.

○ 재료는 거의 섞였지만 생지의 연결 은 약해서 천천히 잡아당겨도 쉽게 찢어진다.

6 2단으로 4분 반죽하고 생지 의 상태를 확인한다.

○ 약간 펴지지만 연결은 약하며 끈적 인다. 볼륨보다 빵의 맛을 살리기 위 해 약간 약한 믹싱으로 마무리한다.

7 표면이 팽팽해지도록 생지를 다듬어 발효 케이스에 넣는다.

  ◦ 최종 반죽 온도 26℃.

발효

8 온도 28~30℃, 습도 75%의 발효실에서 70분 동안 발효시킨다.

  ◦ 충분히 부풀어 오르고 들러붙지 않는다.

분할 및 둥글리기

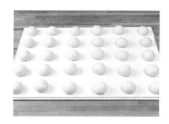

둥글리기 전   둥글린 후

9 생지를 작업대에 꺼내 60g으로 나누어 자르고 가볍게 둥글린다.

10 천을 깐 판 위에 나열한다.

벤치 타임

11 발효할 때와 같은 조건의 발효실에서 15분 동안 휴지시킨다.

  ◦ 생지의 탄력이 빠질 때까지 휴지시킨다.

성형

12 생지를 손바닥으로 눌러서 가볍게 가스를 뺀다. 매끈한 면이 위로 오도록 둥글린다.

  ◦ 생지가 잘 끊어지므로 약간 약하게 둥글린다.

13 밑부분을 잡아 봉한다.

14 봉한 이음매가 아래로 가도록 하여 천을 깐 판 위에 나열한다.

최종 발효·틀 찍기·토핑

15 온도 32℃, 습도 70%의 발효실에서 10분 동안 발효시킨다.

  ◦ 탄력이 조금 빠지면 된다.

16 생지에 누름틀을 찍어 모양을 만든다.

  ◦ 생지가 끊어지기 쉬우므로 천천히, 틀이 작업대에 닿을 때까지 꾹 누른다.

17 젖은 천에 모양이 있는 면이 아래로 가도록 생지를 올려 촉촉하게 한다. 그 면에 흰깨를 묻힌다.

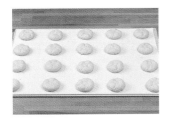

18 토핑한 면을 아래로 하여 천을 깐 판 위에 나열한다.

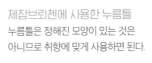

제잠브뢰첸에 사용한 누름틀
누름틀은 정해진 모양이 있는 것은
아니므로 취향에 맞게 사용하면 된다.

19 15와 같은 조건의 발효실에서 45분 더 발효시킨다.

○ 손가락으로 가볍게 누른 자국이 그대로 남을 정도까지 충분히 발효시킨다. 발효가 부족하면 모양을 낸 부분이 터지듯이 구워진다.

소성

20 모양이 있는 면이 위로 오도록 하여 슬립벨트로 옮긴다.

21 상불 235℃, 하불 215℃의 오븐에 스팀을 넣고 18분 굽는다.

제잠브뢰첸의 단면

카이저젬멜(→p.79)과 마찬가지로 틀을 찍어 빵의 볼륨을 억제했기 때문에 단면이 평평하다. 호밀가루와 밀 전립분이 배합되어 소형 빵치고는 소성 시간이 비교적 길다. 크러스트는 두껍고 크럼에는 둥근 모양의 세밀한 기공이 균일하게 존재한다.

치아바타 CIABATTA

이탈리아어로 슬리퍼라는 뜻인 치아바타는 모양도 마치 슬리퍼 그 자체.
성형 방법은 조금 색다릅니다. 직사각형으로 분할한 생지를 발효시킨 후,
손으로 잡아당겨 세로로 길게 늘이기만 하면 됩니다. 이탈리아 북부 롬바르디아 지방의 빵이며,
지금은 하드 계열의 식사용 빵이나 파니니로 이탈리아에서 널리 사랑받고 있습니다.

제법	발효종법(반죽종)
재료	2kg(8개 분량)

	배합(%)	분량(g)
● 반죽종		
프랑스빵용 밀가루	100.0	2000
인스턴트 이스트	0.5	10
물	45.0	900
● 본반죽		
소금	2.0	40
탈지분유	2.0	40
몰트엑기스	0.5	10
물	25.0	500
합계	175.0	3500

반죽종 믹싱 ········ 스파이럴 믹서
　　　　　　　　　1단 3분　2단 2분
　　　　　　　　　반죽 온도 24℃
발효 ················· 18시간(±3시간)
　　　　　　　　　22~25℃ 75%
본반죽 믹싱 ········ 스파이럴 믹서
　　　　　　　　　1단 30분　2단 1분
　　　　　　　　　반죽 온도 25℃
발효 ················· 40분　28~30℃ 75%
분할 및 성형 ······· 만드는 법 참조
최종 발효 ·········· 30분　32℃ 70%
소성 ················· 20분
　　　　　　　　　상불 230℃ 하불 230℃
　　　　　　　　　스팀

사전 준비

• 탈지분유는 그대로는 잘 섞이지 않으므로 본반죽용 물의 일부를 이용해 녹인다.

반죽종 믹싱

1 반죽종의 재료를 믹서 볼에 넣는다.

2 1단으로 3분 반죽한다.

○ 가루 느낌이 사라지며 재료는 균일하게 섞였지만, 덩어리진 느낌이 부족하고 표면은 연결이 약해 퍼석퍼석하다. 생지가 단단하므로 끈적거림은 적다.

3 2단으로 2분 반죽한다.

○ 생지가 연결되기 시작하여 표면이 조금 매끄러워지고 하나의 덩어리가 된다. 단, 아직 잘 늘어나지 않으며 생지의 찢어진 면이 깔쭉깔쭉하다.

4 생지를 한 덩어리로 다듬어 발효 케이스에 넣는다.

○ 생지가 단단하므로 작업대 위에서 눌러 둥글린다. 표면이 매끄러울 필요는 없으며 한 덩어리로 다듬어지면 된다.
○ 최종 반죽 온도 24℃.

발효

5 온도 22~25℃, 습도 75%의 발효실에서 18시간 발효시킨다.

○ 가루의 전체량으로 반죽종을 만들기 때문에 종의 상태가 빵의 완성을 좌우한다. 특히 반죽 온도나 발효 시의 온도 관리에 주의한다. 온도가 너무 높아 과발효가 되면 완성되었을 때의 향에 영향을 준다. 또 생지가 단단하므로 마르기 쉽다.
○ 발효 시간은 18시간을 기본으로 하지만 15~21시간 내에서 조절 가능하다.

본반죽 믹싱

6 소금 이외의 본반죽 재료, 5
의 반죽종을 믹서 볼에 넣는
다. 1단으로 30분 반죽한다.

7 2분 반죽한 상태.

○ 서서히 생지가 찢어진다. 아직 액체
와는 섞이지 않았다.

8 10분 반죽한 상태.

○ 더 잘게 찢어지고 액체와 섞이기 시
작했지만 연결은 아직 약하다. 조정
수는 액체가 생지에 섞인 후 넣는다.

9 20분 반죽한 상태.

○ 생지가 더욱 연결되고 거의 한 덩어
리가 되면서 후크에 걸리지만 표면
의 끈적임은 강하다.

10 30분 반죽한 상태.

○ 믹서가 회전할 때 볼의 바닥에서
생지가 떨어지지 않는 상태지만,
표면은 꽤 매끄러워졌다.

11 10의 생지를 일부 떼어 늘
여보며 상태를 확인한다.

○ 매끈하게 늘어나지만 소금이 들어
있지 않으므로 30분을 반죽해도
끈적임이 강하다.

12 2단으로 믹서를 회전시키
면서 소금을 조금씩 넣는다.

○ 소금을 넣으면 생지가 수축되어
믹서가 돌아갈 때 볼 바닥에서 생
지가 분리된다.

13 1분 반죽하고 생지 상태를
확인한다.

○ 더 매끄럽고 얇게 펴진다. 소금을
넣으면 생지가 수축되어 연결도
강해지지만, 아직 끈적이는 상태로
매우 부드럽다.

14 표면이 팽팽해지도록 생지
를 다듬어 발효 케이스에
넣는다.

○ 최종 반죽 온도 25℃.

발효

15 온도 28~30℃, 습도 75%
의 발효실에서 40분 발효
시킨다.

○ 충분히 부풀었지만 아직 끈적인다.

분할 및 성형

16 덧가루를 뿌린 작업대에 반
죽을 꺼내어 너비 25cm, 두
께 2cm의 직사각형으로 늘
인다.

○ 늘이는 중에도 덧가루를 많이 사
용한다.

17 표면에 덧가루를 뿌리고 반대쪽에서부터 1/3을 접는다. 또 덧가루를 뿌린 후, 몸 앞쪽에서도 똑같이 1/3을 접는다.

○ 덧가루를 뿌린 부분이 소성을 할 때 벌어진다. 덧가루가 적으면 들러붙어서 잘 벌어지지 않으므로 많이 사용한다.

18 천을 깐 판 위에 생지를 뒤집어 올리고 비닐을 씌워 실온에서 10분 휴지시킨다.

19 휴지시킨 상태.

○ 탄력이 약간 빠지면 된다.

20 끝에서부터 8등분으로 자른다.

21 판에 천을 깔고 덧가루를 뿌린 후, 잘린 부분이 위로 오게 하여 생지를 나열한다.

○ 잘린 부분은 들러붙기 쉬우므로 덧가루를 많이 뿌린다.

최종 발효

22 온도 32℃, 습도 70%의 발효실에서 30분 동안 발효시킨다.

○ 소성 전에 잡아당겨 늘이므로 발효를 조금 일찍 마무리한다.

소성

23 잘린 부분을 위로 오게 한 상태에서 생지를 조금 잡아당겨 늘이고, 슬립벨트로 옮긴다.

○ 잡아당겼을 때 전체가 오므라진다면 발효가 과다한 것이다.

24 상불 230℃, 하불 230℃의 오븐에 스팀을 넣고 20분 굽는다.

치아바타의 단면

원래 그리 두껍지 않게 구우므로 단면은 편평하고 크러스트도 부드러운 편이다. 수분이 많고 부드러운 생지이므로, 소성 중 오븐에서 잘 부풀어 올라 크럼에 꽤 큰 기공이 여기저기 생겨 있다.

파네 시칠리아노 PANE SICILIANO

이탈리아반도 끝에 있는 시칠리아섬의 전통적인 듀럼밀로 만드는
심플한 식사용 빵입니다. 파스타의 원료로 유명한 듀럼밀은
단백질과 카로틴이 풍부한 영양가 높은 밀 품종이에요.
시칠리아에서는 듀럼밀과 흰깨를 많이 재배하므로 이런 빵이 탄생한 것 같습니다.

제법	스트레이트법
재료	3kg(10개 분량)

	배합(%)	분량(g)
듀럼밀가루	100.0	3000
소금	2.0	60
인스턴트 이스트	1.5	45
물	70.0	2100
합계	173.5	5205

흰깨

믹싱	스파이럴 믹서
	1단 4분 2단 4분
	반죽 온도 26℃
발효	50분 28~30℃ 75%
분할	500g
벤치 타임	10분
성형	막대기 모양(30cm)
	흰깨 묻히기
최종 발효	40분 32℃ 70%
소성	쿠프 넣기
	30분
	상불 220℃ 하불 210℃
	스팀

파네 시칠리아노의 단면

초경질의 고단백 가루인 덕에 빵의 크러스트는 두
껍고 쫀득한 식감을 갖는다. 크럼은 듀럼밀 특유
의 글루텐이 형성되어 있으며, 다양한 기공이 존
재한다. 가루에 많이 함유된 카로티노이드(색소)
의 영향으로 크럼이 파스타처럼 노란색을 띤다.

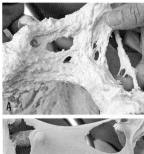

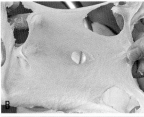

믹싱

1 모든 재료를 믹서 볼에 넣고 1단으로 반죽한다.

2 4분 반죽한 후 생지의 일부를 떼어 늘여보며 상태를 확인한다(A).

○ 재료는 균일하게 섞였지만 아직 덩어리감은 없다. 표면은 연결이 약해서 퍼석퍼석하며 끈적인다.

3 2단으로 하여 4분 반죽한 후 생지 상태를 확인한다(B).

○ 표면은 매끄러워지고 상당히 얇게 늘어나지만 편차가 있다.

4 표면이 팽팽해지도록 생지를 다듬어 발효 케이스에 넣는다(C).

○ 최종 반죽 온도 26℃.

발효

5 온도 28~30℃, 습도 75%의 발효실에서 약 50분 발효시킨다(D).

○ 손가락 자국이 그대로 남을 정도까지 충분히 부풀었다.

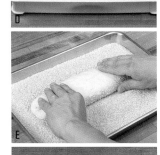

분할 및 둥글리기

6 생지를 작업대에 꺼내 500g으로 나누어 자른다.

7 생지를 둥글린 후 천을 깐 판 위에 나열한다.

벤치 타임

8 발효할 때와 같은 조건의 발효실에서 10분 휴지시킨다.

○ 생지의 탄력이 빠질 때까지 충분히 휴지시킨다.

성형

9 생지를 손바닥으로 눌러 가스를 뺀다.

10 매끈한 면이 아래로 가도록 하여, 반대쪽에서부터 몸 앞쪽으로 1/3을 접고 손바닥과 손목이 연결된 부분으로 생지의 끝을 눌러서 붙인다.

11 생지의 방향을 180도 바꾸어 마찬가지로 1/3을 접어 붙인다.

12 반대쪽에서 몸 앞쪽으로 절반을 접고 생지의 끝을 눌러 봉한다.

○ 생지가 잘 끊어지므로 천천히 누른다.

13 위에서 가볍게 누르면서 굴려 길이 30cm의 막대기 모양을 만든다.

14 젖은 천 위에 이음매 반대쪽 면을 올려 촉촉하게 한다.

15 흰깨를 사각 용기에 펼친 후 젖은 면을 아래로 하여 생지를 넣고, 가볍게 눌러 흰깨를 묻힌다(E).

16 판에 천을 깔고 천 주름을 잡으면서 흰깨를 묻힌 면이 위로 오도록 생지를 나열한다(F).

○ 주름과 생지 사이에 손가락 하나 정도의 간격을 둔다.

최종 발효

17 온도 32℃, 습도 70%의 발효실에서 약 40분 발효시킨다(G).

○ 생지를 손가락으로 누르면 자국이 남을 정도까지 충분히 발효시킨다.

소성

18 슬립벨트로 옮긴 후 쿠프를 3개 넣는다(H).

○ 얇게 껍질을 벗기듯이 쿠프를 넣는다.

19 상불 220℃, 하불 210℃의 오븐에 스팀을 넣고 30분 굽는다.

○ 대형 빵은 소성 시간이 긴 편이므로 깨가 타지 않도록 주의한다.

파네 토스카노 PANE TOSCANO

이탈리아 피렌체를 중심으로 하는 토스카나 지방의 대표적인 식사용 빵으로 세계적으로도 몇 안 되는
무염 빵으로 유명합니다. 12세기에 경쟁국이 소금의 유통을 막으면서 가격이 치솟았는데,
이때 소금을 넣지 않고 만든 것이 시초라고 해요. 소금이 들어가지 않은 생지는 끈적거리며
늘어지기 쉬운데, 이를 보완하기 위해 이스트를 첨가한 반죽종을 사용해 볼륨을 만들어줍니다.

제법	발효종법(반죽종)
재료	3kg(16개 분량)

	배합(%)	분량(g)
● 반죽종		
프랑스빵용 밀가루	50.00	1500.0
인스턴트 이스트	0.25	7.5
물	25.00	750.0
● 본반죽		
프랑스빵용 밀가루	50.00	1500.0
인스턴트 이스트	0.50	15.0
몰트엑기스	0.60	18.0
물	35.00	1050.0
합계	161.35	4840.5

프랑스빵용 밀가루

반죽종 믹싱 ········	버티컬 믹서
	1단 3분 2단 3분
	반죽 온도 25℃
발효 ··············	18시간(±3시간)
	22~25℃ 75%
본반죽 믹싱 ········	스파이럴 믹서
	1단 5분 2단 2분
	반죽 온도 26℃
발효 ··············	40분 28~30℃ 75%
분할 ··············	300g
벤치 타임 ·········	15분
성형 ··············	막대기 모양(18cm)
	프랑스빵용 밀가루 묻히기
최종 발효 ·········	40분 32℃ 70%
소성 ··············	쿠프 넣기
	25분
	상불 230℃ 하불 220℃
	스팀

반죽종 믹싱

1 반죽종의 재료를 믹서 볼에 넣는다.

2 1단으로 3분 반죽한다.

○ 가루 느낌이 사라지며 재료는 균일하게 섞였지만 덩어리진 느낌이 부족하고 표면은 연결이 약해 퍼석퍼석하다. 생지가 단단하므로 끈적임은 적다.

3 2단으로 하여 3분 반죽한다.

○ 생지가 연결되기 시작하여 표면이 조금 매끄러워지고 하나의 덩어리가 된다. 단, 아직 잘 늘어나지 않으며 두께가 있다.

4 생지를 한 덩어리로 다듬어 발효 케이스에 넣는다.

○ 생지가 단단하므로 작업대 위에서 눌러 둥글린다. 표면이 매끄러울 필요는 없으며 한 덩어리로 다듬어지면 된다.
○ 최종 반죽 온도 25℃.

발효

5 온도 22~25℃, 습도 75%의 발효실에서 18시간 발효시킨다.

○ 생지가 단단하여 건조되기 쉬우니 주의한다.
○ 발효 시간은 18시간을 기본으로 하지만 15~21시간 내에서 조절 가능하다.

본반죽 믹싱

6 본반죽의 재료와 5의 반죽종을 믹서 볼에 넣어 1단으로 반죽한다.

7 5분 반죽한 후 생지의 일부를 떼어 늘여보며 상태를 확인한다.

○ 생지는 덩어리지지만 표면은 살짝 퍼석퍼석하며 끈적임도 강하다. 얇게 펴지지만 편차가 있고, 찢어진 부분은 깔쭉깔쭉하다.

8 2단으로 하여 2분 반죽한 후 상태를 확인한다.

○ 표면이 매끄러워지고 얇게 늘어나며 찢어진 부분도 매끄럽다. 소금이 들어가지 않아 매우 들러붙는다.

9 표면이 팽팽해지도록 생지를 다듬어 발효 케이스에 넣는다.

○ 생지의 연결이 약하므로 표면이 되는 부분에 가능한 한 닿지 않도록 하여 재빨리 다듬는다.
○ 최종 반죽 온도 26℃.

발효

10 온도 28~30℃, 습도 75%의 발효실에서 40분 발효시킨다.

○ 손가락 자국이 남을 정도로 부풀 때까지 충분히 발효시킨다.

분할 및 둥글리기

11 생지를 작업대에 꺼내 300g으로 나누어 자른다.

12 생지를 둥글린다.

○ 생지의 연결이 약하므로 표면이 거칠어지지 않도록 주의한다.

둥글리기 전   둥글린 후

13 천을 깐 판 위에 나열한다.

벤치 타임

14 발효할 때와 같은 조건의 발효실에서 15분 동안 휴지시킨다.

○ 소금이 들어가지 않은 생지는 처지기 쉬우므로 너무 오래 휴지시키지 않도록 주의한다.

성형

15 생지를 손바닥으로 눌러 가스를 뺀다.

16 매끈한 면이 아래로 가도록 하여 반대쪽에서부터 1/3을 접고 손바닥과 손목이 연결된 부분으로 생지의 끝을 눌러서 붙인다.

17 방향을 180도 바꾸어 마찬가지로 1/3을 접어 붙인다.

18 반대쪽에서부터 절반으로 접고 생지의 끝을 확실히 눌러 봉한 후 길이 18cm의 막대기 모양을 만든다.

○ 연결이 약해서 잘 끊어지므로 살살 누른다.

19 프랑스빵용 밀가루를 담은 사각 용기에 이음매가 위로 오도록 넣어 가루를 묻힌다.

20 판에 천을 깔고 천 주름을 잡으면서 이음매가 아래로 가도록 생지를 나열한다.

○ 주름과 생지 사이에 손가락 하나 정도의 간격을 둔다.

최종 발효

21 온도 32℃, 습도 70%의 발효실에서 40분 동안 발효시킨다.

○ 충분히 발효시킨다. 발효가 부족하면 생지가 잘 늘어나지 않아 볼륨이 생기지 않는다.

소성

22 판을 이용해 슬립벨트로 옮긴 후 쿠프를 1개 넣는다.

○ 껍질을 얇게 벗기듯이 쿠프를 넣는다.

23 상불 230℃, 하불 220℃의 오븐에 스팀을 넣고 약 25분 굽는다.

파네 토스카노의 단면

소성 중 오븐에서 완만하게 부풀어 오르므로 단면은 타원형이다. 소금이 들어가지 않아 색이 연하며 사박사박한 느낌의 두꺼운 크러스트가 만들어진다. 크럼은 위와 아래에 기공이 찌그러진 자국이 보이며 색은 희다.

4

세미 하드 계열 빵

룬트슈튀크 RUNDSTÜCK

룬트슈튀크는 독일어로 둥근 덩어리라는 뜻으로,
독일에서는 아침에 버터나 잼을 발라 커피와 함께 먹습니다.
부재료의 배합이 적어서 세미 하드로 분류되지만, 식감은 부드럽고 입에서 잘 녹는 빵입니다.
토핑으로 얹은 양귀비씨가 빵의 고소함을 한층 더 돋보이게 합니다.

	제법	스트레이트법
	재료	3kg(91개 분량)

	배합(%)	분량(g)
프랑스빵용 밀가루	100.0	3000
설탕	2.5	75
소금	2.0	60
탈지분유	3.0	90
쇼트닝	3.0	90
인스턴트 이스트	0.8	24
달걀	5.0	150
물	66.0	1980
합계	182.3	5469

양귀비씨(흰색)

믹싱	············	스파이럴 믹서
		1단 4분 2단 5분
		반죽 온도 26℃
발효	············	90분(60분에 펀치)
		28~30℃ 75%
분할	············	60g
벤치 타임	·········	20분
성형	············	둥근형
최종 발효	·········	70분 32℃ 70%
소성	············	분무하기, 양귀비씨 뿌리기
		15분
		상불 230℃ 하불 200℃
		스팀

룬트슈튀크의 단면

둥글리기만 하는 심플한 성형 덕에 소성 중에 생지가 쉽게
팽창하며, 단면은 아름다운 타원형이 된다. 크러스트는 얇고
크럼은 윗부분이 조금 거칠어지는 경향이 있다. 전란이 배
합되어 크림색을 띤다.

믹싱

1 모든 재료를 믹서 볼에 넣고
1단으로 4분 반죽한다.

○ 생지는 한 덩어리가 되지만 표면은
거칠다.

2 1의 생지 일부를 떼어 늘여
보며 상태를 확인한다.

○ 들러붙으며 연결이 약하다. 퍼석퍼
석하여 금방 끊어진다.

3 2단으로 하여 5분 반죽한다.

○ 믹서가 회전할 때 볼 바닥에서 생지
가 떨어지고 표면이 매끄러워진다.

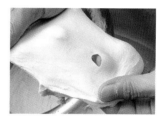

4 3의 생지 상태를 확인한다.

○ 그리 얇게 펴지지는 않지만 편차는
거의 없다.

5 표면이 팽팽해지도록 생지
를 다듬어 발효 케이스에 넣
는다.

○ 최종 반죽 온도 26℃.

발효

6 온도 28~30℃, 습도 75%의
발효실에서 60분 동안 발효
시킨다.

○ 손가락 자국이 남을 정도로 충분히
부풀어 있다.

펀치

7 전체를 누르고 좌우에서 접는 '약간 약한 펀치'(→p.40)를 하여 발효 케이스에 다시 넣는다.

○ 결이 촘촘하고 촉촉한 크럼으로 만들기 위해 하드 계열에 비해 약간 강하게 펀치를 진행한다.

발효

8 같은 조건의 발효실에 넣고 30분 더 발효시킨다.

분할 및 둥글리기

9 생지를 작업대에 꺼내 60g으로 나누어 자른다.

10 생지를 가볍게 둥글린다.

둥글리기 전   둥글린 후

11 천을 깐 판 위에 나열한다.

벤치 타임

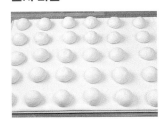

12 발효할 때와 같은 조건의 발효실에서 20분 휴지시킨다.

○ 생지의 탄력이 없어질 때까지 충분히 휴지시킨다.

성형

13 생지를 손바닥으로 눌러 가스를 빼고, 매끈한 면이 위로 오도록 잘 둥글린다.

○ 생지가 끊어지지 않을 정도로 확실히 둥글린다.

14 밑부분을 잡고 봉한다.

○ 둥글린 생지가 풀리지 않도록 제대로 잡고 봉한다.

15 봉한 이음매 부분이 아래로 가도록 하여 오븐 철판에 나열한다.

최종 발효

16 온도 32℃, 습도 70%의 발효실에서 70분 발효시킨다.

○ 충분히 부풀 때까지 발효시킨다. 발효가 부족하면 바닥 부분이 갈라질 수 있다.

소성

17 분무를 하고 양귀비씨를 뿌린다.

18 상불 230℃, 하불 200℃의 오븐에 스팀을 넣고 15분 굽는다.

4. 세미 하드 계열 빵

슈탕겐 STANGEN

막대기라는 뜻의 슈탕겐은 독일, 오스트리아에서 일상적인 스낵으로 친숙합니다.
플레인부터 깨, 양귀비씨, 굵은 소금을 얹은 것까지 다양하게 변형됩니다.
치즈를 생지에 넣거나 토핑으로 뿌려 구운 비어 슈탕겐은 맥주 안주로 유명하며,
맥주 애호가에게는 더없이 좋은 빵입니다.

	배합(%)	분량(g)
제법	스트레이트법	
재료	3kg(82개 분량)	

	배합(%)	분량(g)
프랑스빵용 밀가루	100.0	3000
소금	2.0	60
탈지분유	3.0	90
버터	2.0	60
생이스트	2.0	60
달걀	5.0	150
몰트엑기스	0.3	9
물	50.0	1500
합계	164.3	4929

양귀비씨(흰색, 검은색)

믹싱	스파이럴 믹서 1단 6분 2단 2분 반죽 온도 26℃
발효	60분 28~30℃ 75%
분할	60g
벤치 타임	15분
성형	얇게 펴서 말기 양귀비씨 묻히기
최종 발효	40분 32℃ 70%
소성	18분 상불 230℃ 하불 190℃ 스팀

슈탕겐의 단면

스팀을 가득 넣어 소성하여 크러스트는 얇고 바삭하다. 파이롤러를 이용해 편 생지를 몇 겹이나 말아서 막대기 모양으로 성형하므로, 크럼의 단면은 기공이 소용돌이 모양의 층을 이루고 있다.

믹싱

1 모든 재료를 믹서 볼에 넣고 1단으로 반죽한다.

2 6분 반죽한 후 생지의 일부를 떼어 늘여보며 상태를 확인한다.

○ 재료는 균일하게 섞였지만, 덩어리지지 않고 표면이 퍼석퍼석하며 연결이 약하다. 생지가 단단하므로 끈적임은 적다.

3 2단으로 하여 2분 반죽한 후 상태를 확인한다.

○ 조금 늘어나긴 하지만 얇게 펴려고 하면 찢어진다.

4 표면이 팽팽해지도록 생지를 다듬는다.

○ 생지가 단단하므로 작업대 위에서 눌러 둥글린다.

5 발효 케이스에 넣는다.

○ 최종 반죽 온도 26℃.

발효

6 온도 28~30℃, 습도 75%의 발효실에서 60분 동안 발효시킨다.

○ 충분히 발효되었지만 생지가 단단하므로 손가락으로 누르면 자국이 약간 돌아온다.

분할 및 둥글리기

둥글리기 전　　　둥글린 후

7 생지를 작업대에 꺼내 60g으로 나누어 자르고 둥글린다.

8 천을 깐 판 위에 나열한다.

벤치 타임

9 발효할 때와 같은 조건의 발효실에서 15분 휴지시킨다.

성형

10 파이롤러를 이용해 타원형(긴지름 15cm × 짧은지름 10cm)으로 얇게 편다.

　○ 파이롤러에 넣기 쉽도록 가볍게 눌러 넣는다.
　○ 생지에 부담이 가지 않도록 두께 3mm와 1.5mm로 설정하여 두 번에 나누어 편다.

11 반대쪽의 끝을 약간 접어 가볍게 누른다.

12 접은 부분을 누르고 반대쪽 손으로 생지의 앞쪽을 잡아 살짝 잡아당기면서 편다.

13 위에서 누르면서 몸 앞쪽으로 만다.

　○ 공기가 들어가지 않도록 만다.

14 12와 13을 여러 차례 반복해 생지를 수축시키면서 말아 길이 20cm의 막대기 모양으로 만든다.

15 토핑할 것은 만 끝부분의 반대쪽 면을 젖은 천에 올려 촉촉하게 만든 후 양귀비씨를 묻힌다.

16 만 끝부분이 아래로 가도록 하여 오븐 철판 위에 나열한다.

최종 발효

17 온도 32℃, 습도 70%의 발효실에서 40분 동안 발효시킨다.

　○ 발효가 부족하면 구울 때 만 부분이 터지듯이 갈라지고, 발효가 과다하면 만 부분이 깔끔하게 나오지 않는다.

소성

18 상불 230℃, 하불 190℃의 오븐에 스팀을 넣고 18분 굽는다.

　○ 스팀은 조금 많이 넣는다. 스팀이 적으면 측면이 터질 수 있다.

시미트 SIMIT

시미트는 터키인들이 즐겨 먹는 빵입니다. 특산품인 흰깨를 가득 입힌 링 모양의 빵이지요.
터키의 거리에서는 머리에 시미트를 쌓아올리고 팔러 다니는 사람이나, 막대기에 끼워 파는
노점상을 많이 볼 수 있습니다. 흰깨의 고소함과 사각사각한 식감의 조화가 뛰어납니다.
2개의 반죽을 꼬아서 만든 타입도 있습니다.

	배합(%)	분량(g)
제법	스트레이트법	
재료	3kg(64개 분량)	

	배합(%)	분량(g)
프랑스빵용 밀가루	100.0	3000
설탕	5.0	150
소금	1.8	54
버터	5.0	150
인스턴트 이스트*	0.8	24
달걀	5.0	150
물	55.0	1650
합계	172.6	5178

흰깨

* 비타민C가 첨가되지 않은 것.

믹싱 ··············	스파이럴 믹서
	1단 4분 2단 5분
	반죽 온도 26℃
발효 ··············	60분 28~30℃ 75%
분할 ··············	80g
벤치 타임 ·········	10분
성형 ··············	막대기 모양(45cm) → 링 모양
	흰깨 묻히기
최종 발효 ·········	35분 32℃ 70%
소성 ··············	15분
	상불 230℃ 하불 180℃
	스팀

시미트의 단면

단단한 생지를 접어 막대기 모양으로 성형하여, 크러스트는 두껍고 크럼은 결이 촘촘한 상태가 된다.

믹싱

1 모든 재료를 믹서 볼에 넣고 1단으로 반죽한다.

2 4분 반죽한 후 생지의 일부를 떼어 늘여보며 상태를 확인한다(A).

   ○ 재료는 균일하게 섞였지만, 표면이 퍼석퍼석하고 연결이 약해서 얇게 펴지지 않는다. 끈적임은 적다.

3 2단으로 하여 5분 반죽한 후 생지의 상태를 확인한다(B).

   ○ 얇게 늘어나지만 고르지 못하다.

4 표면이 팽팽해지도록 생지를 다듬어 발효 케이스에 넣는다(C).

   ○ 최종 반죽 온도 26℃.

발효

5 온도 28~30℃, 습도 75%의 발효실에서 60분 발효시킨다(D).

   ○ 손가락으로 누르면 자국이 남을 정도로 부풀지만, 비타민C가 첨가되지 않은 이스트를 사용했으므로 약간 느슨한 상태가 된다.

분할 및 둥글리기

6 생지를 작업대에 꺼내 80g으로 나누어 자른다.

7 생지를 가볍게 둥글린다.

8 천을 깐 판 위에 나열한다.

벤치 타임

9 발효할 때와 같은 조건의 발효실에서 10분 휴지시킨다.

   ○ 생지의 탄력이 빠질 때까지 충분히 휴지시킨다.

성형

10 생지를 손바닥으로 눌러 가스를 뺀다.

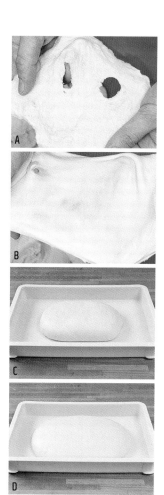

A

B

C

D

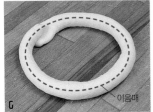

이음매

11 매끈한 면이 아래로 가도록 하여 반대쪽에서 몸 앞쪽으로 1/3을 접고 손바닥과 손목이 연결된 부분으로 생지 끝을 눌러서 붙인다.

12 생지의 방향을 180도 바꾸어 마찬가지로 1/3을 접어 붙인다.

13 반대쪽에서부터 몸 앞쪽을 향해 절반으로 접으면서 생지의 끝을 확실히 눌러 봉한다.

14 위에서 가볍게 누르면서 굴려 길이 15cm의 막대기 모양으로 만든다. 천을 깐 판에 나열하고 실온에서 5분 휴지시킨다.

　○ 반죽이 마른다 싶으면 필요에 따라 비닐을 씌운다.

15 생지를 손바닥으로 눌러 가스를 확실히 뺀다.

　○ 줄 모양으로 늘이므로 생지가 가급적 가늘고 길어지도록 끝에서부터 차례차례 누른다.

16 매끈한 면이 아래로 가도록 하여 반대쪽에서부터 몸 앞쪽을 향해 절반으로 접으면서 생지의 끝을 확실히 눌러 봉한다.

17 위에서 누르면서 굴려 길이 45cm로 늘인다 (**E**).

18 봉한 이음매가 위로 오게 하고 한쪽 끝을 손바닥으로 눌러 평평하게 만든다(**F**).

19 평평하게 만든 부분에 다른 한쪽의 끝을 올려 링 모양으로 만든다(**G**).

　○ 생지를 봉한 이음매가 연결되도록 올린다.

20 평평하게 만든 부분으로 다른 한쪽의 끝을 감싸면서 생지를 잡아 봉한다(**H**).

21 전체를 눌러 평평하게 한다.

22 봉한 이음매의 반대쪽 면을 젖은 천에 올려 촉촉하게 만들고 흰깨를 묻힌다.

23 깨를 묻힌 면이 위로 오도록 모양을 정리하고, 천을 깐 판 위에 나열한다.

최종 발효

24 온도 32℃, 습도 70%의 발효실에서 35분 발효시킨다.

　○ 충분히 부풀 때까지 발효시키는데, 가느다란 막대기 모양이므로 너무 부풀면 크럼의 결이 거칠어져 빵이 맛없어진다.

소성

25 생지를 슬립벨트에 옮긴다.

26 상불 230℃, 하불 180℃의 오븐에 스팀을 넣고 15분 굽는다.

포카치아 FOCACCIA

포카치아는 발효 생지를 평평하게 펴서 구운 빵으로 알려져 있는데,
이탈리아에는 더 얇고 바삭한 포카치아나 무발효한 포카치아 등 다양한 타입이 있습니다.
여기서 소개하는 것은 식사용 빵이나 샌드위치용 빵 등으로 폭넓게 활용할 수 있는
일반적인 포카치아입니다. 지방에 따라서는 스키아치아타('납작하게 눌렀다'는 뜻)
등으로도 불립니다.

제법	스트레이트법	
재료	3kg(26개 분량)	
	배합(%)	분량(g)
프랑스빵용 밀가루	100.0	3000
설탕	2.0	60
소금	2.0	60
올리브유	5.0	150
생이스트	2.5	75
물	62.0	1860
합계	173.5	5205

올리브유, 로즈마리, 굵은 소금

믹싱	스파이럴 믹서
	1단 4분 2단 3분
	반죽 온도 26℃
발효	50분 28~30℃ 75%
분할	200g
벤치 타임	15분
성형	원형(지름 15cm)
최종 발효	30분 32℃ 70%
소성	올리브유 바르고 토핑
	18분
	상불 230℃ 하불 220℃

사전 준비
· 오븐 철판에 올리브유를 바른다.

포카치아의 단면

두께 2cm 정도로 늘인 생지를 비교적 장시간 구
우므로 빵은 평평하고 크러스트는 약간 두껍다.
크럼에는 눌린 기공이 보인다. 빵 바닥 부분에 솟
아오른 자국은 손가락으로 구멍을 뚫은 부분이 얇
아져서 생긴 현상이다.

믹싱

1 모든 재료를 믹서 볼에 넣고 1단으로 반죽한다.

2 4분 반죽한 후 생지의 일부를 떼어 늘여보며 상태를 확인한다(**A**).

　○ 반죽이 부드러우며, 연결은 약하고 끈적거린다.

3 2단으로 하여 3분 반죽한 후 생지의 상태를 확인한다(**B**).

　○ 얇게 퍼지지만 고르지 않으며, 연결은 그리 강하지 않다. 믹싱은 조금 적게 진행하여 씹는 맛을 좋게 한다.

4 표면이 팽팽해지도록 생지를 다듬어 발효 케이스에 넣는다(**C**).

　○ 최종 반죽 온도 26℃.

발효

5 온도 28~30℃, 습도 75%의 발효실에서 50분 발효시킨다(**D**).

　○ 충분히 부풀어 오를 때까지 발효시킨다.

분할 및 둥글리기

6 생지를 작업대에 꺼내 200g으로 나누어 자른다.

7 매끈한 면이 위로 오도록 생지를 둥글린 후, 바닥 부분을 잡아서 봉한다.

　○ 성형은 밀대로 미는 것뿐이므로 여기에서 모양을 잘 잡아 둥글린다.

8 천을 깐 판 위에 나열한다.

벤치 타임

9 발효할 때와 같은 조건의 발효실에서 15분 휴지시킨다.

　○ 생지의 탄력이 없어질 때까지 충분히 휴지시킨다.

성형

10 밀대로 지름 15cm로 편다(**E**).

　○ 생지의 가장자리가 중심부보다 두꺼워지지 않도록 주의한다.

11 오븐 철판 위에 나열한다.

최종 발효

12 온도 32℃, 습도 70%의 발효실에서 30분 발효시킨다.

　○ 손가락 자국이 남을 정도로 부풀 때까지 충분히 발효시킨다.

소성

13 생지 전체에 손가락으로 구멍을 뚫는다(**F**). 솔로 올리브유를 바르고 로즈마리와 굵은 소금을 뿌린다(**G**).

14 상불 230℃, 하불 220℃의 오븐에서 18분 굽는다.

타이거 롤 TIGER ROLL

참으로 용맹스러운 이름인 타이거 롤.
표면에 바른 겉 반죽이 호랑이 무늬로 보인다고 하여 붙은 이름입니다.
1970년 무렵 네덜란드의 암스테르담을 중심으로 '타이거브로트Tijgerbrood'라는 이름으로 탄생하여 역사는
그리 오래되지 않았습니다. 식빵을 딱딱하게 만든 듯한 식감의 식사용 빵입니다.

제법	스트레이트법
재료	3kg(74개 분량)

	배합(%)	분량(g)
프랑스빵용 밀가루	100.0	3000
설탕	2.0	60
소금	2.0	60
탈지분유	3.0	90
쇼트닝	3.0	90
생이스트	2.0	60
달걀	5.0	150
몰트엑기스	0.3	9
물	57.0	1710
합계	174.3	5229

● 타이거 생지

	분량(g)
쌀가루	400
박력분	24
설탕	8
소금	8
생이스트	40
몰트엑기스	3
물	400
라드	48

믹싱 ················	스파이럴 믹서
	1단 6분 2단 4분
	반죽 온도 26℃
발효 ················	90분(60분에 펀치)
	28~30℃ 75%
분할 ················	70g
벤치 타임 ··········	15분
성형 ················	막대기 모양(15cm)
최종 발효 ··········	50분 32℃ 70%
소성 ················	타이거 생지 바르기
	20분
	상불 230℃ 하불 190℃
	스팀

믹싱

1 모든 재료를 믹서 볼에 넣고 1단으로 6분 반죽한다. 생지의 일부를 떼어 늘여보며 상태를 확인한다.

○ 재료는 균일하게 섞였지만 늘였을 때 두께가 고르지 않으며 얇게 펴지지 않는다. 조금 단단한 생지이다.

2 2단으로 4분 반죽한 후 생지의 상태를 확인한다.

○ 균일하게 늘어나지만 그리 얇게 펴지지는 않는다.

3 표면이 팽팽해지도록 생지를 다듬어 발효 케이스에 넣는다.

○ 반죽 목표 온도 26℃.

발효

4 온도 28~30℃, 습도 75%의 발효실에서 60분 발효시킨다.

펀치

5 전체를 누르고 좌우에서 접는 '약간 약한 펀치'(→p.40)를 하여 발효 케이스에 다시 넣는다.

○ 결이 촘촘하고 촉촉한 크럼을 만들기 위해 하드 계열에 비해 펀치를 약간 강하게 진행한다.

발효

6 같은 조건의 발효실에 넣어 30분 더 발효시킨다.

○ 충분히 부풀어 오를 때까지 발효시킨다.

분할 및 둥글리기

7 생지를 작업대에 꺼내 70g 으로 나누어 자른다.

둥글리기 전   둥글린 후

8 생지를 가볍게 둥글린다.

○ 조금 단단한 생지이므로 생지가 끊어지지 않게 주의한다.

9 천을 깐 판 위에 나열한다.

벤치 타임

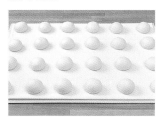

10 발효할 때와 같은 조건의 발효실에서 15분 휴지시킨다.

○ 생지의 탄력이 없어질 때까지 충분히 휴지시킨다.

성형

11 생지를 손바닥으로 눌러 가스를 뺀다.

12 매끈한 면이 아래로 가도록 하여 생지를 반대쪽에서부터 몸 앞쪽으로 1/3을 접고 손바닥과 손목이 연결된 부분으로 생지 끝을 눌러서 붙인다.

13 반대쪽에서부터 절반으로 접으면서 생지의 끝을 확실히 눌러 봉한다. 위에서 가볍게 누르면서 굴려 길이 15cm의 막대기 모양으로 만든다.

14 봉한 이음매 부분이 아래로 가도록 하여 오븐 철판에 나열한다.

최종 발효

15 온도 32℃, 습도 70%의 발효실에서 50분 동안 발효시킨다.

○ 타이거 생지를 발랐을 때 가라앉지 않도록 조금 일찍 발효를 끝낸다.

타이거 생지

16 최종 발효를 하는 동안 타이거 생지를 만든다. 볼에 쌀가루, 체에 친 박력분, 설탕, 소금을 넣고 섞는다. 생이스트와 몰트엑기스를 녹인 물, 녹인 라드를 넣고 거품기로 가운데서부터 주위의 가루를 조금씩 무너뜨리면서 섞는다.

17 균일한 상태가 될 때까지 잘 섞는다.

  ○ 다 섞었을 때의 반죽 온도는 26~28℃를 기준으로 한다.

18 발효 전의 상태.

19 온도 28~30℃, 습도 75%의 발효실에서 40분 발효시킨다.

  ○ 빵 생지처럼은 부풀지 않지만 표면 전체에 기포가 보인다.

소성

20 타이거 생지를 거품기로 섞어 매끄럽게 만든다.

  ○ 단단한 경우에는 물을 첨가한다. 너무 부드러우면 모양이 예쁘게 나오지 않는다.

21 최종 발효 후의 생지에 솔로 타이거 생지를 바른다.

  ○ 표면 전체에 같은 두께가 되도록 골고루 바른다.

22 상불 230℃, 하불 190℃의 오븐에 스팀을 넣고 20분 굽는다.

아시아 루트의 타이거 생지

타이거 생지는 원래 쌀가루에 참기름, 소금, 이스트, 물을 섞어 잠시 발효시켜 만들었다고 합니다. 그런데 쌀가루나 참기름은 아시아에서 자주 사용되는 식재료로, 어째서 이런 생지가 네덜란드에서 탄생했는지 의문이 생기지요. 네덜란드는 예로부터 일본을 포함한 동남아시아와의 교역이 활발했기 때문에 아시아의 식재료를 가져가서 고안을 거듭한 후 사용하지 않았을까 여겨집니다.

타이거 롤의 단면

막대기 모양인 빵의 단면은 약간 타원형이다. 타이거 생지를 바르는 만큼 크러스트는 두꺼워지지만 딱딱하지는 않다. 크럼은 가늘고 둥근 기공이 균일하게 나열되어 있으며, 달걀이 배합되어 약간 크림색을 띤다.

5

소프트
계열
빵

버터 롤 BUTTER ROLL

일본에서 가장 대중적인 소프트 계열 식사용 빵의 하나로,
빵집은 물론이고 슈퍼마켓이나 편의점 선반에서도 항상 찾아볼 수 있습니다.
버터나 콤파운드 버터가 많이 들어 있어, 원래는 식사할 때 버터를 바르지 않아도 되는 빵으로 탄생했어요.
테이블 롤, 디너 롤이라고도 불립니다.

	배합(%)	분량(g)
제법	스트레이트법	
재료	3kg(133개 분량)	
강력분	100.0	3000
설탕	12.0	360
소금	1.8	54
탈지분유	4.0	120
버터	15.0	450
생이스트	4.0	120
달걀	10.0	300
달걀노른자	2.0	60
물	51.0	1530
합계	199.8	5994

달걀물

믹싱 ················· 버티컬 믹서
1단 3분 2단 2분 3단 3분
유지 2단 2분 3단 7분
반죽 온도 26℃
발효 ················· 50분 28~30℃ 75%
분할 ················· 45g
벤치 타임 ··········· 15분
성형 ················· 롤
최종 발효 ··········· 60분 38℃ 75%
소성 ················· 달걀물 바르기
10분
상불 225℃ 하불 180℃

버터 롤의 단면

밀대로 얇게 편 후 말기 때문에 생지의 가스가 잘 빠져 있으
며, 크러스트는 얇고 크럼은 세밀한 기공이 균일하게 자리
하고 있다. 잘 보면 기공이 소용돌이 모양임을 알 수 있다.

믹싱

1 버터 이외의 재료를 믹서 볼
에 넣고 1단으로 반죽한다.

2 3분 반죽한 후 생지 일부를
떼어 늘여보며 상태를 확인
한다.

○ 들러붙으며 연결이 약하고, 표면은
거칠다.

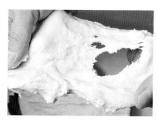

3 2단으로 하여 2분 반죽한 후
생지의 상태를 확인한다.

○ 아직 들러붙지만, 연결은 증대되었
다.

4 3단으로 하여 3분 반죽한 후
생지의 상태를 확인한다.

○ 들러붙지 않으며, 조금 얇게 펴지지
만 아직 고르지 않다.

5 버터를 넣고 2단으로 하여 2
분 반죽한 후 생지의 상태를
확인한다.

○ 유지가 많이 들어가므로 생지의 연
결이 약해져 늘이려고 해도 찢어진
다.

6 3단으로 하여 7분 반죽한 후
생지의 상태를 확인한다.

○ 생지가 다시 연결되면서 얇고 고르
게 펴진다.

7 표면이 팽팽해지도록 생지를 다듬어 발효 케이스에 넣는다.

○ 최종 반죽 온도 26℃.

발효

8 온도 28~30℃, 습도 75%의 발효실에서 50분 발효시킨다.

○ 손가락 자국이 남을 정도로 충분히 부풀어 있다.

분할 및 둥글리기

9 생지를 작업대에 꺼내 45g으로 나누어 자른다.

10 생지를 확실히 둥글린다.

둥글리기 전   둥글린 후

11 천을 깐 판 위에 나열한다.

벤치 타임

12 발효할 때와 같은 조건의 발효실에서 15분 휴지시킨다.

○ 생지의 탄력이 없어질 때까지 충분히 휴지시킨다.

성형

13 생지를 손바닥으로 눌러 가스를 뺀다. 매끈한 면이 아래로 가도록 하여, 반대쪽에서부터 1/3을 접고 손바닥과 손목이 연결된 부분으로 생지의 끝을 눌러서 붙인다.

14 방향을 180도 바꾸어 마찬가지로 1/3을 접어 붙인다.

15 반대쪽에서부터 절반으로 접으면서 생지의 끝을 눌러서 봉한다.

16 위에서 가볍게 누르면서 굴려 한쪽 끝이 가느다란 길이 12cm의 막대기 모양으로 만든다. 실온에서 5분 휴지시킨다.

○ 끝부분이 너무 가늘어지지 않도록 주의한다.
○ 생지가 마를 것 같으면 필요에 따라 비닐을 씌운다.

17 가느다란 쪽이 몸 앞으로 오도록 두고 가운데서부터 반대쪽을 향해 밀대를 민다.

18 생지의 중간 부분을 잡고 잡아당겨 늘이면서 중앙에서 몸 앞쪽을 향해 밀대를 민다.

- 생지를 잡은 손을 조금씩 몸 앞쪽으로 비키면서 잡아당긴다.
- 가스를 제대로 빼기 위해 양면에 밀대를 민다.

19 봉한 이음매가 위로 오도록 하고, 반대쪽의 끝을 조금 되접어 살짝 누른다.

- 너무 세게 누르면 중심 부분의 발효가 부족해져 크럼의 결이 조밀해질 수 있다.

20 살짝 누르면서 반대쪽에서 부터 몸 앞쪽으로 만다.

- 너무 세게 누르면 생지가 수축되어 발효가 잘 되지 않는다.

21 만 끝을 잡아서 붙인다.

22 만 끝이 아래로 가게 하여 오븐 철판 위에 나열한다.

최종 발효

23 온도 38℃, 습도 75%의 발효실에서 60분 발효시킨다.

- 발효가 부족하면 구울 때 층과 층 사이가 터지듯이 갈라질 수 있으니 충분히 발효시킨다.

소성

24 솔로 달걀물을 바른다.

- 층과 층 사이에 달걀물이 고이지 않도록 골고루 바른다.

25 상불 225℃, 하불 180℃의 오븐에서 10분 굽는다.

롤(roll)과 번(bun)

롤과 번은 영국이나 미국에서는 소형 빵을 총칭하는 말로, 특히 미국에서는 1/2파운드(약 227g) 이하의 생지를 구운 빵으로 한정짓고 있습니다. 일본에서도 자주 볼 수 있는 햄버거 번즈란 '햄버거용 빵'의 복수형입니다.

하드 롤 HARD ROLL

하드 롤이라는 이름에서 딱딱한 빵을 떠올릴지도 모르겠어요.
하지만 실제로는 버터 롤 등의 소프트 계열 빵에 비해 조금 간소한
배합으로 단단한 편이라는 뜻일 뿐, 결코 하드 계열은 아닙니다.
담백하고 가볍게 먹을 수 있어 레스토랑이나 카페의 빵으로 인기가 좋습니다.

제법	스트레이트법
재료	3kg(111개 분량)

	배합(%)	분량(g)
강력분	100.0	3000
설탕	8.0	240
소금	1.5	45
탈지분유	4.0	120
버터	4.0	120
쇼트닝	2.0	60
생이스트	2.0	60
달걀	5.0	150
물	60.0	1800
합계	186.5	5595

믹싱 ··············	버티컬 믹서
	1단 3분 2단 3분
	유지 2단 2분 3단 6분
	반죽 온도 26℃
발효 ··············	90분(60분에 펀치)
	28~30℃ 75%
분할 ··············	50g
벤치 타임 ·········	15분
성형 ··············	롤
최종 발효 ········	60분 38℃ 75%
소성 ··············	10분
	상불 230℃ 하불 190℃
	스팀

하드 롤의 단면

버터 롤의 단면(→p.120)과 차이는 거의 없지만,
달걀의 배합이 적으므로 크럼은 희고 약간 단단한
편이다.

믹싱

1 버터와 쇼트닝 이외의 재료를 믹서 볼에 넣
고 1단으로 반죽한다.

2 3분 반죽한 후 생지 일부를 떼어 늘여보며
상태를 확인한다(**A**).

○ 들러붙으며 연결이 약하고 표면은 거칠다.

3 2단으로 하여 3분 반죽한 후 생지의 상태를
확인한다(**B**).

○ 들러붙지 않으며 조금 얇게 펴지는데, 아직 고르지 않다.

4 버터, 쇼트닝을 넣고 2단으로 2분 반죽하여
생지의 상태를 확인한다(**C**).

○ 유지가 들어가므로 연결이 약해진다.

5 3단으로 하여 6분 반죽한 후 생지의 상태를
확인한다(**D**).

○ 생지가 다시 연결되며, 얇고 고르게 펴진다.

6 표면이 팽팽해지도록 생지를 다듬어 발효 케
이스에 넣는다(**E**).

○ 최종 반죽 온도 26℃.

발효

7 온도 28~30℃, 습도 75%의 발효실에서 60
분 발효시킨다(**F**).

○ 손가락 자국이 남을 정도로 충분히 부풀어 있다.

펀치

8 전체를 누르고 좌우에서 접는 '약간 약한 펀
치'(→p.40)를 하여 발효 케이스에 다시 넣
는다.

○ 소프트 계열 중에서는 조금 간소한 배합이므로 생지에
너무 힘이 생기지 않도록, 소프트 계열 빵에 하는 일반
펀치에 비해 약간 약하게 진행한다.

발효

9 같은 조건의 발효실에 넣어 30분 더 발효시
킨다(**G**).

○ 손가락 자국이 남을 정도로 충분히 부풀어 있다.

분할 및 둥글리기

10 생지를 작업대에 꺼내 50g으로 나누어 자른다.

11 생지를 확실히 둥글린 후 천을 깐 판 위에 나열한다.

  ○ 생지가 단단한 편이어서 찢어지기 쉽지만 확실히 둥글린다.

벤치 타임

12 발효할 때와 같은 조건의 발효실에서 15분 휴지시킨다.

  ○ 생지의 탄력이 없어질 때까지 충분히 휴지시킨다.

성형

13 생지를 손바닥으로 눌러 가스를 뺀다. 매끈한 면이 아래로 가도록 하여, 반대쪽에서부터 1/3을 접고 손바닥과 손목이 연결된 부분으로 생지의 끝을 눌러서 붙인다.

14 생지의 방향을 180도 바꾸어 똑같이 1/3을 접어 붙인다.

15 반대쪽에서부터 몸 앞쪽을 향해 절반으로 접으면서 생지의 끝을 눌러 봉한다.

16 위에서 살짝 누르면서 굴려 한쪽 끝이 가느다란 길이 12cm의 막대기 모양으로 만든다. 실온에서 5분 휴지시킨다.

  ○ 끝부분이 너무 가늘어지지 않도록 주의한다.
  ○ 생지가 마를 것 같으면 필요에 따라 비닐을 씌운다.

17 가느다란 쪽이 몸 앞쪽으로 오도록 두고, 가운데서부터 반대쪽을 향해 밀대를 민다.

18 생지의 중간 부분을 잡고 잡아당겨 늘이면서 중앙에서 몸 앞쪽을 향해 밀대를 민다.

  ○ 생지를 잡은 손을 조금씩 몸 앞쪽으로 비키면서 잡아당긴다.
  ○ 가스를 제대로 빼기 위해 양면에 밀대를 민다.

19 봉한 이음매 부분이 위로 오도록 하고, 반대쪽의 끝을 조금 접어 살짝 누른다.

  ○ 너무 세게 누르면 중심 부분의 발효가 부족해져 크럼의 결이 조밀해질 수 있다.

20 살짝 누르면서 반대쪽에서부터 몸 앞쪽으로 만다.

  ○ 너무 세게 누르면 생지가 수축되어 발효가 잘 되지 않는다.

21 만 끝을 잡아서 붙인다.

22 만 끝이 아래로 가도록 하여 오븐 철판 위에 나열한다.

최종 발효

23 온도 38℃, 습도 75%의 발효실에서 60분 발효시킨다.

  ○ 발효가 부족하면 볼륨이 생기기 어려우며, 구울 때 층이 갈라질 수 있으니 충분히 발효시킨다.

소성

24 상불 230℃, 하불 190℃의 오븐에 스팀을 넣고 10분 굽는다(**H**).

  ○ 스팀이 너무 많으면 층과 층이 예쁘게 구워지지 않고, 적으면 볼륨이 생기지 않아 층이 터질 수 있다.

팽 비엔누아 PAIN VIENNOIS

빵의 이름은 '빈 스타일의 빵'이라는 뜻입니다.
19세기 중반에 파리에 살던 오스트리아인이 빈을 그리워하며 빵집을 하는
지인에게 만들어달라고 한 빵이라고 합니다. 막대기 모양으로 성형하고 깊은 칼집을
여러 개 넣어서 만드는 독특한 모양이 특징입니다. 이전에는 간소한 배합이 많았지만
최근에는 테이블 롤처럼 조금 풍부한 배합이 주류를 이루고 있어요.

제법	스트레이트법
재료	3kg(95개 분량)

	배합(%)	분량(g)
프랑스빵용 밀가루	100.0	3000
설탕	6.0	180
소금	2.0	60
탈지분유	5.0	150
버터	5.0	150
쇼트닝	5.0	150
생이스트	3.0	90
달걀	5.0	150
물	59.0	1770
합계	190.0	5700

믹싱	버티컬 믹서
	1단 3분 2단 3분
	유지 2단 2분 3단 6분
	반죽 온도 26℃
발효	60분 28~30℃ 75%
분할	60g
벤치 타임	15분
성형	막대기 모양(18cm)
	쿠프 넣기
최종 발효	40분 35℃ 75%
소성	14분
	상불 230℃ 하불 190℃
	스팀

팽 비엔누아의 단면

표면에 넣은 깊은 칼집이 구울 때 벌어지며 약간
삼각형 같은 단면이 만들어진다. 크러스트는 두껍
고, 크럼의 기공은 바닥 부분에 가까운 곳은 세밀
하고 위쪽은 성기고 크다.

믹싱

1 버터와 쇼트닝 이외의 재료를 믹서 볼에 넣고 1단으로 3분 반죽한다.

○ 생지는 한 덩어리가 되지만 표면은 거칠다.

2 1의 생지 일부를 떼어 늘여보며 상태를 확인한다.

○ 들러붙으며 연결이 약하고 얇게 펴지지 않는다.

3 2단으로 하여 3분 반죽한다.

○ 믹서가 회전할 때 볼 바닥에서 생지가 분리되며 표면이 매끄러워지기 시작한다.

4 3의 생지 상태를 확인한다.

○ 얇게 펴지지만 아직 고르지 못하다.

5 버터, 쇼트닝을 넣고 2단으로 2분 반죽한다.

○ 유지가 섞이면서 생지가 끊어지기 시작한다.

6 5의 생지 상태를 확인한다.

○ 펴보려고 해도 생지가 끊어진다. 유지가 들어가 생지는 부드러워진다.

7 3단으로 하여 6분 반죽한다.

○ 다시 볼의 바닥에서 생지가 분리되며 표면도 매끄러워진다.

8 7의 생지 상태를 확인한다.

○ 얇고 고르게 펴진다.

9 표면이 팽팽해지도록 생지를 다듬어 발효 케이스에 넣는다.

○ 최종 반죽 온도 26℃.

발효

10 온도 28~30℃, 습도 75%의 발효실에서 60분 발효시킨다.

○ 손가락 자국이 남을 정도로 충분히 부풀어 있다.

분할 및 둥글리기

11 생지를 작업대에 꺼내 60g으로 나누어 자른다.

12 생지를 확실히 둥글린다.

둥글리기 전   둥글린 후

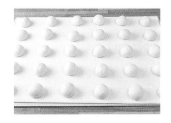

13 천을 깐 판 위에 나열한다.

19 봉한 이음매를 아래로 하여 오븐 철판에 나열한 후, 쿠프를 대각선으로 세밀하게 넣는다.

○ 생지에 수직으로 2~3mm 깊이의 칼집을 넣는다.

벤치 타임

14 발효할 때와 같은 조건의 발효실에서 15분 휴지시킨다.

○ 생지의 탄력이 없어질 때까지 충분히 휴지시킨다.

20 최종 발효 전의 상태.

성형

15 생지를 손바닥으로 눌러 가스를 뺀다.

최종 발효

21 온도 35℃, 습도 75%의 발효실에서 40분 발효시킨다.

○ 충분히 발효시킨다. 발효가 과다하면 생지가 늘어져서 모양이 예쁘게 나오지 않는다.

16 매끈한 면을 아래로 하여, 생지를 반대쪽에서부터 몸 앞쪽으로 1/3을 접고 손바닥과 손목이 연결된 부분으로 생지 끝을 눌러 붙인다. 방향을 180도 바꾸어 마찬가지로 1/3을 접어 붙인다.

소성

22 상불 230℃, 하불 190℃의 오븐에 스팀을 넣고 14분 굽는다.

17 반대쪽에서부터 몸 앞쪽을 향해 절반으로 접으면서 생지의 끝을 잘 눌러 봉한다.

18 위에서 살짝 누르면서 굴려 길이 18cm의 막대기 모양으로 만든다.

팽 오 레 PAIN AU LAIT

프랑스어로 우유빵이라는 이름대로 우유 느낌이 나는 가벼운 식감의 빵입니다.
프랑스의 호텔에서 조식을 먹으러 가면 팽 드 미 나 크루아상 등과 함께
바구니에 담겨 있습니다.
우유를 가득 넣은 팽 오 레는 낙농업이 성행하는 프랑스다운 빵이지요.

	제법	스트레이트법
	재료	3kg(98개 분량)

	배합(%)	분량(g)
프랑스빵용 밀가루	100.0	3000
설탕	10.0	300
소금	2.0	60
탈지분유	5.0	150
버터	15.0	450
생이스트	3.0	90
달걀노른자	6.0	180
물	55.0	1650
합계	196.0	5880

달걀물

믹싱	버티컬 믹서
	1단 3분 2단 2분 3단 3분
	유지 2단 2분 3단 5분
	반죽 온도 26℃
발효	90분(60분에 펀치)
	28~30℃ 75%
분할	60g
벤치 타임	15분
성형	막대기 모양(15cm)
최종 발효	50분 38℃ 75%
소성	달걀물 바르기
	가위집 넣기
	10분
	상불 225℃ 하불 180℃

팽 오 레의 단면

크럼의 기공은 밀대로 생지를 얇게 펴는 버터 롤이
나 하드 롤에 비해 성긴 편이다. 가위로 윗부분에
칼집을 넣으므로, 그 부근이 조금 솟아올라 있다.

믹싱

1 버터 이외의 재료를 믹서 볼에 넣고 1단으로 3분 반죽한다. 생지의 일부를 떼어 늘여보며 상태를 확인한다.

○ 생지는 끈적이며 연결이 약하다.

2 2단으로 2분 반죽한 후 생지의 상태를 확인한다.

○ 재료는 균일하게 섞였지만 아직 들러붙는다. 조금씩 연결되기 시작한다.

3 3단으로 3분 반죽하고 생지의 상태를 확인한다.

○ 들러붙지 않고 펴지지만 아직 두툼하다.

4 버터를 넣고 2단으로 하여 2분 반죽한 후 생지의 상태를 확인한다.

○ 유지가 많이 들어가므로 생지의 연결이 약해져 늘이려고 해도 찢어져버린다.

5 3단으로 5분 반죽하고 생지의 상태를 확인한다.

○ 조금 두께는 있지만 고르게 펴진다.

6 표면이 팽팽해지도록 생지를 다듬어 발효 케이스에 넣는다.

○ 최종 반죽 온도 26℃.

발효

7 온도 28~30℃, 습도 75%의 발효실에서 60분 발효시킨다.

○ 충분히 부풀었음을 확인한다.

펀치

8 전체를 누르고 좌우에서 접는 '약간 약한 펀치'(→p.40)를 한 후 발효 케이스에 다시 넣는다.

○ 식감이 좋고 입에서 잘 녹는 빵을 만들기 위해 생지에 너무 힘이 들어가지 않도록, 소프트 계열에 하는 펀치에 비해 조금 약하게 진행한다.

발효

9 같은 조건의 발효실에 넣어 30분 더 발효시킨다.

○ 손가락 자국이 남을 정도로 충분히 부풀어 있다.

분할 및 둥글리기

10 생지를 작업대에 꺼내 60g으로 나누어 자른다. 확실하게 둥글린다.

11 천을 깐 판 위에 나열한다.

벤치 타임

12 발효할 때와 같은 조건의 발효실에서 15분 휴지시킨다.

○ 생지의 탄력이 빠질 때까지 충분히 휴지시킨다.

성형

13 생지를 손바닥으로 눌러 가스를 뺀다.

14 매끈한 면이 아래로 가도록 하여 반대쪽에서부터 1/3을 접고 손바닥과 손목이 연결된 부분으로 생지의 끝을 눌러서 붙인다.

15 방향을 180도 바꾸어 마찬가지로 1/3을 접어 붙인다.

16 반대쪽에서부터 절반으로 접으면서 생지의 끝을 눌러 봉한다.

17 위에서 살짝 누르면서 굴려 길이 15cm의 막대기 모양으로 만든다.

18 봉한 이음매 부분이 아래로 가도록 하여 오븐 철판 위에 나열한다.

최종 발효

19 온도 38℃, 습도 75%의 발효실에서 50분 발효시킨다.

○ 소성 전에 가위집을 넣으므로 조금 일찍 발효를 끝낸다.

소성

20 솔로 달걀물을 바른다.

21 가위집을 넣는다.

○ 가위가 생지에 들러붙어서 자르기 힘들 때는 가위 날 끝을 달걀물에 담갔다가 자르면 된다.

22 상불 225℃, 하불 180℃의 오븐에서 10분 굽는다.

초프 ZOPF

유럽 각지에서 보이는 땋은 빵은 원래 제사용으로 만들어졌습니다.

그 역사는 그리스, 로마 시대까지 거슬러 올라갈 만큼 오래되었습니다.

세 갈래로 땋은 여성의 머리 스타일을 모방해 이런 장식적인 빵을 생각해냈다고 하지요. 독일에서는

세 갈래로 땋은 초프가 대표적인데, 풍부하고 달콤한 생지에 건포도를 넣은 것을 자주 볼 수 있습니다.

제법	스트레이트법
재료	3kg(45개 분량)

	배합(%)	분량(g)
프랑스빵용 밀가루	100.0	3000
설탕	16.0	480
소금	1.5	45
탈지분유	4.0	120
버터	15.0	450
생이스트	3.0	90
달걀	20.0	600
물	38.0	1140
살타나 건포도	30.0	900
합계	227.5	6825

달걀물, 아몬드(껍질이 있는 것), 우박설탕

믹싱	··········	버티컬 믹서
		1단 3분 2단 2분 3단 4분
		유지 2단 2분 3단 4분
		건포도 2단 1분~
		반죽 온도 26℃
발효	··········	60분 28~30℃ 75%
분할	··········	50g
벤치 타임	··········	15분
성형	··········	세 갈래 땋기
최종 발효	··········	40분 38℃ 75%
소성	··········	달걀물 바르고 아몬드와 우박설탕 뿌리기
		12분
		상불 210℃ 하불 180℃

사전 준비
· 살타나 건포도는 미지근한 물로 씻은 다음 소쿠리에 담아
  물기를 뺀다.
· 아몬드는 굵게 자른다.

초프의 단면

막대기 모양의 생지를 땋아서 성형했으므로, 크럼에 몇 군
데의 단층이 있으며 기공의 밀도가 달라 가지런하지 않다.
초프와 같은 중형 빵은 소성 시간이 비교적 길기 때문에 크
러스트는 조금 두껍다.

믹싱

1 버터와 살타나 건포도 이외
의 재료를 믹서 볼에 넣고 1
단으로 반죽한다.

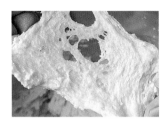

2 3분 반죽한 후 생지의 일부
를 떼어 늘여보며 상태를 확
인한다.

○ 달걀이 많은 생지이므로 꽤 끈적이
  며, 늘이려고 해도 찢어진다.

3 2단으로 2분 반죽하고 생지
의 상태를 확인한다.

○ 연결은 강화되었지만 아직 꽤 들러
  붙는다.

4 3단으로 4분 반죽하고 생지
의 상태를 확인한다.

○ 들러붙지 않으며 얇게 펴지지만 아
  직 고르지 못하다.

5 버터를 넣고 2단으로 2분 반
죽한 후 생지의 상태를 확인
한다.

○ 유지가 많이 들어가므로 생지의 연
  결이 약해져 늘이려고 해도 찢어진
  다.

6 3단으로 4분 반죽하고 생지
의 상태를 확인한다.

○ 생지가 다시금 연결되어 얇고 고르
  게 펴진다.

7 살타나 건포도를 넣고 2단으로 하여 섞는다.

○ 전체에 균일하게 섞이면 종료한다.

8 표면이 팽팽해지도록 생지를 다듬어 발효 케이스에 넣는다.

○ 최종 반죽 온도 26℃.

발효

9 온도 28~30℃, 습도 75%의 발효실에서 60분 발효시킨다.

○ 손가락 자국이 남을 정도로 충분히 부풀어 있다.

분할 및 둥글리기

10 생지를 작업대에 꺼내 50g으로 나누어 자른다.

11 생지를 확실히 둥글린다.

둥글리기 전   둥글린 후

12 천을 깐 판 위에 나열한다.

벤치 타임

13 발효할 때와 같은 조건의 발효실에서 15분 휴지시킨다.

○ 생지의 탄력이 없어질 때까지 충분히 휴지시킨다.

성형

14 생지를 손바닥으로 눌러 가스를 확실히 뺀다.

15 매끈한 면이 아래로 가도록 하여 반대쪽에서부터 1/3을 몸 앞쪽으로 접고 손바닥과 손목이 연결된 부분으로 생지 끝을 눌러 붙인다. 방향을 180도 바꾸어 마찬가지로 1/3을 접어 붙인다.

16 반대쪽에서부터 몸 앞쪽을 향해 절반으로 접으면서 생지의 끝을 눌러 봉하고 길이 10cm의 막대기 모양으로 만든다.

○ 건포도가 표면에 나와 있으면 타기 쉬우므로 안으로 넣는다.

17 실온에서 5분 휴지시킨다.

○ 생지가 마를 것 같으면 필요에 따라 비닐을 씌운다.

18 생지의 끝부터 손바닥으로 눌러 가스를 확실히 뺀다. 반대쪽에서부터 절반으로 접으면서 손바닥과 손목이 연결된 부분으로 생지의 끝을 제대로 눌러 봉한다.

19 위에서 가볍게 누르면서 양 손으로 굴리고, 양 끝이 조금 가느다란 길이 22cm의 막대기 모양으로 만든다.

20 봉한 이음매 부분이 위로 오도록 하여 생지를 3개 나열하고 몸 앞쪽의 절반을 세 갈래로 땋은 다음 땋은 끝을 잡고 확실히 붙인다.

○ 땋는 법은 아래 일러스트 참조.

21 몸 앞쪽을 반대편으로 돌려 봉한 이음매 부분이 아래로 가도록 방향을 바꾸고, 나머지 부분도 세 갈래로 땋은 다음 땋은 끝을 잡고 잘 붙인다.

○ 땋는 법은 아래 일러스트 참조.

22 모양을 정리하고 봉한 이음매가 아래로 가도록 하여 오븐 철판에 나열한다.

최종 발효

23 온도 38℃, 습도 75%의 발효실에서 40분 발효시킨다.

○ 너무 오래 발효하면 땋은 결이 사라지므로 조금 일찍 마우리한다.

소성

24 솔로 달걀물을 바르고 아몬드와 우박설탕을 뿌린다.

○ 달걀물은 땋은 결을 따라 조심스레 바른다.

25 상불 210℃, 하불 180℃의 오븐에서 12분 굽는다.

초프 땋는 법

 ① 3개의 생지를 평행으로 나열한다. 왼쪽부터 순서대로 a, b, c.

 ② b의 위에 c를 교차시킨다.

 ③ c의 위에 b와 평행으로 a를 올린다.

 ④ a의 위에 c와 평행으로 b를 올린다.

 ⑤ b의 위에 a와 평행으로 c를 올린다.

 ⑥ 4와 5처럼 가장 바깥쪽에 있는 생지를 좌우 번갈아 안쪽으로 넣는 동작을 반복하여 끝까지 땋는다.

 ⑦ 땋은 부분을 반대쪽으로, 윗면이 아랫면이 되도록 방향을 바꾼다.

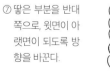 ⑧ 6을 반복하여 나머지 생지를 땋는다.

아인박 EINBACK

작은 막대기 모양의 생지를 몇 개에서 십수 개 나열하여 구운 빵입니다.
같은 간격으로 나열한 생지를 발효시켜 구우면 각각 부풀어 하나의 빵이 되지요.
독일에서는 대개 하나씩 떼어 먹고, 남아서 굳은 것은
러스크를 만들어 먹는다고 해요.

제법	스트레이트법
재료	2kg(15개 분량)

	배합(%)	분량(g)
프랑스빵용 밀가루	100.0	2000
설탕	16.0	320
소금	1.8	36
탈지분유	6.0	120
버터	20.0	400
생이스트	3.5	70
달걀노른자	15.0	300
물	42.0	840
합계	204.3	4086

달걀물, 양귀비씨(흰색)

믹싱	....	버티컬 믹서
		1단 3분 2단 3분 3단 2분
		유지 2단 2분 3단 5분
		반죽 온도 26℃
발효	....	50분 28~30℃ 75%
분할	....	30g
벤치 타임	....	15분
성형	....	막대기 모양(12cm) 9개
최종 발효	....	50분 35℃ 75%
소성	....	달걀물 바르고
		양귀비씨 뿌리기
		15분
		상불 210℃ 하불 180℃

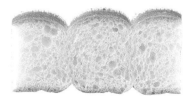

아인박의 단면

달걀노른자의 배합이 많고 생지가 단단한 편이라
크러스트는 약간 두껍다. 크럼은 카스텔라의 크럼
을 성기게 한 느낌인데 달걀노른자가 들어가 노란
색을 띤다.

믹싱

1 버터 이외의 재료를 믹서 볼에 넣고 1단으로 반죽한다.

2 3분 반죽한 후 생지의 일부를 떼어 늘여보며 상태를 확인한다.

   ○ 달걀노른자가 많은 생지이므로, 꽤 끈적이며 늘이려고 해도 찢어진다.

3 2단으로 3분 반죽하고 생지의 상태를 확인한다.

   ○ 연결은 강화되었지만 아직 꽤 끈적인다.

4 3단으로 2분 반죽하고 생지의 상태를 확인한다(A).

   ○ 들러붙지 않고 얇게 펴지는데, 아직 고르지 못하다.

5 버터를 넣고 2단으로 2분 반죽한 후 생지의 상태를 확인한다(B).

   ○ 유지가 많이 들어가므로 생지의 연결이 약해지고, 늘이려고 해도 찢어진다.

6 3단으로 5분 반죽하고 생지의 상태를 확인한다(C).

   ○ 유지, 달걀노른자가 많으므로 생지가 다시 연결될 때까지 조금 시간이 걸리지만, 얇고 매끈하게 펴질 때까지 반죽한다.

7 표면이 팽팽해지도록 생지를 다듬어 발효 케이스에 넣는다(D).

   ○ 최종 반죽 온도 26℃.

발효

8 온도 28~30℃, 습도 75%의 발효실에서 50분 발효시킨다(E).

   ○ 손가락 자국이 남을 정도로 충분히 부풀어 있다.

분할 및 둥글리기

9 생지를 작업대에 꺼내 30g으로 나누어 자른다.

10 생지를 확실히 둥글린다.

11 천을 깐 판 위에 나열한다.

벤치 타임

12 발효할 때와 같은 조건의 발효실에서 15분 휴지시킨다.

   ○ 생지의 탄력이 없어질 때까지 충분히 휴지시킨다.

성형

13 생지를 손바닥으로 눌러서 가스를 뺀다.

14 매끈한 면이 아래로 가도록 하여, 생지의 반대쪽에서 몸 앞쪽으로 1/3을 접고 손바닥과 손목이 연결된 부분으로 생지의 끝을 눌러서 붙인다.

15 생지의 방향을 180도 바꾸고 마찬가지로 1/3을 접어 붙인다.

16 반대쪽에서 몸 앞쪽을 향해 절반으로 접으면서 생지의 끝을 확실히 눌러 봉한다.

17 위에서 살짝 누르면서 굴려 길이 12cm의 막대기 모양으로 만든다.

18 봉한 이음매 부분이 아래로 가도록 하여 오븐 철판에 나열한다(F).

   ○ 생지와 생지의 간격은 같게 하며 조금씩 띄운다. 발효가 끝났을 때 붙는 정도가 딱 좋다.

최종 발효

19 온도 35℃, 습도 75%의 발효실에서 50분 발효시킨다(G).

   ○ 발효가 부족하면 이음매가 터지므로 충분히 부풀린다.

소성

20 솔로 달걀물을 바르고 양귀비씨를 뿌린다(H).

21 상불 210℃, 하불 180℃의 오븐에서 15분 굽는다.

단과자빵 <small>단팥빵 | 크림빵 | 쿠키빵 | 멜론빵</small>

일본에서 생겨난 단과자빵은 1874년 긴자 기무라야 총본점의 창업자인
기무라 야스베가 쌀누룩종을 빵 생지에 응용한 주종(酒種) 단팥빵을 고안한 데서
시작되었습니다. 그 후 커스터드 크림을 감싼 크림빵, 비스킷 생지를 씌운 멜론빵 등이
잇달아 탄생하면서 단과자빵은 일본 전역에서 사랑받게 되었지요.

제법	발효종법(중종)	
재료	3kg(137개 분량)	

	배합(%)	분량(g)
● 중종		
강력분	70.0	2100
상백당	5.0	150
생이스트	3.0	90
물	40.0	1200
● 본반죽		
강력분	20.0	600
박력분	10.0	300
상백당	20.0	600
소금	1.5	45
탈지분유	2.0	60
콘덴스밀크	5.0	150
버터	5.0	150
쇼트닝	5.0	150
달걀	12.0	360
달걀노른자	5.0	150
물	2.0	60
합계	205.5	6165

● 필링과 토핑	
팥소(시판품)	45g/개
커스터드 크림(→p.144)	
쿠키 생지(→p.145)	
멜론 생지(→p.145)	
달걀물, 양귀비씨(흰색), 그래뉴당(굵은 것)	

오른쪽 위부터 시계 방향으로 멜론빵, 단팥빵, 쿠키빵, 크림빵

단팥빵과 크림빵의 단면

생지, 필링, 생지의 비율은 3:4:3이 이상적이다. 중종으로 만드는 단과
자빵은 굽는 도중 필링에서 수증기가 발생하므로, 필링 윗부분과 생지
사이에 어느 정도 빈 공간이 생긴다.

쿠키빵과 멜론빵의 단면

쿠키 생지나 멜론 생지가 균일한 두께로 표면을 덮어 크러스트를 형성
하고 있으면, 전제적으로 균형이 좋은 것이다. 성형할 때 생지를 둥글리
기만 했을 뿐이므로 크림은 크고 작은 기공이 자연스레 섞여 있다.

중종 믹싱 ·············· 버티컬 믹서
　　　　　　　　　　1단 3분 2단 2분
　　　　　　　　　　반죽 온도 24℃
발효 ················· 90분 25℃ 75%
본반죽 믹싱 ········ 버티컬 믹서
　　　　　　　　　　1단 3분 2단 3분 3단 3분
　　　　　　　　　　유지 2단 2분 3단 5분
　　　　　　　　　　반죽 온도 28℃
발효(플로어타임) ·· 40분 28~30℃ 75%
분할 ················· 45g
벤치 타임 ············ 15분
성형 ················· 만드는 법 참조
최종 발효 ············ 60분
　　　　　　　　　　38℃(멜론빵은 35℃)
　　　　　　　　　　75%(멜론빵은 50%)
소성 ················· • 단팥빵
　　　　　　　　　　달걀물 바르고 양귀비씨 묻히기
　　　　　　　　　　10분
　　　　　　　　　　상불 220℃ 하불 170℃
　　　　　　　　　　• 크림빵
　　　　　　　　　　달걀물 바르기
　　　　　　　　　　10분
　　　　　　　　　　상불 220℃ 하불 170℃
　　　　　　　　　　• 쿠키빵
　　　　　　　　　　쿠키 생지 짜기
　　　　　　　　　　12분
　　　　　　　　　　상불 200℃ 하불 170℃
　　　　　　　　　　• 멜론빵
　　　　　　　　　　12분
　　　　　　　　　　상불 190℃ 하불 170℃

중종 믹싱

1　중종의 재료를 믹서 볼에 넣어 섞고 1단으로 3분 반죽한다.

　○ 재료가 전체적으로 대강 섞이면 된다. 생지의 연결은 약해서 천천히 잡아당겨도 늘어나지 않고 끊긴다.

2　2단으로 2분 반죽하고 생지의 상태를 확인한다.

　○ 재료가 균일하게 섞이고 한 덩어리가 되면 된다.

3　생지를 꺼내 표면이 팽팽해지도록 다듬고 발효 케이스에 넣는다.

　○ 최종 반죽 온도 24℃.

발효

4　온도 25℃, 습도 75%의 발효실에서 90분 발효시킨다.

　○ 충분히 부풀었음을 확인한다.

본반죽 믹싱

5　버터와 쇼트닝 이외의 본반죽 재료, 4의 중종을 믹서 볼에 넣고 1단으로 반죽한다.

6　3분 반죽한 후 생지의 일부를 떼어 늘여보며 상태를 확인한다.

　○ 재료는 아직 균일하게 섞이지 않았으며, 꽤 들러붙는다.

7 2단으로 3분 반죽하고 생지의 상태를 확인한다.

○ 재료가 균일하게 섞이기 시작했지만 아직 들러붙고 생지의 연결이 약하다.

8 3단으로 3분 반죽하고 생지의 상태를 확인한다.

○ 생지가 한 덩어리가 되고 연결도 늘어나지만, 늘이려고 해도 찢어져버린다.

9 버터, 쇼트닝을 넣고 2단으로 2분 반죽한 후 생지의 상태를 확인한다.

○ 유지가 들어가 생지가 더 부드러워진다.

10 3단으로 5분 반죽하고 생지의 상태를 확인한다.

○ 매우 매끄럽고 얇게 펴진다.

11 표면이 팽팽해지도록 생지를 다듬어 발효 케이스에 넣는다.

○ 최종 반죽 온도 28℃.

발효(플로어타임)

12 온도 28~30℃, 습도 75%의 발효실에서 40분 발효시킨다.

○ 표면이 끈적이지 않고 손가락 자국이 남을 정도로 충분히 부풀어 있다.

분할 및 둥글리기

13 생지를 작업대에 꺼내 45g으로 나누어 자른다.

14 생지를 확실히 둥글린다.

○ 가스를 제대로 빼고 둥글린다.

둥글리기 전   둥글린 후

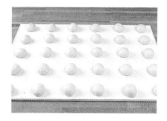

15 천을 깐 판 위에 나열한다.

벤치 타임

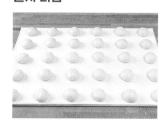

16 발효할 때와 같은 조건의 발효실에서 15분 휴지시킨다.

○ 생지의 탄력이 없어질 때까지 충분히 휴지시킨다.

성형 – 단팥빵

17 생지를 손바닥으로 눌러서 가스를 뺀다. 생지의 매끈한 면이 아래로 가도록 손바닥에 올린 후, 주걱으로 팥소를 떠서 생지에 올린다.

○ 팥소는 생지 가운데에 봉긋하게 올린다.

18 손바닥을 오므리고 주걱으로 팥소를 밀어 넣는다.

　○ 생지의 가장자리에 팥소가 묻으면 봉하기 어렵다. 팥소가 적은 경우에는 여기서 추가한다. 팥소를 너무 많이 넣거나 세게 밀어 넣으면 팥소가 비치거나 생지가 찢어질 수 있다.

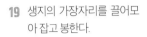

19 생지의 가장자리를 끌어모아 잡고 봉한다.

20 봉한 이음매 부분이 아래로 가도록 하여 오븐 철판에 나열하고, 살짝 눌러서 평평하게 한다.

최종 발효 – 단팥빵

21 온도 38℃, 습도 75%의 발효실에서 60분 동안 발효시킨다.

　○ 충분히 발효시키지 않으면 봉한 부분이 벌어져 팥소가 나온다.

소성 – 단팥빵

22 솔로 달걀물을 바르고, 축축하게 한 밀대 끝에 양귀비씨를 발라 생지 가운데에 묻힌다.

23 상불 220℃, 하불 170℃에서 10분 굽는다.

성형 – 크림빵

24 단팥빵의 공정 17~18과 같은 요령으로 생지에 크림을 밀어 넣는다.

　○ 크림을 넣을 때 주의할 점은 팥소와 동일하다. 단, 크림은 팥소에 비해 부드러우므로 밀어 넣을 때의 힘 조절에 주의해 삐져나오지 않도록 한다.

25 양손의 엄지와 검지 사이에 끼우듯이 하여 생지의 끝을 누른다.

26 작업대 위에 놓고 양손으로 끝을 눌러 확실히 봉한 후 모양을 정리한다.

27 스크래퍼로 가장자리 몇 곳에 칼집을 넣는다.

　○ 크림이 보이는 곳까지 칼집을 넣지 않으면 모양이 예쁘게 나오지 않는다.

28 오븐 철판에 나열한다.

최종 발효 – 크림빵

29 온도 38℃, 습도 75%의 발효실에서 60분 발효시킨다.

　○ 충분히 발효시키지 않으면 봉한 이음매가 벌어져 크림이 삐져나오기도 한다.

소성 - 크림빵

30 솔로 달걀물을 바른다.

31 상불 220℃, 하불 170℃에
서 10분 굽는다.

소성 - 쿠키빵

35 지름 9mm의 원깍지를 끼
운 짤주머니에 쿠키 생지를
넣고, 중심에서부터 소용돌
이 모양으로 짠다.

36 상불 200℃, 하불 170℃의
오븐에서 12분 굽는다.

○ 다 구워지면 10cm 정도의 높이에
서 철판째로 떨어뜨려 충격을 가
해 오므라지지 않게 한다.

성형 - 쿠키빵

32 매끈한 면이 위로 오도록
하여 손바닥에 올리고, 살짝
눌러서 가스를 뺀 다음 둥
글린다.

○ 예쁘게 잘 둥글린다.

33 밑부분을 잡아서 봉한 후,
봉한 이음매가 아래로 가도
록 하여 오븐 철판에 나열
한다.

성형 - 멜론빵

37 멜론 생지를 이겨서 부드럽
게 만든 후 둥글린다. 눌러
서 평평하게 하고 빵 생지
보다 조금 작은 원형으로
만든다.

38 멜론 생지를 빵 생지에 올
리고 손바닥으로 눌러 밀착
시킨다.

최종 발효 - 쿠키빵

34 온도 38℃, 습도 75%의 발
효실에서 60분 발효시킨다.

○ 충분히 발효시킨다. 단, 발효가 과
다하면 예쁜 반구 모양이 나오지
않고 입에서 잘 녹지도 않는다.

39 손바닥에 올리고 멜론 생지
가 전체를 감싸도록 생지를
둥글린다.

○ 멜론 생지로 감싸져 있어 알아보
기 힘들지만, 일반 둥근형을 만드
는 성형과 마찬가지로 가스가 잘
빠져 예쁘게 둥글린 상태.

40 밑부분을 잡아서 봉한 후,
봉한 이음매를 잡고 표면에
그래뉴당을 묻힌다.

41 이음매가 아래로 가도록 하여 오븐 철판에 나열하고, 주걱 등으로 표면에 격자 무늬를 만든다.

42 최종 발효 전의 상태.

최종 발효 – 멜론빵

43 온도 35℃, 습도 50%의 발효실에서 60분 발효시킨다.

○ 멜론 생지가 녹지 않는 온도, 표면의 그래뉴당이 녹지 않는 온도에서 발효시킨다.

소성 – 멜론빵

44 상불 190℃, 하불 170℃의 오븐에서 12분 굽는다.

○ 다 구워지면 10cm 정도의 높이에서 철판째로 떨어뜨려 충격을 가해 오므라지지 않게 한다.

크림빵용 커스터드 크림

재료(20개 분량)

우유	500g
바닐라빈	1/2개
달걀노른자	120g
달걀흰자	30g
설탕	140g
박력분	25g
콘스타치	15g
버터	25g

1 바닐라빈은 세로로 반을 잘라서 씨를 긁어낸다.
2 우유, 바닐라빈과 씨를 냄비에 넣고 중불로 데운다.
3 달걀노른자와 흰자를 볼에 넣고 거품기로 섞은 후, 설탕을 넣어(A) 하얗게 될 때까지 잘 섞는다.
4 박력분과 콘스타치를 3에 넣고 섞는다.
5 끓어오르기 전까지 가열한 2를 조금씩 넣으면서 섞는다(B).
6 우유를 가열한 2의 냄비에 5를 걸러서 넣은 후 중불로 가열한다. 거품기로 섞으면서 한소끔 끓인 후 제대로 조린다.
7 광택이 나고 매끄러운 크림 상태가 되면 불을 끄고 버터를 넣어 섞는다(C).
8 사각 용기에 부은 후(D), 표면을 랩으로 덮고 얼음물에 대어 식힌다.

쿠키 생지

재료(20개 분량)

버터	150g
설탕	150g
달걀노른자	50g
달걀흰자	70g
바닐라 에센스	소량
박력분	150g

1 실온으로 만든 버터를 볼에 넣고 거품기로 섞어 부드럽게 만든다.
2 설탕을 여러 번에 걸쳐 넣으면서(A) 하얘질 때까지 잘 섞는다.
3 달걀노른자와 흰자를 함께 풀고, 2에 조금씩 넣으면서 섞는다(B).
4 바닐라 에센스를 넣어 섞는다.
5 박력분을 넣고(C) 매끄러워질 때까지 섞는다(D).

멜론 생지

재료(23개 분량)

버터	70g
설탕	130g
달걀노른자	30g
달걀흰자	40g
레몬 껍질(잘게 간 것)	1/4작은술
바닐라 에센스	소량
박력분	240g

1 실온으로 만든 버터를 볼에 넣고 거품기로 섞어 부드럽게 만든다.
2 설탕을 여러 번에 걸쳐 넣으면서 잘 섞는다.
3 달걀노른자와 흰자를 함께 풀고, 2에 조금씩 넣으면서 섞는다(A).
4 레몬 껍질, 바닐라 에센스를 넣어 섞는다.
5 박력분을 넣고 카드로 자르듯이 섞는다(B). 가루 느낌이 완전히 없어질 때까지 섞는다(C).
6 비닐봉투에 넣어 평평하게 하고(D) 냉장고에서 식혀 굳힌다.
7 22g으로 분할하고 둥글린 다음(E) 다시 냉장고에 넣어둔다.
8 사용하기 30분 전에 냉장고에서 꺼내 실온에서 부드럽게 만든다.
9 사용할 때 손바닥 위에서 가볍게 반죽하여 부드럽게 만든다(F). 반죽하기 전에는 끊어지지만(G) 반죽한 후에는 펴진다(H).

브리오슈 BRIOCHE

브리오슈는 프랑스의 노르망디 지방에서 탄생했다고 합니다.
19세기 초 천재 요리사이자 과자 장인인 앙토넹 카렘이 과자로 소개하면서 널리 알려졌습니다.
지금도 프랑스에서는 버터나 달걀 등이 가득 들어간 단과자빵의 하나로
불랑주리나 파티세리에서도 만들고 있어요.

	배합(%)	분량(g)
프랑스빵용 밀가루	100.0	1500.0
설탕	10.0	150.0
소금	2.0	30.0
탈지분유	3.0	45.0
버터	50.0	750.0
생이스트	3.5	52.5
달걀	25.0	375.0
달걀노른자	10.0	150.0
물	34.0	510.0
합계	237.5	3562.5

제법 스트레이트법
재료 1.5kg(89개 분량)

달걀물

믹싱 ·············· 버티컬 믹서
1단 3분 2단 3분 3단 8분
유지 2단 2분 3단 8분
반죽 온도 24℃
발효 ·············· 30분 25℃ 75%
발효 후에 펀치
냉장 발효 ········· 18시간(±3시간) 5℃
분할 ·············· 40g
벤치 타임 ········· 30분
성형 ·············· 만드는 법 참조
최종 발효 ········· 60분 30℃ 75%
소성 ·············· 달걀물 바르기
12분
상불 220℃ 하불 230℃

사전 준비
· 버터는 냉장고에서 갓 꺼낸 차가운 상태의 것을 밀대로 두드려 부드럽게 만든다.
* 장시간의 믹싱으로 생지 온도가 올라가기 쉬우므로, 첨가하는 버터는 차갑지만 유연한 상태로 해둔다.
· 틀(지름 8cm)에 버터를 바른다.

브리오슈의 단면
달걀, 버터의 배합이 많은 생지를 확실히 굽기 때문에 크러스트는 두껍고 바삭해지고, 크럼은 카스텔라의 크럼을 약간 거칠게 한 듯하게 만들어진다. 달걀노른자가 많이 배합되어 노란색을 띤다.

믹싱

1 버터 이외의 재료를 믹서 볼에 넣고 1단으로 3분 반죽한다. 생지의 일부를 떼어 늘여보며 상태를 확인한다.

○ 달걀의 배합이 많아 꽤 들러붙으며, 늘이려고 해도 쉽게 찢어진다.

2 2단으로 3분 반죽하고 생지의 상태를 확인한다.

○ 생지가 연결되기 시작하지만, 아직 들러붙는다.

3 3단으로 8분 반죽하고 생지의 상태를 확인한다.

○ 들러붙지 않으며 얇고 고르게 펴진다.

4 버터를 넣고 2단으로 2분 반죽한 후 생지의 상태를 확인한다.

○ 유지가 대량으로 들어가므로 생지의 연결이 약해지고, 늘이려고 하면 찢어진다. 매우 부드러운 상태이다.

5 3단으로 반죽한다. 도중에 생지의 온도가 높아질 것 같으면 믹서 볼 아래에 얼음물을 대고 식힌다.

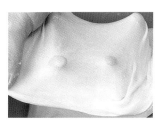

6 8분이 지났을 때 생지의 상태를 확인한다.

○ 매끄럽고 매우 얇게 펴진다.

7 표면이 팽팽해지도록 생지를 다듬어 발효 케이스에 넣는다.

○ 최종 반죽 온도 24℃.

12 40g으로 나누어 자른 후 살짝 누른다. 천을 깐 판 위에 나열한 후 비닐을 씌운다.

○ 누르는 목적은 생지가 빨리 느슨해지도록 얇게 만드는 것이다.

두르기 전 / 누른 후

발효

8 온도 25℃, 습도 75%의 발효실에서 30분 발효시킨다.

벤치 타임

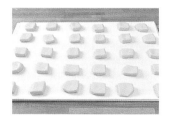

13 실온에서 30분 휴지시킨다.

○ 생지의 온도를 천천히 올려 신전성을 회복시킨다. 중심 온도가 18~20℃가 되면 된다.

펀치

9 전체를 누르고 좌우, 위아래에서 접는 '약간 강한 펀치' (→p.40)를 한 후 오븐 철판에 올린다. 전체를 눌러 평평하게 한 후 비닐에 넣는다.

○ 골고루 식도록 생지의 두께를 맞춘다. 펀치 후 더 누르면 결과적으로 강한 펀치가 된다.

성형

14 손바닥에 올린 후 눌러서 가스를 확실히 뺀다. 매끈한 면이 위로 오도록 하여 둥글리고 바닥 부분을 잡아서 봉한다.

○ 팽팽해지도록 잘 둥글린다.

냉장 발효

10 온도 5℃의 냉장고에서 18시간 발효시킨다.

○ 매우 부드러운 생지이므로 식어서 단단해지는 편이 작업성이 좋기 때문에 냉장 발효시킨다.
○ 발효 시간은 18시간을 기본으로 하지만, 15~21시간 내에서 조절 가능하다.

15 봉한 이음매가 옆으로 오도록 놓고, 새끼손가락의 측면으로 생지를 앞뒤로 굴려 이음매부터 2/3 정도 위치를 잘록하게 만든다.

16 생지가 끊기기 직전까지 굴려서 잘록하게 만든다.

분할

11 분할하기 쉽도록 적당히 잘라 나누어 접고 손으로 눌러 두께 2cm 정도로 만든다.

17 생지를 들어 올려 큰 부분을 틀에 넣는다.

18 생지의 작은 부분을 큰 부분의 중심에 밀어 넣는다.

○ 손가락 끝이 틀의 바닥에 닿을 때까지 밀어 넣는다.

19 오븐 철판에 나열한다.

최종 발효

20 온도 30℃, 습도 75%의 발효실에서 60분 발효시킨다.

○ 온도가 너무 높으면 버터가 녹아나와 다 구워졌을 때 기름기가 많아진다.

소성

21 솔로 달걀물을 바른다.

22 상불 220℃, 하불 230℃의 오븐에서 12분 굽는다.

> **브리오슈의 다양한 이름**
> 브리오슈는 모양에 따라 여러 가지 명칭이 있습니다. 여기서 소개한 머리가 붙은 것은 '브리오슈 아 테트'입니다. 그 외에 원통형의 '브리오슈 무슬린', 왕관형의 '브리오슈 쿠론', 직사각형의 '브리오슈 낭테르' 등이 대표적이지요.
> 브리오슈 생지는 요리에도 종종 이용되는데 데친 소시지를 감아 구운 '소시송 앙 브리오슈'나 연어, 버섯, 쌀 등을 감싸 구운 '쿨리비아크 드 새먼' 등이 유명합니다.

팽 오 레잔 PAIN AUX RAISINS

프랑스의 대표적인 비에누아즈리(단과자빵)입니다.
커스터드 크림이나 아몬드 크림을 생지에 바르고, 그 위에 건포도를 뿌려 돌돌 감은 후에
잘라서 구우므로 생지와 크림이 겹쳐져 소용돌이 모양이 되지요.

제법	스트레이트법
재료	1.5kg(60개 분량)
	브리오슈와 동일. p.147의 재료란
	참조.

● 필링(1줄=20개 분량)

커스터드 크림(→p.152)	300g
살타나 건포도(럼주에 담근 것)*	150g

달걀물, 가루설탕

* 가볍게 물로 씻은 살타나 건포도를 럼주에 담근 것. 담가두
  는 기간은 취향에 따라 결정한다. 물기를 뺀 후 사용한다.

믹싱~발효	………	브리오슈와 동일
		p.147의 공정표 참조
분할	…………	1150g
냉장 발효	………	18시간(±3시간) 5℃
성형	…………	만드는 법 참조
최종 발효	………	50분 30℃ 75%
소성	…………	달걀물 바르기
		12분
		상불 230℃ 하불 180℃

팽 오 레잔의 단면
빵 생지와 크림을 감은 결이 골고루 균형을 이루고 있
는 것이 좋다.

믹싱

1 브리오슈 만드는 법 1~8(→p.147)과 동일하
게 진행한다.

분할 및 둥글리기

2 생지를 작업대에 꺼내 1150g으로 나누어
자른다.

3 생지를 가볍게 둥글린다.

4 오븐 철판에 나열한 후 살짝 누르고(A) 철판
째로 비닐에 넣는다.

○ 균일하게 식도록 조금 얇게 만든다.

냉장 발효

5 온도 5℃의 냉장고에서 18시간 발효시킨다
(B).

○ 매우 부드러운 생지여서 식어서 단단해지는 편이 작업
하기 수월하므로 냉장 발효시킨다.
○ 발효 시간은 18시간을 기본으로 하지만, 15~21시간 내
에서 조절 가능하다.

성형

6 생지를 작업대에 꺼내 십자 모양으로 밀대를
민다(C).

○ 생지의 가운데에 1/3 정도 너비로 밀대를 밀고, 생지를
90도 회전시켜 마찬가지로 가운데 1/3 정도에 밀대를
민다.

7 생지의 가운데서부터 네 모퉁이의 가장자리
를 향해 45도 방향으로 밀대를 밀어 사각형
으로 만든다.

8 파이롤러에 넣어 너비 25cm, 두께 5mm로
편다.

○ 여러 번 파이롤러에 넣는데 재빠르게 하지 않으면 생지
가 부드러워져 작업하기 어렵다.

9 작업대에 생지를 가로로 길게 놓고, 몸 앞쪽
의 끝에서부터 2cm 부분에 밀대를 밀어 얇
게 만든다.

A

B

C

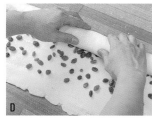

10 얇게 한 부분을 남기고 커스터드 크림을 바른 후 살타나 건포도를 뿌린다.

11 반대쪽에서부터 몸 앞쪽을 향해 만다(**D**). 몸 앞쪽에서 2cm 부분에 솔로 물을 바르고 만 끝부분의 생지를 확실히 붙인다.

　○ 길이 60cm의 균일한 두께의 원기둥 모양으로 만든다.

12 20등분(너비 3cm) 표시를 한 후(**E**), 칼로 나누어 자른다(**F**).

13 오븐 페이퍼를 깐 오븐 철판에 나열한다(**G**).

　○ 발효하면 옆으로 퍼지므로 간격을 충분히 둔다.

최종 발효

14 온도 30℃, 습도 75%의 발효실에서 50분 발효시킨다(**H**).

　○ 온도가 너무 높으면 버터가 녹아 나와서 구웠을 때 기름기가 많아진다.

소성

15 솔로 달걀물을 바른다.

　○ 달걀물은 윗면뿐만 아니라 측면에도 바른다.

16 상불 230℃, 하불 180℃의 오븐에서 12분 굽는다.

　○ 식으면 취향에 따라 가루 설탕을 뿌린다.

커스터드 크림

재료(650g 분량)

우유	500g
바닐라빈	1/2개
달걀노른자	120g
설탕	150g
박력분	50g

1 바닐라빈은 세로로 반을 잘라 씨를 긁어낸다.
2 우유, 바닐라빈과 씨를 냄비에 넣고 중불로 데운다.
3 달걀노른자를 볼에 넣고 거품기로 푼 다음 설탕을 넣어 하얗게 될 때까지 잘 섞는다.
4 박력분을 3에 넣고 섞는다. 끓어오르기 직전까지 가열한 2의 우유를 조금씩 넣으면서 섞는다.
5 우유를 가열한 2의 냄비에 4를 걸러서 넣은 후 중불로 가열한다. 거품기로 섞으면서 끓인 다음 제대로 조린다.
6 광택이 나고 매끄러운 크림 상태가 되면 사각용기에 부은 후 표면을 랩으로 덮고 얼음물에 대어 식힌다.

블레히쿠헨 BLECHKUCHEN

블레히쿠헨이란 철판으로 구운 독일 과자를 통틀어 부르는 명칭입니다.
헤페타이크(이스트를 사용한 발효 생지) 위에 크림을 바르고 제철 과일 등을 올려서 굽는 것이 많으며,
좋아하는 크기로 잘라서 먹습니다. 부터쿠헨(Butterkuchen)과 슈트로이젤쿠헨(Streuselkuchen)은
그중에서도 대중적인 블레히쿠헨입니다.

블레히쿠헨의 단면

위 : 슈트로이젤쿠헨, 아래 : 부터쿠헨

크게 분할한 발효 생지를 밀대로 펴기 때문에, 크럼은 성기고 크러스트는 두꺼운 편이다. 슈트로이젤쿠헨은 크림을 바르고 슈트로이젤
을 뿌리므로 부터쿠헨에 비해 무게감이 있고 결이 촘촘하며, 장시간 굽기 때문에 바닥의 크러스트가 두껍다.

제법	스트레이트법
재료	3kg(2종류×각 4장 분량)

	배합(%)	분량(g)
프랑스빵용 밀가루	100.0	3000
설탕	15.0	450
소금	1.5	45
탈지분유	4.0	120
버터	20.0	600
생이스트	3.5	105
달걀	20.0	600
물	42.0	1260
합계	206.0	6180

● 부터쿠헨 토핑 (30cm×40cm의 철판 1장 분량)

버터	70
아몬드 슬라이스	70
설탕	70

● 슈트로이젤쿠헨 토핑 (30cm×40cm의 철판 1장 분량)

커스터드 크림(→p.152)	650
슈트로이젤(→p.156)	400
가루설탕	

믹싱	··············	스파이럴 믹서
		1단 4분 유지 2단 8분
		반죽 온도 26℃
발효	··············	30분 28~30℃ 75%
분할	··············	부터쿠헨 : 800g
		슈트로이젤쿠헨 : 700g
냉장 발효	··········	18시간(±3시간) 5℃
성형	··············	철판에 맞춰 늘이기
		슈트로이젤쿠헨용에 크림 바르기
최종 발효	··········	30분 35℃ 75%
소성	··············	• 부터쿠헨
		토핑
		15분 상불 210℃ 하불 170℃
		• 슈트로이젤쿠헨
		슈트로이젤 뿌리기
		35분 상불 210℃ 하불 170℃

사전 준비

· 부터쿠헨용 철판(30cm×40cm)에는 버터를 듬뿍 바르고, 슈트로이젤쿠헨용(철판 사이즈 동일)에는 얇게 바른다.
· 부터쿠헨의 토핑용 버터는 실온에서 부드럽게 만들어 짤주머니에 넣는다.

믹싱

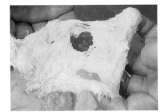

1 버터 이외의 재료를 믹서 볼에 넣고 1단으로 4분 반죽한다. 생지의 일부를 떼어 늘여 보며 상태를 확인한다.

○ 생지는 꽤 들러붙으며 연결이 약하다.

2 버터를 넣고 2단으로 8분 반죽한 후 생지의 상태를 확인한다.

○ 생지는 믹서 볼에서 떨어지지 않을 만큼 부드럽다. 얇게 펴지지만 고르지 않은 상태.

3 표면이 팽팽해지도록 생지를 다듬어 발효 케이스에 넣는다.

○ 최종 반죽 온도 26℃.

발효

4 온도 28~30℃, 습도 75%의 발효실에서 30분 발효시킨다.

○ 생지가 부풀어 있는데, 발효는 조금 일찍 끝내고 냉장 발효를 한다. 손가락 자국이 되돌아오는 정도의 상태가 기준이다.

분할 및 둥글리기

5 생지를 작업대에 꺼내고 800g과 700g으로 나누어 자른다.

둥글리기 전   둥글린 후

6 생지를 확실히 둥글린다.

7 철판에 나열한 후 비닐에 넣는다.

냉장 발효

8 5℃의 냉장고에서 18시간 발효시킨다.

○ 부드러운 생지이므로 식혀서 단단해진 편이 작업하기 수월하기 때문에 냉장 발효시킨다.

○ 발효 시간은 18시간을 기본으로 하지만, 15~21시간 내에서 조절 가능하다.

성형

9 생지를 작업대에 꺼내 십자 모양으로 밀대를 민다. 생지의 중앙에서부터 네 모퉁이의 가장자리를 향해 45도 방향으로 밀대를 밀어 사각형으로 만든다.

10 철판의 크기에 맞춰 밀대로 더 민 다음 철판에 깐다.

○ 철판보다 약간 작게 밀어 철판에 넣고, 손으로 누르거나 당겨 사각에 꼭 맞게 깔아 넣는다.

11 슈트로이젤쿠헨용 생지(700g)에는 커스터드 크림을 바른다.

12 부터쿠헨의 최종 발효 전 상태.

13 슈트로이젤쿠헨의 최종 발효 전 상태.

최종 발효

14 둘 다 온도 35℃, 습도 75%의 발효실에서 30분 발효시킨다. 부터쿠헨의 발효 후 상태.

15 슈트로이젤쿠헨의 발효 후 상태.

○ 씹는 식감이 좋도록 둘 다 조금 빨리 발효를 마무리한다.

소성 – 부터쿠헨

16 손가락으로 전체에 구멍을 뚫는다.

17 버터를 짜고 아몬드 슬라이스, 설탕을 뿌린다.

18 상불 210℃, 하불 170℃의 오븐에서 15분 굽는다.

소성 – 슈트로이젤쿠헨

19 슈트로이젤을 뿌린다.

20 상불 210℃, 하불 170℃의
오븐에서 35분 굽는다.

○ 부터쿠헨에 비해 장시간 구우므로
바닥이 타지 않도록 한 둘레 큰 오
븐 철판을 아래에 겹쳐 굽는다. 식
으면 취향에 따라 가루설탕을 뿌
린다.

슈트로이젤

재료(800g 분량)

박력분	400g
시나몬 파우더	1작은술
레몬 껍질(잘게 간 것)	1/4작은술
버터	200g
설탕	200g
바닐라 에센스	소량

1 박력분, 시나몬 파우더, 레몬 껍질을 섞는다.

2 실온에서 부드럽게 만든 버터를 볼에 넣고 거품기로 섞어 매끄럽게 만
든다.

3 2에 설탕을 여러 번으로 나누어 넣으면서 하얘질 때까지 잘 섞는다(**A**).

4 3에 바닐라 에센스를 넣고 섞는다.

5 4에 1을 넣고 카드로 자르듯이 섞는다(**B**).

6 가루 느낌이 사라지면 생지를 쥐어 단단하게 만든다(**C**).

7 성긴 체에 통과시켜 소보로 상태로 만든다(**D**).

8 사각용기에 펼친 후 냉장고에서 식혀 굳힌다.

스위트 롤 SWEET ROLL

스위트 롤은 커피 케이크와 더불어 미국을 대표하는 단과자빵입니다.
아메리칸 커피를 마신 후 스위트 롤을 입에 넣는 모습은 카페테리아에서 자주 볼 수 있는
아침 풍경이지요. 리치 타입의 생지에 달콤한 크림이나 토핑을 아낌없이 사용한 이 빵은
그야말로 스위트함 자체입니다.

위 : 건포도, 아래 : 초코호두

	제법	스트레이트법	
	재료	3kg(108개 분량)	

	배합(%)	분량(g)
강력분	100.0	3000
상백당	20.0	600
소금	1.5	45
탈지분유	5.0	150
버터	15.0	450
쇼트닝	10.0	300
생이스트	4.0	120
달걀노른자	20.0	600
물	42.0	1260
합계	217.5	6525

● 필링(각 1줄 분량=각 18개 분량)

<초코호두>	
아몬드 크림(→p.160)	270
초콜릿	90
호두	90
<건포도>	
아몬드 크림(→p.160)	300
살타나 건포도	180

달걀물

크리밍 ·············· 버터, 쇼트닝, 상백당, 소금, 달걀노른자
믹싱 ·················· 버티컬 믹서
　　　　　　　　　1단 3분　2단 3분　3단 8분
　　　　　　　　　반죽 온도 26℃
발효 ·················· 45분　28~30℃　75%
분할 ·················· 1080g
냉장 발효 ·········· 18시간(±3시간)　5℃
성형 ·················· 만드는 법 참조
최종 발효 ·········· 60분　32℃　75%
소성 ·················· 달걀물 바르기
　　　　　　　　　12분
　　　　　　　　　상불 220℃　하불 170℃

사전 준비
· 초콜릿과 호두는 잘게 다진다.

크리밍

1 탁상용 믹서 볼에 버터와 쇼트닝을 넣고, 믹서에 휘퍼를 장착하여 부드러워질 때까지 섞는다.

○ 버터와 쇼트닝의 단단한 정도가 다를 경우에는 더 단단한 것을 먼저 믹서에 넣어 돌린다.

2 상백당을 여러 번에 걸쳐 넣으면서 더 섞어 공기가 충분히 들어가도록 한다.

○ 때때로 볼이나 휘퍼에 붙은 반죽을 긁어내면서 섞는다. 믹서 바닥 부분은 특히 잘 섞이지 않으니 주의한다.

3 소금을 넣어 섞는다. 달걀노른자를 여러 번에 나눠 넣으면서 더 섞어 공기가 충분히 들어가도록 한다.

4 크리밍 종료.

○ 떠보면 흘러내리지 않고 휘퍼 안에 머물러 있는 상태.

믹싱

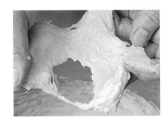

5 나머지 재료와 4를 버티컬 믹서 볼에 넣고 1단으로 3분 반죽한다. 생지의 일부를 떼어 늘여보며 상태를 확인한다.

○ 처음부터 유지가 들어가므로 꽤 끈적이며, 늘이려고 해도 쉽게 찢어진다.

6 2단으로 3분 반죽하고 생지의 상태를 확인한다.

○ 조금씩 연결되기 시작하지만 아직 끈적인다.

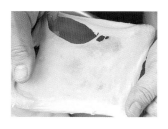

7 3단으로 8분 반죽하고 생지의 상태를 확인한다.

  ○ 끈적임이 없어지며 약간 고르지 못하지만 얇게 펴진다.

8 표면이 팽팽해지도록 생지를 다듬어 발효 케이스에 넣는다.

  ○ 최종 반죽 온도 26℃.

발효

9 온도 28~30℃, 습도 75%의 발효실에서 45분 발효시킨다.

  ○ 조금 빨리 발효를 마무리한다. 손가락 자국이 천천히 되돌아오는 정도를 기준으로 삼으면 된다.

분할 및 둥글리기

둥글리기 전   둥글린 후

10 생지를 작업대에 꺼내 1080g으로 나누어 자른 후, 확실히 둥글린다.

11 철판에 나열하고 비닐에 넣는다.

냉장 발효

12 5℃의 냉장고에서 18시간 발효시킨다.

  ○ 생지가 부드럽기 때문에 식어서 단단해진 편이 작업하기 수월하므로 냉장 발효시킨다.
  ○ 발효 시간은 18시간을 기본으로 하지만, 15~21시간 내에서 조절 가능하다.

성형

13 생지를 작업대에 꺼낸 후 밀대로 십자 모양으로 민다. 생지의 중앙에서 네 모퉁이의 가장자리를 향해 45도 방향으로 밀대를 밀어 사각형을 만든다.

14 파이롤러에 넣어 너비 25cm, 두께 4mm로 편다.

  ○ 파이롤러에 몇 차례 넣는데, 재빨리 진행하지 않으면 생지가 부드러워져 작업하기 어렵다.

15 작업대에 가로로 길게 놓은 후, 몸 앞쪽의 끝에서부터 2cm 부분을 밀대로 밀어 얇게 만든다.

16 얇게 만든 부분을 제외하고 아몬드 크림을 바른 후, 초콜릿과 호두를 뿌린다. 반대쪽에서부터 몸 앞쪽을 향해 만다.

  ○ 길이 54cm의 균일한 두께의 원기둥 모양으로 만든다. 살타나 건포도를 뿌린 것도 만든다.

17 몸 앞쪽의 2cm 부분에 솔로 물을 발라 생지를 확실히 붙인다. 18등분(너비 3cm)으로 나누어 자른다. 모양을 정리하여 알루미늄 케이스에 넣고 오븐 철판에 나열한다.

최종 발효

18 온도 32℃, 습도 75%의 발효실에서 60분 발효시킨다.

○ 충분히 발효시키는데, 발효가 과다하면 빵이 퍼석해져서 식감이 나빠진다.

소성

19 솔로 달걀물을 바른다. 상불 220℃, 하불 170℃의 오븐에서 12분 굽는다.

스위트 롤용 아몬드 크림

재료(1770g 분량)

달걀노른자	135g
달걀흰자	195g
아몬드 파우더	450g
박력분	45g
버터	450g
설탕	450g
럼주	45g

1 달걀노른자와 흰자를 합쳐 푼다.
2 아몬드 파우더와 체에 친 박력분을 섞는다.
3 실온에서 부드럽게 만든 버터를 볼에 넣고 거품기로 섞어 매끄럽게 만든다.
4 3에 설탕을 여러 번에 걸쳐 넣으면서 섞는다.
5 1과 2를 번갈아 4에 조금씩 넣으면서(**A**), 전체가 매끄러워지도록 섞는다(**B**).
6 럼주를 넣어 섞는다.

스위트 롤의 단면(초코호두)

크리밍과 냉장 발효의 영향으로 생지의 신장성이 향상되므로 빵의 볼륨도 커진다. 크럼에는 비교적 큰 기공이 보인다.

구겔호프 KOUGLOF

프랑스 동부, 알자스 지방의 전통과자로 유명한 구겔호프는
독일 또는 빈에서 전해졌다고 알려져 있습니다. 예전에는 맥주 효모로 생지를 발효시켜 만들었지요.
아침 식사나 디저트로, 또 짠맛이 나는 것은 술안주로 즐깁니다.

	배합(%)	분량(g)
강력분	100.0	3000
설탕	25.0	750
소금	1.5	45
탈지분유	5.0	150
레몬 껍질(간 것)	0.1	3
버터	35.0	1050
생이스트	4.0	120
달걀노른자	20.0	600
물	46.0	1380
살타나 건포도	50.0	1500
오렌지 껍질	5.0	150
그랑마르니에	3.0	90
합계	**294.6**	**8838**

가루설탕

제법 스트레이트법
재료 3kg(19개 분량)

믹싱 ⋯⋯⋯⋯⋯ 스파이럴 믹서
1단 4분 2단 10분
유지 1단 2분 2단 10분
과일 1단 2분~
반죽 온도 26℃
발효 ⋯⋯⋯⋯⋯ 120분(80분에 펀치)
28~30℃ 75%
분할 ⋯⋯⋯⋯⋯ 450g
벤치 타임 ⋯⋯⋯ 10분
성형 ⋯⋯⋯⋯⋯ 링 모양
최종 발효 ⋯⋯⋯ 60분 32℃ 75%
소성 ⋯⋯⋯⋯⋯ 분무하기
35분
상불 160℃ 하불 200℃

사전 준비
· 살타나 건포도는 미지근한 물로 씻은 후 소쿠리에 담아 물기를 뺀다.
· 오렌지 껍질은 미지근한 물로 씻은 후 물기를 제거하고, 잘게 썰어 그랑마르니에와 합쳐둔다.
· 구겔호프 틀(구경 18cm)에 버터를 바른다.

믹싱

1 버터와 과일 이외의 재료를 믹서 볼에 넣고 1단으로 반죽한다.

2 4분 반죽한 후 생지의 일부를 떼어 늘여보며 상태를 확인한다.

○ 달걀노른자와 설탕이 많이 배합되므로 꽤 끈적이며 늘이려고 해도 쉽게 찢어진다.

3 2단으로 10분 반죽하고 생지의 상태를 확인한다.

○ 아직 들러붙지만 생지의 연결이 늘어나서 펴보면 두꺼운 막이 생긴다.

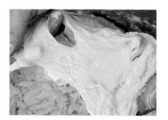

4 버터를 넣고 1단으로 2분 반죽한 후 생지의 상태를 확인한다.

○ 유지가 많이 들어가므로 생지의 연결이 약해지고, 늘이려고 해도 찢어진다. 매우 부드러운 상태.

5 2단으로 10분 반죽하고 생지의 상태를 확인한다.

○ 들러붙지 않으며 매끄럽고 매우 얇게 펴진다.

6 과일을 넣고 1단으로 섞는다.

○ 전체적으로 골고루 섞이면 믹싱을 종료한다.

7 표면이 팽팽해지도록 생지를 다듬어 발효 케이스에 넣는다.

○ 최종 반죽 온도 26℃.

발효

8 온도 28~30℃, 습도 75%의 발효실에서 80분 발효시킨다.

○ 충분히 부풀어 있다.

펀치

9 전체를 누르고 좌우에서 접는 '약간 약한 펀치'(→p.40)를 하여 발효 케이스에 다시 넣는다.

○ 씹는 식감과 입에서 부드럽게 녹는 빵을 만들기 위해 생지에 힘이 많이 붙지 않도록 소프트 계열 빵에 비해 조금 약하게 진행한다.

발효

10 같은 조건의 발효실에 넣어 40분 더 발효시킨다.

○ 손가락 자국이 남을 정도로 충분히 부풀어 있다.

분할 및 둥글리기

11 생지를 작업대에 꺼낸 후 450g으로 나누어 자른다.

동글리기 전   동글린 후

12 생지를 확실히 둥글린 후 천을 깐 판 위에 나열한다.

○ 성형은 구멍을 뚫는 것뿐이므로 여기서 예쁘게 잘 둥글린다.
○ 건포도가 표면에 나와 있으면 타기 쉬우므로 바닥에 붙여 안으로 넣는다.

벤치 타임

13 발효할 때와 같은 조건의 발효실에서 10분 휴지시킨다.

○ 벤치 타임은 조금 짧게 끝낸다. 생지에 탄력이 약간 남아 있는 편이 성형하기에 좋다.

성형

14 매끈한 면이 위로 오도록 한 후, 생지의 중앙을 지름 3cm의 밀대로 눌러 구멍을 뚫는다.

○ 밀대의 끝에 덧가루를 바른 후 단번에 누른다.

15 구멍을 넓히면서 균일한 두께의 링 모양을 만든다.

○ 구멍을 뚫은 부분의 생지 표면이 매끄러워지도록 매끈한 면의 반대쪽으로 생지를 보낸다.

16 매끈한 면이 아래로 가도록 하여 틀에 넣는다.

○ 틀과 생지 사이에 공기가 들어가지 않도록 꼭 맞게 채운다.

최종 발효

17 온도 32℃, 습도 75%의 발효실에서 60분 발효시킨다.

○ 틀의 90% 정도로 부풀 때까지 발효시킨다.

소성

18 물을 뿌린다.

○ 표면이 촉촉해지는 정도면 된다.

19 상불 160℃, 하불 200℃의 오븐에서 35분 굽는다.

○ 오븐에서 꺼낸 후 판 위에 틀째로 떨어뜨려 틀을 분리한다. 식으면 취향에 따라 가루설탕을 뿌린다.

구겔호프의 단면

달걀, 버터가 많은 생지를 비교적 장시간 믹싱하므로 크러스트는 두껍고, 크럼은 버터 생지처럼 세밀한 기공이 높은 밀도로 나열되어 있다.

구겔호프 축제

알자스의 리보빌레에서는 6월 초에 구겔호프 축제가 열립니다. 옛날부터 전해오던 제법으로 구운 구겔호프가 콘테스트장에 진열되면, 마을 사람들은 알자스 와인과 함께 각각의 구겔호프를 맛봅니다. 주인공은 거대한 구겔호프인데, 제례 때 신위를 모시는 가마 같은 것에 올려서 마을의 번화가를 행진합니다. 또 도기(陶器)로 만든 구겔호프 틀에는 여러 색깔의 꽃모양이 그려져 있어 그 아름다움에 이끌려 수집하는 사람도 많다고 해요

도기로 만든 틀

6

틀로 구운 빵

산형 식빵

뚜껑을 덮지 않고 구워 반죽이 산처럼 부푸는 것에서 이름 붙여진 산형 식빵은
오픈 톱(Open top) 식빵이라고도 부릅니다.
반대로 사각 식빵은 뚜껑을 덮고 굽는 것으로, 풀먼(Pullman) 식빵이라고도 부릅니다.

	배합(%)	분량(g)
제법	스트레이트법	
재료	3kg(8개 분량)	

	배합(%)	분량(g)
강력분	100.0	3000
설탕	5.0	150
소금	2.0	60
탈지분유	2.0	60
버터	3.0	90
쇼트닝	3.0	90
생이스트	2.0	60
물	72.0	2160
합계	189.0	5670

달걀물

믹싱 ··················	버티컬 믹서
	1단 3분 2단 2분 3단 4분
	유지 2단 2분 3단 9분
	반죽 온도 26℃
발효 ··················	120분(80분에 펀치)
	28~30℃ 75%
분할 ·················	220g
	(틀 반죽 비용적 3.9→p.10)
벤치 타임 ··········	30분
성형 ·················	산형(1.5근 틀에 3개 넣기)
최종 발효 ··········	70분 38℃ 75%
소성 ·················	달걀물 바르기
	35분
	상불 210℃ 하불 230℃

사전 준비
· 1.5근 틀에 쇼트닝을 바른다.

산형 식빵의 단면
틀에 넣은 생지를 뚜껑을 덮지 않고 굽기 때문에 생지가 수직 방향으로 팽창하여, 크러스트는 얇아지고 크럼의 기공은 세로로 긴 타원형이 된다.

믹싱

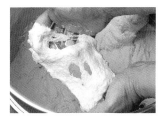

1 버터와 쇼트닝 이외의 재료를 믹서 볼에 넣고 1단으로 3분 반죽한다. 생지의 일부를 떼어 늘여보며 상태를 확인한다.

○ 생지가 부드러우므로 꽤 들러붙는다. 늘이려고 해도 찢어진다.

2 2단으로 2분 반죽하고 생지의 상태를 확인한다.

○ 연결은 늘어났지만 아직 들러붙으며 잘 펴지지 않는다.

3 3단으로 4분 반죽하고 생지의 상태를 확인한다.

○ 조금 덜 들러붙으며 얇게 펴지지만 고르지는 않다.

4 버터, 쇼트닝을 넣고 2단으로 2분 반죽한 후 생지의 상태를 확인한다.

○ 유지가 들어가므로 생지의 연결이 약해지고 부드러워진다.

5 3단으로 9분 반죽한 후 생지의 상태를 확인한다.

○ 생지가 다시 연결되고, 얇게 골고루 펴진다.

6 표면이 팽팽해지도록 생지를 다듬어 발효 케이스에 넣는다.

○ 최종 반죽 온도 26℃.

발효

7 온도 28~30℃, 습도 75%의 발효실에서 80분 발효시킨다.

○ 손가락 자국이 남을 정도로 충분히 부풀어 있다.

펀치

8 전체를 누르고 좌우에서 접고 누른 후, 다시 위아래로 접고 누르는 '강한 펀치'(→ p.39)를 하여 발효 케이스에 넣는다.

○ 생지에 힘이 생기도록 강한 펀치를 진행한다.

발효

9 같은 조건의 발효실에 넣어 40분 더 발효시킨다.

○ 손가락 자국이 남을 정도로 충분히 부풀어 있다.

분할 및 둥글리기

10 생지를 작업대에 꺼낸 후 220g으로 나누어 자른다.

11 생지를 확실히 둥글린다.

둥글리기 전   둥글리기 후

12 천을 깐 판 위에 나열한다.

벤치 타임

13 발효할 때와 같은 조건의 발효실에서 30분 휴지시킨다.

○ 생지의 탄력이 없어질 때까지 충분히 휴지시킨다.

성형

14 밀대로 생지를 밀어 가스를 확실히 뺀다.

○ 가스를 확실히 빼기 위해 양면에 밀대를 민다. 다 밀고 난 생지의 모양은 정사각형에 가까운 편이 좋다.

15 매끈한 면이 아래로 가도록 하여 생지의 반대쪽에서부터 1/3을 접어 누르고, 몸 앞쪽에서도 1/3을 접어 누른다.

○ 생지의 폭과 두께가 같은 편이 말았을 때 예쁜 가마 모양이 된다.

16 생지의 방향을 90도 바꾸고, 반대쪽 끝을 조금 접어 살짝 누른다.

○ 너무 세게 누르면 중심 부분의 발효가 부족해져 크럼의 결이 조밀해질 수 있다.

17 반대쪽에서 몸 앞쪽을 향해 만다.

○ 표면이 팽팽해지도록 엄지로 가볍게 생지를 조이면서 만다.

18 다 만 후 끝부분을 손바닥과 손목이 연결된 부분으로 눌러서 봉한다.

19 봉한 이음매가 아래로 가도록 하여 틀에 생지를 3개 나란히 넣는다.

○ 3개의 생지 형태가 가지런하게 맞춰지는 것이 좋다.

최종 발효

20 온도 38℃, 습도 75%의 발효실에서 70분 발효시킨다.

○ 생지의 꼭대기가 틀의 가장자리에 닿을 때까지 충분히 발효시킨다.

소성

21 솔로 달걀물을 바른다.

22 상불 210℃, 하불 230℃의 오븐에서 35분 굽는다.

○ 오븐에서 꺼낸 후 판 위에 틀째로 떨어뜨려 바로 틀에서 꺼낸다.

식빵의 케이브 인

케이브 인 현상이
일어난 산형 식빵

케이브 인 = '허리 꺾임'

케이브 인이란 소성 후 빵의 측면이 안쪽으로 움푹 들어가 버리는 '허리 꺾임'을 말합니다. 특히 틀로 구운 산형 식빵이나 사각 식빵에서 자주 보이는 현상이지요.

케이브 인의 원인

케이브 인의 직접적인 원인은 빵의 크러스트와 크럼이 부드러워지고 약해진 것에 있습니다. 고온에서 구운 빵의 중심부 온도는 95~96℃로, 실온으로 떨어지는 데 1시간은 걸립니다. 그 동안에 빵의 내부에 가득 차 있는 수증기가 크러스트를 통해 방산되므로 크러스트가 축축해

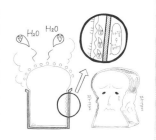

지면서 부드러워지고, 측면부가 파이는 것이지요.
간접적인 원인으로는 ① 소성 부족(특히 측면), ② 생지가 너무 부드러움, ③ 틀 대비 생지의 중량 과다, ④ 생지의 팽창 과다 등을 들 수 있습니다.

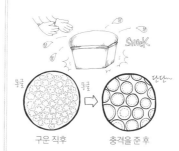

틀째로 판 위에 떨어뜨려 충격을 준다

구운 직후　　충격을 준 후

케이브 인을 예방하려면?

케이브 인을 예방하려면 빵을 오븐에서 꺼낸 후 곧장 틀에 들어 있는 채로 작업대 위에 탕 하고 떨어뜨려 충격을 준 다음, 재빨리 틀에서 꺼내야 합니다.
이것은 빵의 내부에 가득한 수증기를 조금이라도 이른 단계에 빼내어 크러스트가 축축해지는 것을 막기 위함입니다. 또 크럼을 형성하고 있는 무수한 기공 중에는 기공 막이 약한 것도 있는데, 충격을 가하면 그것들 중 몇몇이 터지면서 안정된 하나의 기공이 됩니다.
이 두 가지 점에서 빵의 구조가 더욱 강화되어 케이브 인을 어느 정도 예방할 수 있습니다.

하드 토스트

린 타입의 단단한 생지를 식빵 틀에 넣어 굽는 하드 토스트는 토스트용 빵으로
일본에서 생겨났습니다. 토스트로 만들면 살아나는 바삭한 식감이 인기의 비결이지요.
다른 식빵에서는 느낄 수 없는 맛을 지지하는 열렬한 팬들이 늘어나고 있습니다.

제법	스트레이트법
재료	3kg(11개 분량)

	배합(%)	분량(g)
강력분	50.0	1500
프랑스빵용 밀가루	50.0	1500
소금	2.0	60
탈지분유	2.0	60
쇼트닝	2.0	60
인스턴트 이스트	0.6	18
몰트엑기스	0.3	9
물	70.0	2100
합계	176.9	5307

믹싱	…………	스파이럴 믹서
		1단 5분 2단 5분
		반죽 온도 25℃
발효	…………	130분(90분에 펀치)
		28~30℃ 75%
분할	…………	230g
		(틀 반죽 비용적 3.7→p.10)
벤치 타임	…………	30분
성형	…………	산형(1근 틀에 2개 넣기)
최종 발효	…………	70분 32℃ 75%
소성	…………	30분
		상불 210℃ 하불 230℃
		스팀

사전 준비

· 1근 틀에 쇼트닝을 바른다.

하드 토스트의 단면

크러스트는 얇고, 배합이 간소하므로 크럼은 성긴
기공이 세로로 늘어난 타원형이 된다.

믹싱

1 모든 재료를 믹서 볼에 넣고 1단으로 반죽한다.

2 5분 반죽한 후 일부를 떼어 늘여보며 상태를 확인한다(**A**).

   ○ 재료는 골고루 섞이고 생지는 연결되기 시작하지만 아직 들러붙는다.

3 2단으로 5분 반죽한 후 생지의 상태를 확인한다(**B**).

   ○ 조금 고르지 않지만 매끄럽고 얇게 퍼진다.

4 표면이 팽팽해지도록 생지를 다듬어 발효 케이스에 넣는다(**C**).

   ○ 최종 반죽 온도 25℃.

발효

5 온도 28~30℃, 습도 75%의 발효실에서 90분 발효시킨다.

   ○ 손가락 자국이 남을 정도로 충분히 부풀어 있다.

펀치

6 전체를 누르고 좌우에서 접는 '약간 약한 펀치'(→p.40)를 한 후 발효 케이스에 다시 넣는다.

   ○ 식빵 중에서는 배합이 간소한 편이므로 다른 것보다 펀치를 약하게 진행한다. 가스를 너무 많이 빼면 이후에 잘 부풀지 않는다.

발효

7 같은 조건의 발효실에 넣어 40분 더 발효시킨다(**D**).

   ○ 손가락 자국이 남을 정도로 충분히 부풀어 있다.

분할 및 둥글리기

8 생지를 작업대에 꺼낸 후 230g으로 나누어 자른다.

9 생지를 가볍게 둥글린다.

   ○ 생지가 끊어지지 않도록 살짝 둥글린다.

10 천을 깐 판 위에 나열한다.

벤치 타임

11 발효할 때와 같은 조건의 발효실에서 30분 휴지시킨다.

   ○ 생지의 탄력이 빠질 때까지 충분히 휴지시킨다.

성형

12 생지를 손바닥으로 눌러 가볍게 가스를 뺀다.

13 생지를 둥글린다(**E**).

   ○ 생지가 끊어지지 않을 정도로 잘 둥글린다. 너무 세게 하면 잘 부풀지 않는다.

14 밑부분을 잡고 봉한다(**F**).

15 봉한 이음매가 아래로 가도록 하여 틀에 생지를 2개 나란히 넣는다(**G**).

   ○ 2개의 생지 모양이 가지런한 것이 좋다.

최종 발효

16 온도 32℃, 습도 75%의 발효실에서 70분 발효시킨다(**H**).

   ○ 생지의 꼭대기가 틀의 끝부분에 닿을 때까지 충분히 발효시킨다.

소성

17 상불 210℃, 하불 230℃의 오븐에 스팀을 넣고 30분 굽는다.

   ○ 오븐에서 꺼내어 판 위에 틀째로 떨어뜨린 후 바로 틀에서 꺼낸다.

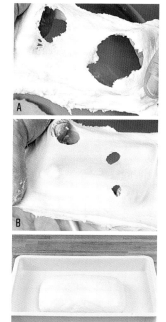

팽 드 미 PAIN DE MIE

'미'는 프랑스어로 속을 말합니다. 크러스트를 즐기는 팽 트래디셔널 등과는 달리
크럼의 맛을 느끼는 프랑스판 사각 식빵이 바로 팽 드 미입니다.
미국이나 한국, 일본에서는 식빵은 토스트로 만들어 버터나 잼을 발라서 먹지만,
프랑스에서는 카나페를 만들거나 크로크무슈나 크로크마담 같은
따뜻한 샌드위치로 만드는 경우가 많다고 해요.

제법	스트레이트법
재료	3kg(8개 분량)

	배합(%)	분량(g)
강력분	80.0	2400
프랑스빵용 밀가루	20.0	600
설탕	8.0	240
소금	2.0	60
탈지분유	4.0	120
버터	5.0	150
쇼트닝	5.0	150
생이스트	2.5	75
물	70.0	2100
합계	196.5	5895

믹싱	버티컬 믹서
	1단 3분 2단 3분 3단 3분
	유지 2단 2분 3단 8분
	반죽 온도 26℃
발효	90분(60분에 펀치)
	28~30℃ 75%
분할	235g
	(틀 반죽 비용적 3.6→p.10)
벤치 타임	20분
성형	풀먼(1.5근 틀에 3개 넣기)
최종 발효	40분 38℃ 75%
소성	뚜껑 닫기
	35분
	상불 210℃ 하불 220℃

사전 준비

· 1.5근 틀과 뚜껑에 쇼트닝을 바른다.

팽 드 미의 단면

뚜껑을 닫아 볼륨을 한정시키므로 크러스트가 비
교적 두껍다. 크럼은 세밀한 원형의 기공이 조밀
하게 들어차 있다.

믹싱

1 버터와 쇼트닝 이외의 재료를 믹서 볼에 넣고 1단으로 반죽한다.

2 3분 반죽한 후 생지의 일부를 떼어 늘여보며 상태를 확인한다.

○ 심하게 들러붙으며 생지의 연결은 약하다. 늘이려고 해도 찢어진다.

3 2단으로 3분 반죽한 후 생지의 상태를 확인한다.

○ 들러붙지만 한 덩어리가 된다. 연결은 아직 약하지만 다소 얇게 펴진다.

4 3단으로 3분 반죽한 후 생지의 상태를 확인한다.

○ 조금 덜 들러붙으며, 얇게 펴지지만 아직 고르지는 않다.

5 버터, 쇼트닝을 넣는다. 2단으로 2분 반죽한 후 생지의 상태를 확인한다.

○ 유지가 들어가므로 연결이 약해지고 부드러워진다.

6 3단으로 8분 반죽한 후 생지의 상태를 확인한다.

○ 들러붙지 않으며, 얇게 펴지지만 고르지 않은 부분이 있다. 식감이 좋은 빵을 만들기 위해 강력분만 사용한 생지보다 믹싱을 약하게 하여 마무리한다.

7 표면이 팽팽해지도록 생지를 다듬어 발효 케이스에 넣는다.

○ 최종 반죽 온도 26℃.

발효

8 온도 28~30℃, 습도 75%의 발효실에서 60분 발효시킨다.

○ 손가락 자국이 남을 정도로 충분히 부풀어 있다.

펀치

9 전체를 누르고 좌우에서 접고 누른 후, 다시 위아래를 접고 누르는 '강한 펀치'(→ p.39)를 한 후 발효 케이스에 넣는다.

○ 생지에 힘이 생기도록 강한 펀치를 진행한다.

발효

10 같은 조건의 발효실에 넣어 30분 더 발효시킨다.

○ 손가락 자국이 남을 정도로 충분히 부풀어 있다.

분할 및 둥글리기

11 생지를 작업대에 꺼낸 후 235g으로 나누어 자른다.

12 생지를 확실히 둥글린다.

둥글리기 전   둥글린 후

13 천을 깐 판 위에 나열한다.

벤치 타임

14 발효할 때와 같은 조건의 발효실에서 20분 휴지시킨다.

○ 생지의 탄력이 없어질 때까지 충분히 휴지시킨다.

성형

15 생지에 밀대를 밀어 가스를 확실히 뺀다.

○ 가스를 확실히 빼기 위해 밀대를 양면에 민다. 밀대를 민 생지의 모양은 정사각형에 가까운 것이 좋다.

16 매끈한 면이 아래로 가도록 하여 생지의 반대쪽에서부터 1/3을 접어 누르고, 몸 앞쪽에서부터도 1/3을 접어 누른다.

○ 생지가 가급적 같은 너비와 두께여야 말았을 때 가마 모양이 예쁘다.

17 생지의 방향을 90도 바꾸고, 반대쪽의 끝을 조금 접어 가볍게 누른다.

○ 너무 세게 누르면 중심 부분의 발효가 부족해져, 크럼의 기공이 조밀해진다.

18 반대쪽에서 몸 앞쪽을 향해 말고, 만 끝부분을 손바닥과 손목이 연결된 부분으로 눌러서 봉한다.

○ 표면이 팽팽해지도록 엄지로 가볍게 생지를 조이면서 만다.

19 봉한 이음매가 아래로 가도록 하여 틀에 생지 3개를 나란히 넣는다.

○ 3개의 생지 모양이 가지런한 편이 좋다.

최종 발효

20 온도 38℃, 습도 75%의 발효실에서 40분 발효시킨다.

○ 생지의 꼭대기가 틀 높이의 80% 정도까지 올라오는 것이 기준이다. 뚜껑을 닫으므로 너무 많이 발효시키지 않아야 한다.

소성

21 뚜껑을 닫는다.

22 상불 210℃, 하불 220℃의 오븐에서 35분 굽는다.

○ 오븐에서 꺼내 뚜껑을 열고 판 위에 틀째로 떨어뜨린 후 바로 틀에서 꺼낸다.

그레이엄 브레드 GRAHAM BREAD

일반 밀가루에 비해 섬유질과 미네랄 성분이 많은 전립분으로 만드는 이 빵은
대표적인 건강 빵으로 1829년에 그레이엄 박사가 크래커와 함께 개발했습니다.
그 후 밀 전립분을 사용한 빵과 크래커에는 박사를 기념하기 위해 그레이엄이라는 이름을 붙였다고 해요.
밀기울은 생지에 완전히 분산되므로 식감은 일반 식빵과 크게 다르지 않습니다.

	배합(%)	분량(g)
제법	스트레이트법	
재료	3kg(12개 분량)	

	배합(%)	분량(g)
강력분	70.0	2100
밀 전립분	30.0	900
설탕	6.0	180
소금	2.0	60
탈지분유	2.0	60
버터	3.0	90
쇼트닝	3.0	90
생이스트	2.5	75
물	73.0	2190
합계	191.5	5745

달걀물

믹싱 ················ 버티컬 믹서
1단 3분 2단 3분 3단 5분
유지 2단 2분 3단 6분 4단 1분
반죽 온도 26℃
발효 ················ 90분(60분에 펀치)
28~30℃ 75%
분할 ················ 450g
(틀 반죽 비용적 3.8→p.10)
벤치 타임 ·········· 20분
성형 ················ 원로프(1근 틀)
최종 발효 ·········· 50분 38℃ 75%
소성 ················ 달걀물 바르기
30분
상불 210℃ 하불 230℃

사전 준비
· 1근 틀에 쇼트닝을 바른다.

그레이엄 브레드의 단면
생지의 신장성이 좋으므로 크러스트는 약간 얇은 편이다. 밀기울이 생지 안에 여기저기 흩어져 있어 크럼은 조금 성긴 기공으로 구성되며 갈색을 띤다.

믹싱

1 버터와 쇼트닝 이외의 재료를 믹서 볼에 넣고 1단으로 반죽한다.

2 3분 반죽한 후 생지의 일부를 떼어 늘여보며 상태를 확인한다.
○ 생지는 꽤 들러붙으며 연결이 상당히 약하다. 늘이려고 하면 바로 찢어진다.

3 2단으로 3분 반죽한 후 생지의 상태를 확인한다.
○ 아직 들러붙는다. 연결은 약하고 잘 늘어나지 않는다.

4 3단으로 5분 반죽한 후 생지의 상태를 확인한다.
○ 아직 들러붙지만 조금 얇게 펴지기 시작한다.

5 버터, 쇼트닝을 넣는다. 2단으로 2분 반죽한 후 생지의 상태를 확인한다.
○ 유지가 들어가므로 연결이 약해지고 부드러워진다.

6 3단으로 6분 반죽한 후 생지의 상태를 확인한다.
○ 생지가 다시 연결되고, 약간 고르지 않지만 얇게 펴진다.

7 4단으로 1분 반죽한 후 생지의 상태를 확인한다.

　○ 생지가 고르고 매우 얇게 퍼진다.

8 표면이 팽팽해지도록 생지를 다듬어 발효 케이스에 넣는다.

　○ 최종 반죽 온도 26℃.

발효

9 온도 28~30℃, 습도 75%의 발효실에서 60분 발효시킨다.

　○ 손가락 자국이 남을 정도로 충분히 부풀어 있다.

펀치

10 전체를 누르고 좌우에서 접어 누른 후, 다시 위아래를 접고 누르는 '강한 펀치'(→ p.39)를 하여 발효 케이스에 넣는다.

　○ 생지에 힘이 생기도록 강한 펀치를 진행한다.

발효

11 같은 조건의 발효실에 넣어 30분 더 발효시킨다.

　○ 손가락 자국이 남을 정도로 충분히 부풀어 있다.

분할 및 둥글리기

12 생지를 작업대에 꺼낸 후 450g으로 나누어 자른다.

분할 및 둥글리기

둥글리기 전　　　둥글린 후

13 생지를 확실히 둥글린다.

14 천을 깐 판 위에 나열한다.

벤치 타임

15 발효할 때와 같은 조건의 발효실에서 20분 휴지시킨다.

　○ 생지의 탄력이 없어질 때까지 충분히 휴지시킨다.

성형

16 매끈한 면이 아래로 가도록 하여 생지를 절반으로 접고 가장자리를 잡아서 봉한다.

　○ 생지에 힘이 생기지 않도록 서로 살짝 붙인다.

17 세로로 길게 놓고 밀대를 밀어 가스를 확실히 뺀다.

○ 가스를 확실히 빼기 위해 밀대를 양면에 민다.

18 매끈한 면이 아래로 가도록 한 후, 생지의 반대쪽에서 몸 앞쪽으로 1/3을 접어 누르고 몸 앞쪽에서도 1/3을 접어 누른다.

19 반대쪽에서 절반으로 접으면서 손바닥과 손목이 연결된 부분으로 생지의 끝을 확실히 눌러 봉한다.

20 봉한 이음매가 아래로 가도록 하여 틀에 생지를 넣는다.

○ 이음매가 비틀어지지 않고 틀의 중앙에 들어가도록 넣는다.

최종 발효

21 온도 38℃, 습도 75%의 발효실에서 50분 발효시킨다.

○ 생지의 꼭대기가 틀 끝부분에 닿을 때까지 충분히 발효시킨다.

소성

22 솔로 달걀물을 바른다.

23 상불 210℃, 하불 230℃의 오븐에서 30분 굽는다.

○ 오븐에서 꺼내 판 위에 틀째로 떨어뜨린 후 바로 틀에서 꺼낸다.

월넛 브레드 WALNUTS BREAD

유럽과 미국에서는 빵 생지에 넣는 견과류로 호두를 많이 사용합니다.
호두는 다른 견과류보다 지방분이 많고 부드러워 빵에 잘 어우러지기 때문이에요.
알맞게 구운 월넛 브레드는 호두의 고소한 향이 식욕을 자극합니다.

제법	스트레이트법
재료	3kg(13개 분량)

	배합(%)	분량(g)
강력분	90.0	2700
밀 전립분	10.0	300
설탕	5.0	150
소금	2.0	60
탈지분유	3.0	90
버터	5.0	150
쇼트닝	5.0	150
생이스트	2.5	75
물	72.0	2160
호두	25.0	750
합계	219.5	6585

달걀물

믹싱	버티컬 믹서
	1단 3분 2단 3분 3단 4분
	유지 2단 2분 3단 6분
	호두 2단 1분~
	반죽 온도 26℃
발효	90분(60분에 펀치)
	28~30℃ 75%
분할	500g
	(틀 반죽 비용적 3.4→p.10)
벤치 타임	20분
성형	원로프(1근 틀)
최종 발효	60분 38℃ 75%
소성	달걀물 바르기
	30분
	상불 210℃ 하불 230℃

사전 준비

· 호두는 오븐에서 로스트하여 사방 5mm 크기
 로 썬다.
· 1근 틀에 쇼트닝을 바른다.

믹싱

1 버터, 쇼트닝, 호두 이외의 재료를 믹서 볼에
 넣고 1단으로 반죽한다.

2 3분 반죽한 후 생지의 일부를 떼어 늘여보며
 상태를 확인한다.

　○ 생지는 들러붙으며 연결이 상당히 약하다. 늘이려고 해
 도 찢어진다.

3 2단으로 3분 반죽한 후 생지의 상태를 확인
 한다.

　○ 아직 들러붙는다. 연결은 늘어났지만 얇게 펴지지는 않
 는다.

4 3단으로 4분 반죽한 후 생지의 상태를 확인
 한다(**A**).

　○ 아직 들러붙지만 한 덩어리가 된다. 얇게 펴지지만 아직
 고르지 않다.

5 버터, 쇼트닝을 넣는다. 2단으로 2분 반죽한
 후 생지의 상태를 확인한다(**B**).

　○ 유지가 들어가므로 연결이 약해지고 부드러워진다.

6 3단으로 6분 반죽한 후 생지의 상태를 확인
 한다(**C**).

　○ 들러붙지 않으며 얇게 펴지지만, 고르지 않은 부분이 조
 금 남아 있다.

7 호두를 넣고 2단으로 섞는다.

　○ 전체적으로 골고루 섞이면 믹싱을 종료한다.

8 표면이 팽팽해지도록 생지를 다듬어 발효 케
 이스에 넣는다(**D**).

　○ 최종 반죽 온도 26℃.

발효

9 온도 28~30℃, 습도 75%의 발효실에서 60
 분 발효시킨다.

　○ 손가락 자국이 남을 정도로 충분히 부풀어 있다.

펀치

10 전체를 누르고 좌우를 접어 누른 후, 다시 위
 아래를 접어 누르는 '강한 펀치'(→p.39)를 하
 고 발효 케이스에 넣는다.

　○ 생지에 힘이 생기도록 강한 펀치를 진행한다.

발효

11 같은 조건의 발효실에 넣어 30분 더 발효시킨다(E).

○ 손가락 자국이 남을 정도로 충분히 부풀어 있다.

분할 및 둥글리기

12 생지를 작업대에 꺼낸 후 500g으로 나누어 자른다.

13 생지를 확실히 둥글린다.

○ 호두가 들어 있어 표면이 찢어지기 쉬우니 주의해서 잘 둥글린다.

14 천을 깐 판 위에 나열한다.

벤치 타임

15 발효할 때와 같은 조건의 발효실에서 20분 휴지시킨다.

○ 생지의 탄력이 없어질 때까지 충분히 휴지시킨다.

성형

16 매끈한 면이 아래로 가도록 놓고, 생지를 절반으로 접은 후 가장자리를 잡아서 봉한다.

○ 생지에 힘이 생기지 않도록 서로 살짝 붙인다.

17 세로로 길게 놓은 후 밀대로 밀어 가스를 확실히 뺀다.

○ 가스를 확실히 빼기 위해 양면에 밀대를 민다.

18 매끈한 면이 아래로 가도록 한 후, 생지의 반대쪽에서 몸 앞쪽으로 1/3을 접어 누르고 몸 앞쪽에서도 1/3을 접어 누른다.

19 반대쪽에서 절반으로 접으면서 손바닥과 손목이 연결된 부분으로 생지의 끝을 확실히 눌러 봉한다.

20 봉한 이음매가 아래로 가도록 하여 틀에 생지를 넣는다.

○ 이음매가 비틀어지지 않고 틀의 중앙에 들어가도록 넣는다.

최종 발효

21 온도 38℃, 습도 75%의 발효실에서 60분 발효시킨다.

○ 생지의 꼭대기가 틀의 끝부분에 닿을 때까지 충분히 발효시킨다.

소성

22 솔로 달걀물을 바른다(F). 상불 210℃, 하불 230℃의 오븐에서 30분 굽는다.

○ 오븐에서 꺼내 판 위에 틀째로 떨어뜨린 후 바로 틀에서 꺼낸다.

월넛 브레드의 단면

뚜껑을 닫지 않고 굽기 때문에 꼭대기 부분의 크러스트는 두꺼워진다. 구울 때 생지 안의 호두에서 유분이 나와 크럼의 기공은 비교적 커지며, 호두 껍데기에 들어 있는 탄닌으로 인해 전체적으로 약간 적갈색을 띤다.

화이트 브레드와 버라이어티 브레드

미국에서는 식빵 틀에 넣어서 구운 빵은 팬 브레드(pan bread)나 로프 브레드(loaf bread)라고 합니다. 팬은 틀, 로프는 한 덩어리라는 의미로 둘 다 짧고 굵은 막대기 모양으로 성형한 생지를 직사각형의 구이 틀에 넣어서 구운 산형 식빵입니다. 굽기 전의 생지 중량이 1~2파운드(1파운드는 약 454g)인 것이 주를 이룹니다. 그중에서도 크럼이 흰 식빵은 색깔 때문에 단순히 화이트 브레드라고 불립니다.

생지에 잡곡류, 견과류, 건조과일 등의 부재료를 반죽해 넣은 것을 버라이어티 브레드라고 합니다. 기본적으로 화이트 브레드를 변화시킨 것인데, 부재료의 개성을 강조한 그야말로 버라이어티한 빵입니다.

레이즌 브레드 RAISIN BREAD

버라이어티 브레드의 왕은 뭐니 뭐니 해도 레이즌 브레드지요.
약간 리치한 생지에 건포도를 듬뿍 넣은 이 빵은 미국뿐만 아니라 일본에서도 사랑받고
있습니다. 버터와 잘 어울리므로 가득 바르기를 추천합니다.
토스트로 만들면 건포도의 새콤달콤한 맛이 더욱 살아납니다.

제법	발효종법(중종)
재료	3kg(14개 분량)

	배합(%)	분량(g)
● 중종		
강력분	70.0	2100
생이스트	2.5	75
물	42.0	1260
● 본반죽		
강력분	30.0	900
설탕	8.0	240
소금	2.0	60
탈지분유	2.0	60
버터	6.0	180
쇼트닝	4.0	120
달걀노른자	5.0	150
물	24.0	720
캘리포니아 건포도	50.0	1500
합계	245.5	7365

달걀물

중종 믹싱 ·········· 버티컬 믹서
1단 3분 2단 2분
반죽 온도 25℃

발효 ················· 120분 25℃ 75%

본반죽 믹싱 ······· 버티컬 믹서
1단 3분 2단 3분 3단 4분
유지 2단 2분 3단 8분 4단 1분
건포도 2단 1분~
반죽 온도 30℃

발효(플로어타임) · 30분 28~30℃ 75%

분할 ················· 500g
(틀 반죽 비용적 3.4→p.10)

벤치 타임 ·········· 20분

성형 ················· 원로프(1근 틀)

최종 발효 ········· 60분 38℃ 75%

소성 ················· 달걀물 바르기
30분
상불 190℃ 하불 200℃

사전 준비

· 1근 틀에 쇼트닝을 바른다.

· 캘리포니아 건포도는 미지근한 물로 씻은
후 소쿠리에 담아 물기를 뺀다.

중종 믹싱

1 중종의 재료를 믹서 볼에 넣고 1단으로 3분 반죽한다.

○ 재료가 전체적으로 대강 섞이면 된다. 생지의 연결은 약해서 천천히 잡아당겨도 늘어나지 않고 찢어진다.

2 2단으로 2분 반죽한 후 생지의 상태를 확인한다.

○ 재료가 균일하게 섞이고 한 덩어리가 되면 된다. 단단한 생지이므로 잘 늘어나지 않는다.

3 표면이 팽팽해지도록 생지를 다듬어 발효 케이스에 넣는다.

○ 생지가 단단하므로 작업대 위에서 누르면서 둥글려 다듬는다.
○ 최종 반죽 온도 25℃.

발효

4 온도 25℃, 습도 75%의 발효실에서 120분 발효시킨다.

○ 충분히 부풀었음을 확인한다.

본반죽 믹싱

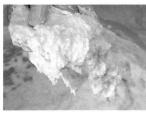

5 버터, 쇼트닝, 캘리포니아 건포도 이외의 본반죽 재료, 4의 중종을 믹서 볼에 넣고 1단으로 3분 반죽한다. 생지의 상태를 확인한다.

○ 재료는 아직 균일하게 섞이지 않았으며 꽤 끈적거린다. 생지는 거의 연결되지 않았다.

6 2단으로 3분 반죽한 후 생지의 일부를 떼어 늘여보며 상태를 확인한다.

○ 재료는 거의 섞였지만, 생지의 연결이 약해서 천천히 잡아당겨도 찢어진다.

7 3단으로 4분 반죽한 후 생지의 상태를 확인한다.

○ 덜 들러붙으며 생지의 연결이 증대되어 늘어나지만 아직 고르지 않다.

8 버터, 쇼트닝을 넣고 2단으로 2분 반죽한 후 생지의 상태를 확인한다.

○ 유지가 들어가 생지의 연결이 약해지고 부드러워진다.

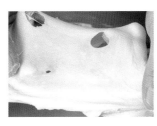

9 3단으로 8분 반죽한 후 생지의 상태를 확인한다.

○ 생지가 다시 연결되고 들러붙지 않는다. 고르지 않은 부분이 있지만 얇게 펴진다.

10 4단으로 1분 반죽한 후 생지의 상태를 확인한다.

○ 생지가 더욱 얇고 고르게 펴진다.

11 캘리포니아 건포도를 넣고 2단으로 섞는다.

○ 전체적으로 골고루 섞이면 믹싱을 종료한다.

12 표면이 팽팽해지도록 생지를 다듬어 발효 케이스에 넣는다.

○ 최종 반죽 온도 30℃.

발효(플로어타임)

13 온도 28~30℃, 습도 75%의 발효실에서 30분 발효시킨다.

○ 손가락 자국이 남을 정도로 충분히 부풀어 있다.

분할 및 둥글리기

둥글리기 전 　둥글린 후

14 생지를 작업대에 꺼내 500g으로 나누어 자른 후 확실히 둥글린다.

15 천을 깐 판 위에 나열한다.

벤치 타임

16 발효할 때와 같은 조건의 발효실에서 20분 휴지시킨다.

○ 생지의 탄력이 없어질 때까지 충분히 휴지시킨다.

성형

17 매끈한 면이 아래로 가도록 생지를 놓은 후 반으로 접고 끝부분을 잡아서 봉한다. 세로로 길게 놓고 밀대를 밀어 가스를 확실히 뺀다.

○ 생지에 힘이 생기지 않도록 가볍게 접어 붙인다.
○ 가스를 확실히 빼기 위해 양면에 밀대를 민다.

18 매끈한 면이 아래로 가도록 하여 생지의 1/3을 접어 누르고, 반대쪽에서도 1/3을 접어 누른다.

19 반대쪽에서 절반으로 접으면서 손바닥과 손목이 연결된 부분으로 생지의 끝을 확실히 눌러 봉한다.

○ 건포도가 표면에 나와 있으면 타기 쉬우므로 나온 것은 안으로 집어넣는다.

20 이음매가 아래로 가도록 하여 틀에 생지를 넣는다.

○ 이음매가 비틀어지지 않고 틀의 중앙에 들어가도록 넣는다.

최종 발효

21 온도 38℃, 습도 75%의 발효실에서 60분 발효시킨다.

○ 생지의 꼭대기가 틀의 끝부분에 닿을 때까지 충분히 발효시킨다.

소성

22 솔로 달걀물을 바른다. 상불 190℃, 하불 200℃의 오븐에서 30분 굽는다.

○ 오븐에서 꺼내 판 위에 틀째로 떨어뜨린 후 바로 틀에서 꺼낸다.

레이즌 브레드의 단면

식빵 중에서는 달걀이나 버터가 비교적 많이 배합된 부드러운 생지이므로, 신장성이 좋고 솟아오른 부분의 크러스트는 얇다. 건포도의 첨가량이 밀가루 대비 50%로 많아서 생지를 압박하므로, 크럼은 비교적 세밀한 기공으로 구성된다.

7

접어 만드는 빵

크루아상 CROISSANT

프랑스어로 초승달이라는 뜻의 크루아상. 크루아상이 탄생한 곳은 빈이라는 설과
부다페스트라는 설이 있는데, 17세기경 오스만제국과의 침략 전쟁에 승리한 것을 기념해
적의 깃발 표시인 초승달 모양의 빵을 만든 것이 기원이라고 합니다. 당시에는 접어 만드는 생지는
아니었는데, 이것이 파리로 전해지고 20세기가 되면서 오늘날의 크루아상이 탄생했습니다.

	배합(%)	분량(g)
제법	스트레이트법	
재료	1kg(48개 분량)	

	배합(%)	분량(g)
프랑스빵용 밀가루	100.0	1000
설탕	10.0	100
소금	2.0	20
탈지분유	2.0	20
버터	10.0	100
생이스트	3.5	35
달걀	5.0	50
물	48.0	480
버터(충전용)	50.0	500
합계	230.5	2305

달걀물

믹싱 ················ 버티컬 믹서
1단 3분 3단 2분
반죽 온도 24℃
발효 ················ 45분 25℃ 75%
냉장 발효 ········ 18시간(±3시간) 5℃
접기 ················ 삼절 접기×3회(1회마다 30분 휴지)
-20℃
성형 ················ 만드는 법 참조
최종 발효 ········ 60~70분 30℃ 70%
소성 ················ 달걀물 바르기
15분
상불 235℃ 하불 180℃

크루아상의 단면

생지를 세 겹으로 말아 성형하므로 같은 간격으로 층이 소용돌이치는 모양을 볼 수 있다. 크럼에 스펀지 상태의 기공은 전혀 보이지 않으며, 크럼과 크러스트의 구별이 없는 것이 특징이다.

믹싱

1 충전용 버터 이외의 재료를 믹서 볼에 넣고 섞은 후 1단으로 반죽한다.

2 3분 반죽한 후 생지의 일부를 떼어 늘여보며 상태를 확인한다.

○ 재료가 전체적으로 대강 섞이면 된다. 생지의 연결은 약하며 들러붙는다. 천천히 잡아당겨도 펴지지 않고 찢어진다.

3 3단으로 2분 반죽한 후 생지의 상태를 확인한다.

○ 재료가 골고루 섞여서 한 덩어리가 되면 된다. 들러붙지 않지만, 단단한 생지여서 잘 늘어나지 않는다.

4 표면이 팽팽해지도록 생지를 다듬어 발효 케이스에 넣는다.

○ 생지가 단단하므로 작업대 위에서 눌러서 둥글리고 다듬는다.
○ 최종 반죽 온도 24℃.

발효

5 온도 25℃, 습도 75%의 발효실에서 45분 발효시킨다.

○ 반죽 온도가 낮고 발효 시간도 짧으므로 그리 많이 부풀지 않는다.

냉장 발효

6 작업대에 생지를 꺼내고 전체를 가볍게 누른 후 비닐로 감싼다.

○ 골고루 차가워지도록 생지의 두께를 일정하게 만든다.

7 온도 5℃의 냉장고에서 18
시간 발효시킨다.

○ 발효 시간은 18시간을 기본으로 하
지만, 15~21시간 내에서 조정 가능
하다.

접기

8 충전용 버터를 차갑고 단단
한 상태로 작업대에 꺼낸다.
덧가루를 뿌리면서 밀대로
두드려 버터의 단단함을 조
절해 정사각형으로 다듬는
다(→p.191 충전용 버터의
성형).

○ 성형할 때 너비 30cm가 조금 넘도
록 버터의 크기를 정한다. 기준은
약 22cm.

9 생지를 작업대에 꺼내 십자
모양으로 밀대를 민다.

○ 생지 중앙 부분의 1/3에 밀대를 밀
고, 90도 회전시켜서 마찬가지로 중
앙 부분의 1/3에 밀대를 민다.

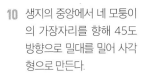

10 생지의 중앙에서 네 모퉁이
의 가장자리를 향해 45도
방향으로 밀대를 밀어 사각
형으로 만든다.

○ 버터보다 한 둘레 커지도록 편다.

11 생지 위에 버터를 45도 어
긋나게 올린다.

12 서로 마주보는 생지를 조금
잡아당기면서 접고, 겹친 부
분을 눌러 붙인다. 나머지
생지도 마찬가지로 접고 겹
친 부분을 붙인다.

13 생지의 끝과 끝을 잡고 봉하
여 버터를 완전히 감싼다.

○ 필요하면 밀대로 전체를 눌러서
파이롤러에 넣을 수 있는 두께로
만든다.

14 파이롤러에 넣어 너비 25
cm, 두께 6~7mm로 편다.

○ 버터가 너무 단단하면 펴는 도중
에 버터가 끊기면서 생지만 있는
부분이 생긴다. 반대로 버터가 너
무 부드러우면 생지에 섞여서 층
이 형성되지 않는다.

15 삼절 접기를 한다. 비닐로
감싼 후 -20℃의 냉동고에
서 30분 휴지시킨다.

○ 모서리를 잘 맞춰서 겹친다.

16 펴는 방향을 이전 작업과
90도 바꾸어 파이롤러에
올린다.

17 다시 두께 6~7mm로 늘인
후 삼절 접기를 한다. 비닐
로 감싼 후 -20℃의 냉동고
에서 30분 휴지시킨다.

18 16과 17을 한 번 더 반복
한다.

○ 삼절 접기를 3회 진행한 시점에서
생지의 너비는 약 28cm이면 된다.

성형

19 18과 펴는 방향을 90도 바꾸어 파이롤러에 넣고 너비 30cm, 두께 3mm로 편다.

○ 펴도 너비 30cm가 되지 않을 것 같다면, 펴기 전에 밀대를 밀어 폭을 만들어준다.
○ 도중에 생지가 너무 부드러워지면 비닐로 감싼 후 -20℃의 냉동고에 넣어 식힌다.

20 작업대에 생지를 가로로 길게 놓고, 끝에서부터 차례차례 생지를 들어 올려 늘어지게 한다.

○ 잘랐을 때 생지가 줄어드는 것을 막기 위한 작업이다.

21 칼로 너비 30cm로 맞춰 자른다. 생지를 절반으로 접어 구분 표시를 한 다음, 너비 15cm로 나누어 자른다.

○ 층이 매끄러워지도록 모든 변을 칼로 자른다. 앞뒤로 움직이면서 자르면 층이 망가지므로 위에서 눌러 자른다.

22 두 장의 생지를 겹친 후, 몸 앞쪽에 10cm 간격으로 표시를 한다. 반대쪽은 앞쪽의 표시보다 5cm 어긋나게 하여 10cm 간격으로 표시한다.

23 몸 앞쪽과 반대쪽의 표시를 이어서 이등변삼각형으로 자른다.

○ 칼을 앞뒤로 움직이면서 자르면 층이 망가지므로 위에서 눌러 자른다.

24 겹친 생지를 한 장씩 나눈다. 밑변이 반대쪽으로 가도록 하고 생지를 몸 앞쪽으로 살짝 잡아당겨 늘인다.

25 반대쪽 생지를 조금 접어서 가볍게 누른다.

26 양손으로 몸 앞쪽을 향해 만다.

○ 층이 눌리므로 가급적 잘린 부분은 건드리지 않고 만다. 느슨하게 말면 볼륨이 생기지 않는다.

27 만 끝부분이 아래로 가도록 하여 오븐 철판에 나열한다.

최종 발효

28 온도 30℃, 습도 70%의 발효실에서 60~70분 발효시킨다.

○ 온도가 너무 높으면 버터가 녹아 나오면서 기름진 빵이 된다.

소성

29 솔로 달걀물을 바른다.

○ 층이 흐트러지지 않도록 솔을 생지를 만 결과 평행하게 움직이며 바른다.

30 상불 235℃, 하불 180℃의 오븐에서 15분 굽는다.

팽 오 쇼콜라 PAIN AU CHOCOLAT

생지로 초콜릿을 말아 만든 팽 오 쇼콜라는 프랑스에서는 드물게 초콜릿을 사용한 빵과자.
바삭한 반죽과 적당하게 녹은 초콜릿의 달콤 쌉쌀한 맛이 절묘한 균형을 이루어
프랑스인들이 사랑하는 빵 중 하나입니다. 불랑주리나 카페는 물론이고, 철도역이나
고속도로 휴게소 등에서도 잘 팔리는 인기상품입니다.

제법	스트레이트법
재료	1kg(45개 분량)
	크루아상과 동일. p.187의 재료란
	참조.

초콜릿(6cm×3cm)	45장
달걀물	

믹싱~접기 ·········	크루아상과 동일.
	p.187의 공정표 참조
성형 ·················	만드는 법 참조
최종 발효 ·········	60~70분 30℃ 70%
소성 ················	달걀물 바르기
	15분
	상불 235℃ 하불 180℃

팽 오 쇼콜라의 단면

크루아상과 같은 생지를 사용하지만, 생지를 몇
겹씩 마는 것이 아니라 초콜릿을 한 겹 감싸는 성
형만 한다. 따라서 층과 층의 간격이 크고 밀도가
성기다.

믹싱~접기

1 크루아상 만드는 법 1~18(→p.187)과 동일하게 진행한다.

성형

2 삼절 접기를 3회 종료한 후에 냉동고에서 휴지시킨 생지를 밀대로 너비 31cm가 될 때까지 편다(A).

   ○ 마지막 삼절 접기를 할 때 편 방향과 같은 방향으로 밀대를 민다.

3 2와 펴는 방향을 90도 바꾸어 파이롤러에 올리고 너비 약 33cm, 두께 4mm로 편다(B).

   ○ 도중에 생지가 너무 부드러워지면 비닐로 감싼 후 -20℃의 냉동고에 넣는다.

4 작업대에 생지를 가로로 길게 놓고, 끝에서부터 차례로 생지를 들어 올려 늘어뜨린다.

   ○ 잘랐을 때 생지가 수축되는 것을 막기 위한 작업이다.

5 칼로 11cm×8cm의 직사각형으로 자른다(C).

   ○ 생지의 너비가 33cm이므로 삼등분하여 11cm의 변으로 만든다. 칼을 앞뒤로 움직이면서 자르면 생지의 층이 망가지므로, 위에서 눌러 자른다.

6 생지 중앙에 초콜릿을 올리고, 생지가 1.5cm 겹치도록 반대편과 몸 앞쪽의 생지를 접는다. 겹친 부분을 눌러 붙인다(D).

   ○ 겹친 부분이 적으면 소성 중에 이음매 부분이 벌어져 초콜릿이 나오기도 한다.

7 겹친 부분이 아래로 가게 하여 오븐 철판에 나열하고(E) 위에서 살짝 누른다(F).

최종 발효

8 온도 30℃, 습도 70%의 발효실에서 60~70분 발효시킨다(G).

   ○ 온도가 너무 높으면 버터가 녹아 나와 기름진 빵이 된다.

소성

9 솔로 달걀물을 바른다(H).

10 상불 235℃, 하불 180℃의 오븐에서 15분 굽는다.

A

B

C

D

E

F

G

H

충전용 버터의 성형

1 차갑고 단단한 상태의 버터를 작업대에 꺼내 덧가루를 뿌리면서 밀대로 두드린다.

2 전체를 골고루 두드린다.

3 어느 정도 늘어나면 접어서 다듬는다.

4 2와 3을 몇 차례 반복하여 버터를 부드럽게 만든다.

5 어느 정도 부드러워지면 두드리거나 늘이면서 정사각형으로 다듬는다.

6 덧가루가 많이 묻어 있으면 브러시로 털어낸다.

* 버터의 표면이 녹기 전에 빠르게 작업한다.
* 버터의 표면과 내부의 단단한 정도가 같고, 차갑지만 구부려도 끊어지지 않는 상태가 좋다. 너무 단단하면 잘 늘어나지 않으므로, 접는 도중에 버터가 끊어져 생지만 남는 부분이 생긴다. 반대로 너무 부드러우면 버터가 생지에 섞여 층이 만들어지지 않는다.

대니시 DANISH

대니시 페이스트리(덴마크의 페이스트리)라는 미국식 명칭이 일본으로 전해져 '대니시'라는 이름으로
정착했습니다. 원래는 빈에서 유럽 각지로 퍼진 빵과자가 훗날 덴마크에서 확립되었고,
그것이 다시 유럽 각지로 번졌다고 해요. 지금처럼 생지의 층이 분명한 대니시는
크루아상과 마찬가지로 20세기 전반에 완성되었습니다.

	배합(%)	분량(g)
제법	스트레이트법	
재료	1kg(4종×각 12개 분량)	

	배합(%)	분량(g)
프랑스빵용 밀가루	100.0	1000
설탕	10.0	100
소금	1.8	18
탈지분유	4.0	40
카다멈(파우더)	0.1	1
버터	8.0	80
생이스트	5.0	50
달걀	10.0	100
물	43.0	430
버터(충전용)	70.0	700
합계	251.9	2519

아몬드 크림(→p.196)	800g
살구(절반으로 자른 것, 통조림)	24조각
서양배(절반으로 자른 것, 통조림)	큰 것 8조각
사워 체리 콩포트(→p.196)	800g
파인애플(통조림)	12개
달걀물	
조린 살구 잼(→p.196), 가루설탕	

믹싱 ·················· 버티컬 믹서
　　　　　　　　1단 3분　3단 2분
　　　　　　　　반죽 온도 24℃
냉장 발효 ·········· 18시간(±3시간)　5℃
접기 ················ 삼절 접기×3회(1회마다 30분 휴지)
　　　　　　　　-20℃
성형 ·················· 만드는 법 참조
최종 발효 ·········· 40분　30℃　70%
소성 ·················· 달걀물 바르기
　　　　　　　　크림, 과일 올리기
　　　　　　　　15분
　　　　　　　　상불 235℃　하불 180℃
마무리 ··············· 살구 잼 바르기

사전 준비
· 살구, 서양배, 파인애플은 물기를 뺀다.

믹싱

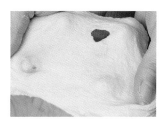

1 충전용 버터 이외의 재료를 믹서 볼에 넣고 1단으로 3분 반죽한다. 생지의 일부를 떼어 늘여보며 상태를 확인한다.

○ 재료가 전체에 대강 섞이면 된다. 생지의 연결은 약하며 들러붙는다. 천천히 잡아당겨도 펴지지 않고 찢어진다.

2 3단으로 2분 반죽한 후 생지의 상태를 확인한다.

○ 재료가 골고루 섞여 한 덩어리가 되면 된다. 들러붙지 않는다. 크루아상만큼 단단한 생지는 아니지만 잘 늘어나지 않는다.

3 표면이 팽팽해지도록 생지를 다듬고, 전체를 가볍게 눌러서 비닐로 감싼다.

○ 생지가 단단하므로 작업대 위에서 눌러 둥글리고 다듬는다.
○ 최종 반죽 온도 24℃.

냉장 발효

4 온도 5℃의 냉장고에서 18시간 발효시킨다.

○ 사박사박한 식감을 중시하므로, 믹싱 후 바로 냉장 발효시킨다.
○ 발효 시간은 18시간을 기본으로 하지만, 15~21시간 내에서 조정 가능하다.

접기

5 충전용 버터를 차갑고 단단한 상태로 작업대에 꺼낸다. 덧가루를 바르면서 밀대로 두드려 버터의 단단함을 조절하여 정사각형으로 다듬는다(→p.191 충전용 버터의 성형).

○ 버터의 크기는 사방 약 24cm를 기준으로 한다.

6 생지를 밀대로 밀어 버터보다 한 둘레 큰 사각형으로 만든다. 버터를 45도 어긋나게 올린 후 생지로 완전히 감싼다.

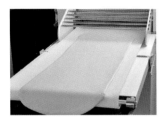

7 파이롤러에 넣어 너비 30cm, 두께 6~7mm로 펴고 삼절 접기를 한다. 비닐로 감싼 후 -20℃의 냉동고에서 30분 휴지시킨다.

8 7을 두 번 반복한다.

○ 생지를 펴는 방향은 그 전과 90도 바꾼다.

성형

9 삼절 접기를 3회 종료한 후 냉동고에서 휴지시킨 생지를 밀대로 폭 34cm가 되도록 편다.

○ 마지막 삼절 접기를 할 때 편 방향과 같은 방향으로 밀대를 민다.

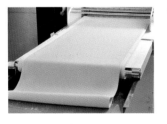

10 9와 펴는 방향을 90도 바꾸어 파이롤러에 넣고 너비 36cm, 두께 3mm로 편다.

○ 도중에 생지가 너무 부드러워지면 비닐로 감싼 후 -20℃의 냉동고에 넣어 식힌다.

11 작업대에 생지를 가로로 길게 놓고, 끝에서부터 차례대로 반죽을 들어 올려 늘어뜨린다.

○ 잘랐을 때 생지가 수축되는 것을 막기 위한 작업이다.

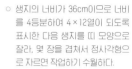

12 칼로 한 변이 9cm인 정사각형으로 자른다.

○ 생지의 너비가 36cm이므로 너비를 4등분하여 4×12열이 되도록 표시한 다음 생지를 띠 모양으로 잘라, 몇 장을 겹쳐서 정사각형으로 자르면 작업하기 수월하다.
○ 칼을 앞뒤로 움직이면서 자르면 생지의 층이 망가지므로 위에서 눌러 자른다.

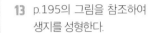

13 p.195의 그림을 참조하여 생지를 성형한다.

○ 사진은 사워 체리 콩포트용으로 성형한 것이다.

14 오븐 철판에 나열한다.

최종 발효

15 온도 30℃, 습도 70%의 발효실에서 40분 발효시킨다.

○ 온도가 너무 높으면 버터가 녹아 나오면서 기름진 빵이 된다.

소성

16 **사워 체리** : 솔로 생지에 달걀물을 바르고 아몬드 크림을 짠 후(오른쪽 사진) 사워 체리 콩포트를 올린다(왼쪽 사진).

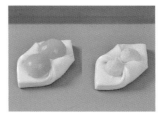

17 **살구** : 솔로 생지에 달걀물을 바르고 아몬드 크림을 짠 후(오른쪽 사진) 살구를 올린다(왼쪽 사진).

18 파인애플 : 솔로 생지에 달 걀물을 바르고 아몬드 크림을 짠 후(오른쪽 사진) 파인애플을 4등분하여 올린다 (왼쪽 그림).

19 서양배 : 솔로 달걀물을 바르고 아몬드 크림을 짠 후 (오른쪽 사진) 서양배를 얇게 썰어 올린다(왼쪽 사진).

20 상불 235℃, 하불 180℃의 오븐에서 15분 굽는다.

마무리

21 식으면 솔로 살구 잼을 바르고 취향에 따라 가루설탕을 뿌린다.

○ 잼은 끓여서 조린 뜨거운 상태로 사용한다.

대니시의 성형

살구용 : 점선을 따라 접고, 생지가 겹친 가운데 부분을 꼭 누른다.

서양배용 : 점선을 따라 접고, 생지가 겹친 가운데 부분을 꼭 누른다.

사워 체리용 : 붉은 선 부분에 칼집을 넣는다. 바깥쪽의 ○가 안쪽 ○에 겹치도록 점선을 따라 접는다. ●도 동일하게 한다. ▲ 부분을 꼭 누른다.

파인애플용 : 붉은 선 부분에 칼집을 넣는다. 바깥쪽의 ○가 안쪽 ○에 겹치도록 접는다. ●도 동일하게 한다. ▲ 부분을 꼭 누른다.

대니시용 아몬드 크림

재료(800g 분량)

달걀노른자	65g
달걀흰자	95g
아몬드파우더	200g
박력분	40g
버터	200g
설탕	200g

1 달걀노른자와 흰자를 섞어 푼다.
2 아몬드파우더와 체에 친 박력분을 섞는다.
3 실온에서 부드럽게 만든 버터를 볼에 넣고 거품기로 저어 매끄럽게 만든다.
4 3에 설탕을 여러 번에 걸쳐 넣으면서 섞는다.
5 1과 2를 조금씩 번갈아 4에 넣으면서 전체가 매끄러워질 때까지 섞는다.

사워 체리 콩포트

재료(800g 분량)

사워 체리(통조림)	500g
통조림 국물	250g
설탕	65g
콘스타치	25g

1 냄비에 사워 체리 통조림의 국물을 넣고, 설탕과 콘스타치를 넣어 섞는다.
2 1의 냄비를 가열한다. 저으면서 끓인다.
3 투명한 느낌이 나고 걸쭉해지기 시작하면 사워 체리를 넣고 얼마간 더 조린다.
4 체리가 뜨거워지면 불을 끄고 사각 용기에 옮겨 식힌다.

* 농도가 묽으면 소성 중에 흘러버린다.

조린 살구 잼

재료

살구 잼	적당량
물	잼의 10%

냄비에 살구 잼과 물을 넣고 섞은 후, 가열하여 저으면서 조린다.

* 스테인리스 대에 잼을 떨어뜨려 식힌 후, 손에 붙지 않는 상태가 되는지를 봐가면서 조리는 정도를 조절한다. 덜 조려지면 상온에서 굳지 않고 대니시에 발라도 표면에 남지 않는다.

8

튀김빵

도넛 DOUGHNUTS

링 도넛과 트위스트 도넛 모두 미국에서 만들어진 아메리칸 도넛의 대표 주자입니다.
원형은 올리코엑(olykoek, 기름진 케이크)이라 불리는 네덜란드의 제사용 튀김 과자
(견과류를 올린 둥근 튀김 과자)였다고 해요. 이름의 유래도 '도우(반죽) 위에 견과류가 올라갔다'는
말 그대로의 설과 '둥근 반죽을 기름으로 튀겨낸 모양이 견과류와 비슷해서'라는 두 가지 설이 유력합니다.

	배합(%)	분량(g)
제법	스트레이트법	
재료	1.5kg(2종×각 30개 분량)	

	배합(%)	분량(g)
강력분	70.0	1050.0
박력분	30.0	450.0
설탕	12.0	180.0
소금	1.2	18.0
탈지분유	4.0	60.0
너트메그(파우더)	0.1	1.5
레몬 껍질(간 것)	0.1	1.5
버터	5.0	75.0
쇼트닝	7.0	105.0
생이스트	4.0	60.0
달걀노른자	8.0	120.0
물	47.0	705.0
합계	188.4	2826.0

바닐라 슈거, 시나몬 슈거, 튀김유

크리밍 ………………	버터, 쇼트닝, 설탕, 소금, 너트메그, 레몬 껍질, 달걀노른자
믹싱 ………………	버티컬 믹서 1단 3분 2단 3분 3단 6분 반죽 온도 28℃
발효 ………………	45분 28~30℃ 75%
성형 ………………	링 : 틀로 찍어내기
최종 발효 …………	링 : 30분 35℃ 70%
분할 ………………	트위스트 : 40g
벤치 타임 …………	트위스트 : 10분
성형 ………………	트위스트 : 막대기 모양 → 트위스트
최종 발효 …………	트위스트 : 40분 35℃ 70%
튀기기 ……………	3분 170℃
마무리 ……………	바닐라 슈거나 시나몬 슈거 버무리기

링 도넛의 단면

밀대로 가볍게 민 생지를 틀로 찍었기 때문에 크러스트는 얇지만 크럼의 기공은 비교적 성기다.

트위스트 도넛의 단면

나머지 생지를 다시 둥글려 막대기 모양으로 늘인 다음 비튼 것이어서, 링에 비해 크럼의 기공은 작다. 반대로 크러스트는 생지의 손상이 커 두꺼운 편이다. 비튼 부분에 단층이 보인다.

크리밍

1 탁상형 믹서의 볼에 버터와 쇼트닝을 넣고, 믹서에 휘퍼를 장착해 부드러워질 때까지 섞는다.

○ 버터와 쇼트닝의 단단한 정도가 다를 때는 더 단단한 것을 먼저 믹서에 돌린다.

2 설탕을 여러 번에 나누어 넣으면서 섞어 공기가 들어가도록 한다.

○ 볼이나 휘퍼에 붙은 생지를 때때로 긁어내면서 골고루 섞는다. 믹서의 바닥 부분은 특히 잘 섞이지 않으므로 주의한다.

3 소금, 너트메그, 레몬 껍질을 넣고 섞는다. 달걀노른자를 여러 번에 나누어 넣으면서 섞어 공기가 확실히 들어가도록 한다.

4 크리밍을 종료한다.

○ 떠보면 뚝뚝 떨어지지 않고 휘퍼 안에 잘 머무르는 상태(→p.160 크리밍의 목적).

믹싱

5 나머지 재료와 4를 버티컬 믹서의 볼에 넣고 1단으로 3분 반죽한다. 생지의 일부를 떼어 늘여보며 상태를 확인한다.

○ 처음부터 유지가 들어가 있어서 상당히 들러붙으며, 늘이려고 해도 쉽게 찢어진다.

6 2단으로 3분 반죽한 후 생지의 상태를 확인한다.

○ 조금 연결되기 시작했으나 아직 들러붙는다.

7 3단으로 6분 반죽한 후 생지의 상태를 확인한다.

○ 들러붙지 않으며 조금 고르지는 않지만 얇게 펴진다.

13 프라이어 망에 나열한다.

8 표면이 팽팽해지도록 생지를 다듬어 발효 케이스에 넣는다.

○ 최종 반죽 온도 28℃.

발효

9 온도 28~30℃, 습도 75%의 발효실에서 45분 발효시킨다.

○ 손가락 자국이 남을 정도로 충분히 부풀어 있다.

성형 – 링

10 판에 천을 깔고 덧가루를 뿌린 후, 생지를 꺼내 밀대로 두께 2cm로 편다. 발효할 때와 같은 조건의 발효실에서 5분 휴지시킨다.

○ 천에 꺼낸 생지는 뒤집어서 매끈한 면을 위로 하여 밀대로 민다.

11 지름 8cm의 원형틀로 찍는다.

○ 생지에 틀을 누른 후 비틀 듯이 빼낸다.

12 중앙부는 지름 3cm의 원형틀로 눌러 링 모양을 만든다.

○ 1개당 무게는 50~55g 정도면 된다.

최종 발효 – 링

14 온도 35℃, 습도 70%의 발효실에서 30분 발효시킨다.

○ 손가락 자국이 남을 정도로 충분히 부풀어 있다.

분할 및 둥글리기 – 트위스트

15 링을 뺀 나머지 생지를 40g으로 나누어 자른다.

○ 가능한 한 큰 생지가 나오도록 나누어 자른다.

16 큰 생지로 작은 생지를 감싸고 매끈한 면이 위로 오도록 손바닥 위에서 둥글린다.

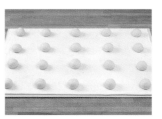

둥글리기 전   둥글린 후

17 둥글리기 전과 둥글린 후의 상태.

18 천을 깐 판 위에 나열한다.

벤치 타임 - 트위스트

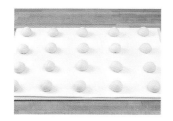

19 발효할 때와 같은 조건의 발효실에서 10분 휴지시킨다.

○ 생지의 탄력이 거의 없어질 때까지 휴지시킨다.

성형 - 트위스트

20 생지를 손바닥으로 눌러 가스를 뺀다. 매끈한 면을 아래로 하여 몸 반대쪽에서부터 1/3을 접고 손바닥과 손목이 연결된 부분으로 생지의 끝을 눌러 붙인다. 방향을 180도 바꾸어 마찬가지로 1/3을 접어 붙인다.

21 몸 반대쪽에서부터 절반으로 접으면서 생지의 끝을 눌러 봉한다.

22 위에서 가볍게 누르면서 굴려 양 끝이 약간 가느다란 길이 20cm의 막대기 모양을 만든다.

23 옆으로 누운 U자 모양이 되도록 생지를 놓는다.

24 생지에 손바닥을 올려 몸 앞쪽으로 굴리면 꼬이면서 트위스트 모양이 된다. 꼬인 양 끝을 잡아서 붙인다.

25 프라이어 망에 나열한다.

최종 발효 - 트위스트

26 온도 35℃, 습도 70%의 발효실에서 40분 발효시킨다.

○ 습도가 너무 높거나 발효 과다인 경우 생지의 표면에 기포가 생기기 쉬우며, 튀겼을 때 그 부분만 부풀어버린다.

튀기기 및 마무리

27 링 도넛 : 170℃의 기름에 3분 튀긴다.

○ 도중에 여러 번 뒤집어 색을 고르게 입힌다.

28 **트위스트 도넛** : 170℃의 기름에 3분 튀긴다.

○ 도중에 여러 번 뒤집어 색을 고르게 입힌다.

29 식으면 링 도넛에는 바닐라 슈거, 트위스트 도넛에는 시나몬 슈거를 버무린다.

Doughnut에서 Donut으로

도넛은 17세기 중반부터 네덜란드인의 이민으로 미국의 뉴잉글랜드나 뉴암스테르담(지금의 뉴욕)에 전해졌습니다. 1809년에는 문호 워싱턴 어빙(Washington Irving)의 저서 『뉴욕사(史)』에서 처음으로 'doughnut'이라는 말로 소개되었습니다. doughnut이 donut으로 변한 것은 1920년의 일입니다. 스퀘어 도넛 컴퍼니 오브 아메리카(Square Donut Company of America)라는 회사가 워싱턴포스트의 8월 5일 자 호에 광고를 내면서 말이지요.

베를리너 크라펜 BERLINER-KRAPFEN

독일의 대표적인 튀김빵입니다. 미국에서는 젤리 도넛이라 불립니다.

원래 제사용 과자였지만 오늘날 대중적인 튀김빵으로 자리매김했습니다.

약간 평평한 공 모양으로 튀긴 후 속에는 취향껏 잼을 짜 넣고 바닐라 슈거를 버무리면 완성됩니다.

	제법	발효종법(안자츠)		
	재료	2kg(95개 분량)		

	배합(%)	분량(g)
●안자츠		
프랑스빵용 밀가루	40.0	800
생이스트	3.5	70
우유	54.0	1080
●본반죽		
프랑스빵용 밀가루	60.0	1200
설탕	10.0	200
소금	1.2	24
레몬 껍질(간 것)	0.1	2
바닐라 에센스		적당량
버터	5.0	100
쇼트닝	5.0	100
달걀노른자	10.0	200
물	2.0	40
합계	190.8	3816
라즈베리 잼		18g/개

바닐라 슈거, 튀김유

안자츠 믹싱 ……… 거품기로 섞기
　　　　　　　　　반죽 온도 26℃
발효 ……………… 40분　28~30℃　75%
본반죽 믹싱 ……… 버티컬 믹서
　　　　　　　　　1단 3분　2단 3분　3단 3분
　　　　　　　　　반죽 온도 28℃
발효 ……………… 60분　28~30℃　75%
분할 …………… 40g
성형 …………… 둥근형
최종 발효 ……… 45분(5분 후에 누르기)
　　　　　　　　　35℃　70%
튀기기 ………… 4분　170℃
마무리 ………… 잼 짜 넣기
　　　　　　　　　바닐라 슈거 버무리기

베를리너 크라펜의 단면
둥근형으로 성형하므로 크럼
의 기공은 약간 성기지만 크
러스트는 생지 표면의 긴장도
가 높으므로 얇아진다.

안자츠 믹싱

1 안자츠 재료를 볼에 넣고 거
품기로 섞는다.

○ 가루에 대한 액체의 비율이 높으므
로 우유는 여러 번에 나누어 넣으면
덩어리지지 않는다.

2 매끄러운 상태가 되면 반죽
완성.

○ 기포가 완전히 없어질 때까지 제대
로 섞는다. 거품기로 들어 올려질
정도로 점도가 생기면 완성.
○ 최종 반죽 온도 26℃.

3 발효 전 상태.

발효

4 온도 28~30℃, 습도 75%의
발효실에서 40분 발효시킨
다.

본반죽 믹싱

5 물을 제외한 본반죽 재료, 4
의 안자츠를 버티컬 믹서의
볼에 넣고 1단으로 반죽한
다. 도중에 남겨둔 물을 넣어
생지의 단단한 정도를 조절
한다.

6 3분 반죽한 후 생지의 일부를 떼어 늘여보며 상태를 확인한다.

○ 처음부터 유지가 들어가므로 끈적임이 강하며 늘이려고 해도 쉽게 찢어진다.

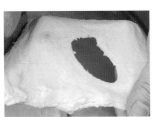

7 2단으로 3분 반죽하고 생지의 상태를 확인한다.

○ 연결은 조금 늘어났지만 아직 끈적이며 그다지 얇게 펴지지 않는다.

8 3단으로 3분 반죽하고 생지의 상태를 확인한다.

○ 끈적임이 없어진다. 약간 고르지는 않지만 얇게 펴진다.

9 표면이 팽팽해지도록 생지를 다듬어 발효 케이스에 넣는다.

○ 최종 반죽 온도 28℃.

발효

10 온도 28~30℃, 습도 75%의 발효실에서 60분 발효시킨다.

○ 손가락 자국이 남을 정도로 충분히 부풀어 있다.

분할

11 생지를 작업대에 꺼내 40g으로 나누어 자른다.

성형

둥글리기 전   둥글린 후

12 생지를 손바닥으로 눌러 가스를 빼고, 매끈한 면이 위로 오도록 잘 둥글린다. 바닥을 잡아 봉한다.

○ 가스를 확실히 빼고 깔끔한 둥근 형으로 만든다.

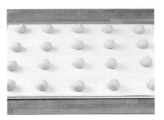

13 이음매를 아래로 가게 하여 천을 깐 판에 나열한다.

최종 발효

14 온도 35℃, 습도 70%의 발효실에서 5분 발효시킨다.

15 생지를 판으로 눌러 평평하게 한다.

○ 생지가 둥글면 튀길 때 위아래가 뒤집어지기 쉬워 불안정하므로 눌러서 원반 모양으로 만든다.

16 프라이어 망에 올린다.

17 같은 조건의 발효실에 다시 넣어 40분 더 발효시킨다.

○ 습도가 너무 높거나 발효 과다인 경우 생지의 표면에 기포가 생기기 쉬우며, 튀기면 그 부분만 부풀어버린다.

튀기기

18 170℃의 기름에 4분 튀긴다.

○ 도중에 여러 차례 뒤집어 색을 고르게 입힌다.

마무리

19 따뜻할 때 생지 측면을 젓가락 등으로 찔러 구멍을 뚫는다.

20 지름 5mm의 원깍지를 끼운 짤주머니에 라즈베리 잼을 넣고 구멍으로 짜 넣는다.

○ 크럼이 따뜻하여 부드러울 때 잼을 짜 넣으면 잘 들어간다.

21 식으면 바닐라 슈거를 버무린다.

안자츠란?

안자츠(Ansatz)는 독일어로 '시작', '계기'라는 뜻입니다. 제과·제빵 업계에서는 스타터라는 의미로 쓰이는 것 같아요. 단, 제법 분류상 안자츠는 발효종에 속하는 액종을 상온에서 단시간 발효시킨 것을 말합니다.
기본적으로 물(또는 우유)과 가루를 1:1의 비율로 섞어야 하는데, 실제로는 물 1.0에 가루 0.8~1.2 내외로 만듭니다. 또 발효 시간이 30분~1시간 정도로 매우 짧으므로 생이스트를 가루 대비 6~8%나 되는 많은 양을 첨가하며 30℃ 전후에서 발효시킵니다.

카레빵

단과자빵과 마찬가지로 일본에서 탄생한 카레빵은 대표적인 조리빵입니다.
메이지시대 후반부터 쇼와시대 초기까지 오랜 세월에 걸쳐 만들어진 튀김빵으로,
구체적인 발안자는 알려지지 않았어요. 카레 필링을 생지로 감싸고, 빵가루를 묻혀 튀긴
카레빵은 당시 유행하던 양식 카레나 커틀릿에서 힌트를 얻었다고도 합니다.
그야말로 양식과 빵의 조화라고 할 수 있습니다.

제법	스트레이트법	
재료	2kg(83개 분량)	

	배합(%)	분량(g)
강력분	80.0	1600
박력분	20.0	400
설탕	10.0	200
소금	1.5	30
탈지분유	4.0	80
쇼트닝	10.0	200
생이스트	3.0	60
달걀노른자	8.0	160
물	52.0	1040
합계	188.5	3770

카레 필링(시판품)	40g/개
빵가루, 튀김유	

믹싱 ·············	버티컬 믹서
	1단 3분 2단 2분 3단 3분
	유지 2단 2분 3단 4분
	반죽 온도 28℃
발효 ·············	50분 28~30℃ 75%
분할 ·············	45g
벤치 타임 ········	15분
성형 ·············	만드는 법 참조
최종 발효 ········	40분 35℃ 70%
튀기기 ···········	3분 170℃

카레빵의 단면

튀기면 생지가 급격히 팽창하므로 필링과 그 위의
생지 사이에 반드시 빈 공간이 생기는데, 이것은
어쩔 수 없다. 윗부분과 아랫부분의 생지 두께가
어느 정도 균등하면 좋다.

믹싱

1 쇼트닝 이외의 재료를 믹서 볼에 넣고 1단으로 반죽한다.

2 3분 반죽한 후 생지의 일부를 떼어 늘여보며 상태를 확인한다.

○ 들러붙으며 연결이 약하고 표면은 거칠다.

3 2단으로 2분 반죽한 후 생지의 상태를 확인한다.

○ 아직 들러붙지만 연결은 늘어났다.

4 3단으로 3분 반죽한 후 생지의 상태를 확인한다.

○ 들러붙지 않으며 조금 얇게 늘어나는데 아직 고르지는 않다.

5 쇼트닝을 넣고 2단으로 2분 반죽한 후 생지의 상태를 확인한다.

○ 유지가 들어가 생지의 연결이 약해진다. 늘이려고 해도 찢어진다.

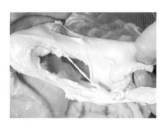

6 3단으로 4분 반죽한 후 생지의 상태를 확인한다.

○ 생지가 다시 연결되며, 얇게 펴지지만 아직 고르지 않은 부분이 있다.

7 표면이 팽팽해지도록 생지를 다듬어 발효 케이스에 넣는다.

○ 최종 반죽 온도 28℃.

발효

8 온도 28~30℃, 습도 75%의 발효실에서 50분 발효시킨다.

○ 손가락 자국이 남을 정도로 충분히 부풀어 있다.

분할 및 둥글리기

9 생지를 작업대에 꺼내 45g으로 나누어 자른다.

10 생지를 확실히 둥글린다.

둥글리기 전   둥글린 후

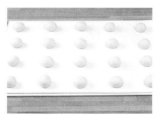

11 천을 깐 판 위에 나열한다.

벤치 타임

12 발효할 때와 같은 조건의 발효실에서 15분 휴지시킨다.

◦ 생지의 탄력이 없어질 때까지 충분히 휴지시킨다.

성형

13 생지를 손바닥으로 눌러 가스를 뺀다.

14 생지의 매끈한 면이 아래로 가도록 하여 손바닥 위에 올린다. 주걱으로 카레 필링을 떠서 생지에 올린다.

◦ 카레 필링은 생지 중앙에 봉긋하게 올린다.

15 손바닥을 오목하게 만들어 필링을 넣는다.

◦ 생지의 가장자리에 필링이 묻으면 봉하기 힘들다. 필링이 적은 경우에는 여기서 추가한다. 필링을 너무 많이 넣거나 세게 넣으면 터질 수 있다.

16 양손의 엄지와 검지로 집고 생지의 끝을 눌러 봉한다.

17 작업대 위에 놓고 양손으로 이음매를 눌러 잘 붙인다.

◦ 제대로 봉해두지 않으면 최종 발효를 할 때나 튀길 때 이음매가 벌어지면서 필링이 기름에 나오게 된다.

18 이음매가 가운데에 오도록 놓고 위에서 눌러 평평하게 만든다.

19 성형한 후 생지의 표면과 뒷면.

20 미지근한 물에 담가 표면을 적신 후 빵가루를 묻힌다.

21 이음매가 아래로 가도록 하여 프라이어 망에 나열한다.

최종 발효

22 온도 35℃, 습도 70%의 발효실에서 40분 발효시킨다.

◦ 손가락 자국이 남을 정도로 충분히 부풀린다.

튀기기

23 170℃의 기름에 3분 튀긴다.

◦ 중간중간 여러 번 뒤집어 색이 고르게 나도록 한다.

9

특수한
빵

브레첼 BREZEL

가늘고 길게 늘인 생지를 팔짱을 낀 듯한 독특한 모양으로 성형하는 이 빵은 팔을 의미하는 말이
어원이라고 합니다. 독일에서는 빵집은 물론이고 비어홀이나 거리의 포장마차형 가게에서도
찾아볼 수 있으며, 술안주나 간식으로 사랑받습니다.
가장 대중적인 것은 라우겐 브레첼(수산화나트륨 용액에 담갔다가 구운 것)입니다.

	배합(%)	분량(g)
제법	스트레이트법	
재료	3kg(80개 분량)	

	배합(%)	분량(g)
프랑스빵용 밀가루	100.0	3000
소금	2.0	60
탈지분유	2.0	60
쇼트닝	3.0	90
생이스트	2.0	60
물	52.0	1560
합계	161.0	4830

라우겐*, 굵은 소금

* 물에 수산화나트륨(가성 소다)을 녹인 알칼리 용액. 3% 용액을 사용한다. 수산화나트
  륨은 극물(劇物)이므로 용액과 더불어 취급에 충분히 주의해야 한다.

믹싱	…………………	스파이럴 믹서
		1단 20분 2단 3분
		반죽 온도 26℃
발효	…………………	30분 28~30℃ 75%
분할	…………………	60g
벤치 타임	…………	15분
성형	…………………	만드는 법 참조
최종 발효	…………	30분 35℃ 70%
소성	…………………	냉각 10분
		라우겐에 담그기
		쿠프 넣고 굵은 소금 뿌리기
		16분
		상불 230℃ 하불 190℃

브레첼의 단면

라우겐에 담갔다가 구우므로 크러스트는 갈색이며 광택이
나는 특징적인 표면을 갖는다. 성형할 때 생지가 꽤 눌리면
서 늘어나므로 크럼의 기공은 대부분 찌그러진 상태이다.

믹싱

1 모든 재료를 믹서 볼에 넣고
1단으로 20분 반죽한다.

2 3분 후의 생지 상태.

○ 재료는 골고루 섞였지만 생지가 덩
어리지지 않았고 표면이 퍼석퍼석
하며 연결이 약하다. 단단하므로 잘
들러붙지는 않는다.

3 10분 후의 생지 상태.

○ 생지가 연결되기 시작하고 표면이
조금 매끄러워진다.

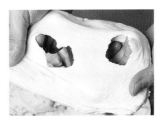

4 20분 반죽한 후 생지의 일부
를 떼어 늘여보며 상태를 확
인한다.

○ 펴지기 시작했지만 얇게 늘이려고
하면 찢어진다.

5 2단으로 3분 반죽한 후 생지
의 상태를 확인한다.

○ 단단하지만 늘어나는 상태가 된다.

6 표면이 팽팽해지도록 생지
를 다듬어 발효 케이스에 넣
는다.

○ 생지가 단단하므로 작업대 위에서
눌러 둥글린다.
○ 최종 반죽 온도 26℃.

발효

7 온도 28~30℃, 습도 75%의 발효실에서 30분 발효시킨다.

○ 생지가 단단하고 발효 시간도 짧아서 그리 많이 부풀지 않는다. 부풀리는 것보다도 생지의 탄력을 없애기 위해 휴지시키는 의미가 강하다.

분할 및 둥글리기

8 생지를 작업대에 꺼내 60g으로 나누어 자른다.

9 생지를 둥글린다.

○ 생지가 단단하므로 작업대에 누르듯이 둥글린다.

둥글리기 전　둥글린 후

10 천을 깐 판 위에 나열한다.

벤치 타임

11 발효할 때와 같은 조건의 발효실에서 15분 휴지시킨다.

○ 생지가 단단하므로 충분히 느슨해져도 손가락 자국이 약간 돌아오는 정도이다.

성형

12 파이롤러에 넣어 타원형(긴지름 15cm×짧은지름 10cm)으로 얇게 편다.

○ 파이롤러를 통과하기 쉽도록 생지는 가볍게 눌러서 넣는다.
○ 생지에 부담을 주지 않도록 두께 3mm와 1.5mm의 설정으로 두 번에 나누어 편다.

13 반대쪽 끝을 조금 접어 가볍게 누른다.

14 접은 부분을 누르고 반대쪽 손으로 생지의 앞부분을 잡아 가볍게 잡아당기면서 편다.

15 위에서 누르면서 몸 앞쪽을 향해 만다.

○ 공기가 들어가지 않도록 제대로 만다.

16 14와 15를 여러 번 반복해 생지를 조이면서 말아 길이 20cm의 막대기 모양으로 만든다.

17 위에서 잘 누르면서 굴려 가운데에서 끝을 향해 서서히 가늘어지도록 길이 55cm로 늘인다.

○ 앞뒤로 굴리면서 양 끝을 향해 늘여간다.

18 생지를 교차시킨다.

소성

23 온도 5℃의 냉장고에 10분 넣어 식힌 후 라우겐에 담근다.

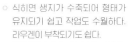

　○ 식히면 생지가 수축되어 형태가 유지되기 쉽고 작업도 수월하다. 라우겐이 부착되기도 쉽다.
　○ 라우겐의 용기는 금속제를 피하고 플라스틱제나 유리제를 사용한다. 작업 중에는 용액뿐만 아니라 용액이 묻은 것도 맨손으로 만지지 않도록 주의한다.

19 교차시킨 부분을 한 번 꼰다.

24 모양을 정리하여 오븐 철판에 나열한다.

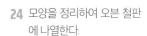

20 생지의 양 끝을 중앙에 가까운 두꺼운 부분에 붙인다.

　○ 손가락으로 잘 눌러 붙인다.

25 두꺼운 부분에 쿠프를 1개 넣고 굵은 소금을 뿌린다.

　○ 생지에 수직으로 4~5mm 깊이의 칼집을 넣는다.

21 모양을 정리하고 천을 깐 판 위에 나열한다.

26 상불 230℃, 히불 190℃의 오븐에서 16분 굽는다.

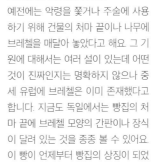

최종 발효

22 온도 35℃, 습도 70%의 발효실에서 30분 발효시킨다.

　○ 생지는 약간 느슨해지지만 많이 부풀지 않는다.

브레첼은 빵집의 상징!?

예전에는 악령을 쫓거나 주술에 사용하기 위해 건물의 처마 끝이나 나무에 브레첼을 매달아 놓았다고 해요. 그 기원에 대해서는 여러 설이 있는데 어떤 것이 진짜인지는 명확하지 않으나 중세 유럽에 브레첼은 이미 존재했다고 합니다. 지금도 독일에서는 빵집의 처마 끝에 브레첼 모양의 간판이나 장식이 달려 있는 것을 종종 볼 수 있어요. 이 빵이 언제부터 빵집의 상징이 되었는지는 알 수 없지만, 어쨌든 그 가게가 빵집이라는 것만은 확실히 알 수 있습니다.

그리시니 GRISSINI

그리시니는 이탈리아 북서부 피에몬테 지방의 조금 색다른 빵으로 가늘고 긴 모양,
바삭하고 가벼운 식감이 특징입니다. 17세기에 토리노의 빵 장인이 병약했던
사보이아가의 왕자(훗날의 비토리오 아메데오 2세)를 위해 의사의 명에 따라 만들면서
시작되었다고 전해지지요. 프랑스 황제 나폴레옹도 좋아했다는 일화가 있습니다.

제법	스트레이트법	
재료	1kg(166개 분량)	

	배합(%)	분량(g)
프랑스빵용 밀가루	50.0	500
듀럼밀가루	50.0	500
설탕	3.5	35
소금	2.0	20
올리브유	5.0	50
생이스트	3.5	35
물	52.0	520
합계	166.0	1660

믹싱	버티컬 믹서
	1단 3분 2단 6분
	반죽 온도 28℃
발효	50분 28~30℃ 75%
분할	10g
벤치 타임	10분
성형	막대기 모양(25cm)
최종 발효	30분 35℃ 70%
소성	12분
	상불 210℃ 하불 180℃
	스팀
	↓
	건조구이 20분
	상불 200℃ 하불 170℃

그리시니의 단면

지름 1.0~1.5cm의 그리시니의 경우 단면은 크러
스트와 크럼의 구별 없이 하나로 되어 있다. 크럼
의 기공이라기보다는 몇 개의 작은 구멍이 뚫려
있는 상태.

믹싱

1 모든 재료를 믹서 볼에 넣고 1단으로 반죽한다.

2 3분 반죽한 후 생지의 일부를 떼어 늘여보며 상태를 확인한다(**A**).

○ 가루 느낌이 사라지고 재료는 골고루 섞였지만 아직 덩어리지지는 않았으며 표면이 퍼석퍼석하고 연결이 약하다. 생지가 단단하므로 잘 들러붙지는 않는다.

3 2단으로 6분 반죽한 후 생지의 상태를 확인한다(**B**).

○ 표면은 매끄러워지고 하나의 덩어리가 되는데 연결은 조금 약하다.

4 표면이 팽팽해지도록 생지를 다듬어 볼에 넣는다(**C**).

○ 최종 반죽 온도 28℃.

발효

5 온도 28~30℃, 습도 75%의 발효실에서 50분 발효시킨다(**D**).

○ 충분히 부풀었음을 확인한다.

분할 및 둥글리기

6 생지를 작업대에 꺼내 10g으로 나누어 자른다.

7 손바닥에 올려 둥글린다.

○ 생지가 단단하고 작으므로 손바닥 위에서 둥글리면 수월하다.

8 천을 깐 판 위에 나열한다.

벤치 타임

9 발효할 때와 같은 조건의 발효실에서 10분 휴지시킨다.

○ 생지의 탄력이 빠질 때까지 충분히 휴지시킨다.

성형

10 생지를 손바닥으로 눌러서 가스를 뺀다.

11 매끈한 면이 아래로 가도록 두어 몸의 반대쪽에서 몸 앞쪽으로 1/3을 접고 손바닥과 손목이 연결된 부분으로 생지의 끝을 눌러서 붙인다.

12 생지의 방향을 180도 바꾸어 마찬가지로 1/3을 접어 붙인다.

13 반대쪽에서 몸 앞쪽으로 절반을 접으면서 생지의 끝을 제대로 눌러 봉한다.

14 위에서 누르면서 굴려 길이 25cm의 막대기 모양으로 만든다(**E**).

○ 생지가 단단하므로 작업대에 누르듯이 굴린다.

15 오븐 철판에 나열한다(**F**).

최종 발효

16 온도 35℃, 습도 70%의 발효실에서 30분 발효시킨다(**G**).

○ 충분히 발효시킨다. 발효가 부족하면 이음매가 터질 수 있다.

소성

17 상불 210℃, 하불 180℃의 오븐에 스팀을 넣고 12분 굽는다.

○ 이 단계에서는 바깥쪽은 딱딱하지만 중심부는 여분의 수분이 남아 있어 부드럽다.

18 꺼내서 다듬은 후 오븐 철판에 넣는다.

19 상불 200℃, 하불 170℃의 오븐에서 20분 건조시킨다(**H**).

○ 골고루 건조되도록 도중에 몇 번 위아래를 바꾸면서 중심까지 잘 건조시킨다.

잉글리시 머핀 ENGLISH MUFFIN

영국에서는 머핀이라고 하면 이것을 떠올리며, 아침 식사에 빠지지 않는 빵입니다.
케이크 타입의 머핀이 대중적인 미국이나 일본에서는 잉글리시 머핀이라는 이름으로 구별하고 있습니다.
한 영국인은 이렇게 말했습니다. "손으로 반을 갈라 울퉁불퉁해진 부분을 토스트했을 때 진정한 머핀을
맛볼 수 있다. 절대로 나이프로 자르는 일은 없기를!"

	배합(%)	분량(g)
제법	스트레이트법	
재료	3kg(95개 분량)	
프랑스빵용 밀가루	100.0	3000
설탕	2.0	60
소금	2.0	60
탈지분유	2.0	60
버터	2.0	60
생이스트	2.0	60
물	80.0	2400
합계	190.0	5700

콘 그리트

믹싱 ·············· 스파이럴 믹서
1단 5분 2단 3분
유지 1단 3분 2단 10분
반죽 온도 26℃
발효 ·············· 80분(40분에 펀치)
28~30℃ 75%
분할 ·············· 60g
성형 ·············· 둥근형
최종 발효 ········· 60분 38℃ 75%
소성 ·············· 물 분무 후 콘 그리트 뿌리기
뚜껑 닫기
18분
상불 190℃ 하불 240℃

사전 준비

· 머핀 틀(지름 10cm)에 쇼트닝을 바르고 콘 그리트를 뿌린다. 틀 뚜껑에도 쇼트닝을 바른다.

잉글리시 머핀의 단면

둥글린 생지를 전용 틀에 넣어서 색이 나지 않게 구우므로, 크러스트는 하얗고 얇다. 크럼은 스펀지케이크의 크럼에 가까우며 세밀한 기공이 골고루 분산되어 있다.

믹싱

1 버터 이외의 재료를 믹서 볼에 넣고 1단으로 반죽한다.

2 5분 반죽한 후 생지의 일부를 떼어 늘여보며 상태를 확인한다(**A**).

○ 매우 부드러운 생지이므로 꽤 들러붙으며 늘이려고 해도 바로 찢어진다.

3 2단으로 3분 반죽한 후 생지의 상태를 확인한다(**B**).

○ 생지가 조금씩 연결되기 시작하지만 아직 들러붙고 펴지지 않는다.

4 버터를 넣고 1단으로 3분 반죽한 후 생지의 상태를 확인한다(**C**).

○ 연결이 약해지고 더 부드러워진다.

5 2단으로 10분 반죽한 후 생지의 상태를 확인한다(**D**).

○ 들러붙지만 얇고 매끄럽게 펴진다.

6 표면이 팽팽해지도록 생지를 다듬어 발효 케이스에 넣는다(**E**).

○ 최종 반죽 온도 26℃.

발효

7 온도 28~30℃, 습도 75%의 발효실에서 40분 발효시킨다.

○ 발효는 조금 빨리 마무리한다. 손가락 자국이 약간 돌아오는 정도면 된다.

펀치

8 생지 전체를 누르고 좌우를 접어 누른 후, 다시 위아래를 접어 누르는 '강한 펀치'(→p.39)를 하여 발효 케이스에 다시 넣는다.

○ 부드러운 생지를 조여서 강하게 만들기 위해 강한 펀치를 진행한다.

발효

9 같은 조건의 발효실에 넣어 40분 더 발효시킨다(**F**).

○ 손가락 자국이 남을 정도로 충분히 부풀어 있다.

분할

10 생지를 작업대에 꺼내 60g으로 나누어 자른다.

성형

11 생지를 손바닥으로 눌러 가스를 빼고, 매끈한 면이 위로 오도록 잘 둥글린다. 바닥 부분을 잡고 봉한다.

○ 가스를 제대로 빼서 매끄러운 둥근형으로 만든다.

12 봉한 이음매가 아래로 가도록 틀에 넣는다 (**G**).

최종 발효

13 온도 38℃, 습도 75%의 발효실에서 60분 발효시킨다.

○ 생지가 틀 용적의 70% 정도까지 도달하면 된다. 발효가 너무 많이 되면 구울 때 뚜껑의 틈으로 생지가 비어져 나오기도 한다.

소성

14 물을 분무한 후 콘 그리트를 표면 전체에 뿌리고 뚜껑을 닫는다(**H**).

15 상불 190℃, 하불 240℃의 오븐에서 18분 굽는다.

○ 오븐에서 꺼낸 후 뚜껑을 열고 판 위에 틀째로 떨어뜨려서 바로 틀과 분리한다.

잉글리시 머핀이란?

영국에서 탄생한 이 머핀은 1949년에 미국에서 개발된 브라운 서브(Brown'N Serve)*의 원형이며, 1960년대에는 브라운 서브와 더불어 미국에서 붐을 일으켰습니다.

일반적인 빵은 200℃ 전후에서 소성하는데, 브라운 서브는 140℃ 전후의 저온에서 소성합니다. 머핀은 뚜껑이 있는 두꺼운 틀에 생지를 넣어서 구우므로, 비교적 고온에서 소성해도 하얗게 구워집니다.

19세기경의 런던에서는 머핀을 넣은 쟁반을 머리에 이고 종을 울리면서 팔러 다니는 '머핀 맨'의 모습을 자주 볼 수 있었다고 해요. 이 머핀 맨은 마더구스의 동요로도 불립니다.

* 착색이 되지 않도록 소성한 다음 냉동 보관했다가, 먹을 때 오븐이나 토스터로 다시 가열해서 갓 구운 느낌을 맛보는 빵.

베이글 BAGEL

베이글은 데친 후에 굽는 색다른 빵으로, 1980년 무렵부터
북미에서 유행하기 시작했습니다. 데쳐서 표면이 끈적거리는 생지를 소성하므로
씹는 맛이 있는 쫀득한 식감으로 완성됩니다. 부재료를 첨가한 베이글도 많으며,
샌드위치로 변형해 다양하게 즐길 수 있습니다.

제법	스트레이트법	
재료	2kg(33개 분량)	

	배합(%)	분량(g)
프랑스빵용 밀가루	80.0	1600
박력분	10.0	200
호밀가루	10.0	200
설탕	3.0	60
소금	2.0	40
생이스트	2.0	40
물	58.0	1160
합계	165.0	3300

몰트엑기스(끓이는 용)	데치는 물의 3%

믹싱	스파이럴 믹서 1단 10분 2단 4분 반죽 온도 26℃
발효	30분 28~30℃ 75%
분할	100g
성형	막대기 모양(20cm) → 링 모양
최종 발효	30분 32℃ 75%
끓이기	2분 90℃
소성	18분 상불 230℃ 하불 190℃

베이글의 단면

데치는 과정에 의해 생지의 표면이 호화하여 크러
스트라기보다는 껍질 같은 상태가 되며 두께도 있
다. 꽤 단단한 생지를 얇게 펴서 막대기 모양으로
성형하므로, 크럼의 기공은 세밀하고 결이 촘촘한
상태가 된다.

믹싱

1 모든 재료를 믹서 볼에 넣고 1단으로 반죽한다.

2 3분 후의 생지 상태.

○ 재료는 골고루 섞여 있지만 덩어리 지지는 않았으며, 표면이 퍼석퍼석 하고 연결이 약하다. 생지가 단단하 므로 덜 들러붙는다.

3 10분 반죽한 후 생지의 일부 를 떼어 늘여보며 상태를 확 인한다.

○ 조금 늘어나게 되는데, 얇게 늘이려 고 하면 찢어진다.

4 2단으로 4분 반죽한 후 생지 의 상태를 확인한다.

○ 생지는 단단하지만 조금 얇게 펴진 다.

5 표면이 팽팽해지도록 생지 를 다듬어 발효 케이스에 넣 는다.

○ 생지가 단단하므로 작업대 위에서 누르면서 둥글리고 다듬는다.
○ 최종 반죽 온도 26℃.

발효

6 온도 28~30℃, 습도 75%의 발효실에서 30분 발효시킨 다.

○ 생지가 단단하고 발효 시간도 짧아 서 그리 많이 부풀지 않는다. 부풀 리기보다는 생지의 탄력을 없애기 위해 휴지시키는 의미가 강하다.

분할

7 생지를 작업대에 꺼내 100g 으로 나누어 자른다.

○ 이후 바로 직사각형으로 늘이기 때 문에 가능한 한 네모나게 분할한다.

성형

8 생지에 밀대를 밀어 가스를 확실히 빼면서 직사각형을 만든다.

9 매끈한 면이 아래로 가도록 하여 세로로 길게 생지를 놓 은 후, 몸의 반대쪽에서 1/3 을 접고 손바닥과 손목이 연 결된 부분으로 생지의 끝을 눌러서 붙인다.

10 몸 앞쪽에서도 마찬가지로 1/3을 접어 붙인다.

11 몸 반대쪽에서 1/3을 접고 손바닥과 손목이 연결된 부 분으로 눌러서 붙인다.

12 다시 몸 반대쪽에서 절반으 로 접으면서 생지의 끝을 잘 눌러 봉한다. 위에서 가 볍게 누르면서 굴려 길이 20cm의 막대기 모양을 만 든다.

13 봉한 이음매가 위로 오도록 놓고 한쪽 끝을 밀대로 얇게 편다.

14 편 부분에 다른 한쪽 끝을 올려 링 모양을 만든다.

○ 링 모양으로 만들 때는 생지의 이음매가 이어지도록 올린다.

15 편 부분으로 다른 한쪽 끝을 감싸고 생지를 잡아서 봉한다.

16 잡아서 생긴 이음매와 원래 생지의 이음매가 일직선이 되도록 한다.

17 이음매가 아래로 가도록 하여 천을 깐 판 위에 나열한다.

최종 발효

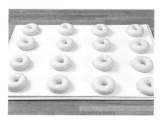

18 온도 32℃, 습도 75%의 발효실에서 30분 발효시킨다.

○ 부풀리기보다는 생지의 탄력을 없애는 의미가 강하다. 단, 발효가 부족하면 끓였을 때 이음매가 벌어진다.

끓이기

19 몰트엑기스를 녹인 90℃의 끓는 물에 넣고 한 면당 1분씩 데친다.

○ 이음매가 위로 오도록 하여 윗부분이 될 면부터 먼저 데치면 구웠을 때 표면이 예쁘다.

데치기 전   데친 후

20 데치면 약간 부풀어 오른다.

○ 식으면 생지가 오므라들면서 단단해지고 구워도 잘 부풀지 않으므로 식기 전에 굽는다.

21 물기를 제거하고 이음매가 아래로 가도록 하여 오븐 철판에 나열한다.

○ 물기는 확실히 없앤다. 몰트엑기스가 들어간 물이므로 물기가 많이 남아 있으면 오븐 철판에 들러붙기 쉽다.

소성

22 상불 230℃, 하불 190℃의 오븐에서 18분 굽는다.

크리스트슈톨렌 CHRISTSTOLLEN

리치한 발효 생지에 건조 과일을 듬뿍 넣어 시간을 들여 구워낸 독일 과자입니다.
그냥 슈톨렌이라고 불리기도 하는데, 본래는 크리스트슈톨렌이라는 이름대로 크리스마스를 기념하는
제사과자입니다. 모양은 포대기에 싸인 어린 예수를 나타낸다고도 하지요.
14~15세기경의 문헌에 이미 등장했을 정도로 오랜 역사를 지니고 있습니다.

제법	발효종법(안자츠)
재료	1.25kg(8개 분량)

	분량(g)
● 안자츠	
프랑스빵용 밀가루	250
생이스트	75
우유	220
● 본반죽	
프랑스빵용 밀가루	1000
로마지팬*	200
설탕	125
소금	12
버터	500
달걀노른자	60
카다멈(파우더)	1
너트메그(파우더)	2
절임 과일	1300
합계	3745

● 절임 과일*	
캘리포니아 건포도, 살타나 건포도	각 500
오렌지 껍질	200
세드라 껍질(없는 경우 레몬 껍질로 대체 가능)	100
바닐라빈	2개
럼주, 그랑마르니에, 브랜디, 셰리	각 적당량
맑은 버터, 바닐라 슈거	

* 로마지팬
  설탕 1 : 아몬드 파우더 2=로마지팬
  설탕 2 : 아몬드 파우더 1= 공예용 마지팬

* 절임 과일 만드는 법 : 건조 과일은 미지근한 물에 대강 씻은 후 물기를 뺀다. 오렌지 껍질과 세드라 껍질은 잘게 썬다. 모든 재료를 합쳐서 2~3개월 동안 절인다. 술은 취향에 맞게 사용하면 된다.

안자츠 믹싱	나무 주걱으로 섞기
	반죽 온도 26℃
발효	40분 28~30℃ 75%
크리밍	로마지팬, 설탕, 소금, 카다멈, 너트메그,
	버터, 달걀노른자
본반죽 믹싱	버티컬 믹서
	1단 3분 2단 3분
	과일 2단 2분~
	반죽 온도 26℃
분할	450g
성형	만드는 법 참조
최종 발효	60분 30℃ 70%
소성	50분(20분에 알루미늄 포일 벗기기)
	상불 210℃ 하불 160℃
마무리	맑은 버터 바르고 바닐라 슈거 버무리기

사전 준비
· 오븐 철판에 알루미늄 포일을 깔고 맑은 버터를 바른다.
· 절임 과일은 소쿠리에 담아서 물기를 확실히 없애고 바닐라빈은 껍질을 제거한다.

크리스트슈톨렌의 단면

부재료가 많이 배합된 생지를 저온에서 장시간 구우므로 크러스트는 꽤 두꺼워진다. 크럼은 생지와 건조 과일의 밀도가 상당히 높으므로 결이 촘촘하다.

안자츠 믹싱

1 안자츠(p.205 참조)의 재료를 볼에 넣고 나무 주걱으로 섞는다.

2 골고루 섞이고 점성이 생기면 반죽 완성.

　○ 가루 느낌이 완전히 사라질 때까지 잘 섞는다. 나무 주걱으로 들어 올려질 정도의 점성이 생기면 완성.
　○ 최종 반죽 온도 26℃.

3 발효 전의 상태.

발효

4 온도 28~30℃, 습도 75%의 발효실에서 40분 발효시킨다.

크리밍

5 탁상용 믹서의 볼에 로마지팬을 찢어 넣고 설탕, 소금, 카다멈, 너트메그를 넣는다.

6 믹서에 휘퍼를 장착하여 로마지팬이 잘아질 때까지 2~3분 섞는다.

7 버터를 여러 번에 걸쳐 넣으면서 섞어 공기가 들어가도록 한다.

　○ 볼이나 휘퍼에 들러붙은 반죽을 떼어내면서 골고루 섞는다. 믹서의 바닥 부분은 특히 잘 섞이지 않으므로 주의한다.

8 달걀노른자를 넣고 다시 섞어 공기가 제대로 들어가게 한다.

9 크리밍 종료.

　○ 반죽을 떠보면 늘어지지 않고 휘퍼 안에 머무르는 상태(→p.160 크리밍의 목적).

본반죽 믹싱

10 프랑스빵용 밀가루, 9, 3의 안자츠를 버티컬 믹서 볼에 넣고 1단으로 반죽한다.

　○ 필요하면 우유(분량 외)로 생지의 단단함을 조절한다.

11 3분 반죽한 후 생지의 일부를 떼어 늘여보며 상태를 확인한다.

　○ 생지는 단단하고 퍼석퍼석하다. 거의 연결되지 않고, 늘이려고 해도 쉽게 찢어진다.

12 2단으로 3분 반죽한 후 생지의 상태를 확인한다.

    ○ 전체가 한 덩어리가 되었고 약간 연결되기 시작했으며 탄력도 있다.

13 절임 과일을 넣고 2단으로 섞는다.

    ○ 전체에 골고루 섞이면 믹싱을 종료한다.
    ○ 최종 반죽 온도 26℃.

분할

14 생지를 작업대에 꺼내 450 g으로 나누어 자른다.

성형

15 생지를 둥글린다.

    ○ 들러붙는 반죽이므로 작업대 위에서 눌러 둥글린다. 생지가 끊어지지 않도록 주의한다.

둥글리기 전   둥글린 후

16 생지의 가운데를 손바닥과 손목이 연결된 부분으로 눌러 움푹 들어가게 한다.

17 몸 앞쪽에서 반대쪽을 향해 반으로 접고, 굴려서 길이 20cm의 막대기 모양으로 만든다.

18 생지가 서로 만나는 부분이 위로 오도록 하여, 양 끝을 남기고 가운데 부분에 밀대를 민다.

    ○ 생지의 연결이 약하므로 너무 얇게 만들면 생지가 끊어질 수 있다.

19 남겨둔 끝과 끝이 조금 어긋나게 겹치도록 생지를 반대쪽에서 접는다.

20 접은 쪽의 뒤쪽에 밀대를 대고 살짝 눌러서 모양을 정리한다.

21 오븐 철판에 올린다.

22 따뜻한 맑은 버터를 솔로 바른다. 생지 전체를 뒤덮듯이 알루미늄 포일을 씌우고 모양을 정리한다.

    ○ 맑은 버터는 따뜻한 것을 준비하여 듬뿍 바른다.

최종 발효

23 온도 30℃, 습도 70%의 발효실에서 60분 발효시킨다.

    ○ 그리 부풀지 않는데, 손가락으로 누른 자국이 남을 정도로 발효되었다.
    ○ 상태를 알아보기 쉽도록 알루미늄을 벗겼지만, 실제로는 끝을 약간 들어 확인한다.

소성

24 상불 210℃, 하불 160℃의 오븐에서 20분 구운 후 알루미늄 포일을 벗긴다.

○ 조심스레 벗기지 않으면 생지가 들러붙어 표면이 망가진다.

25 같은 조건의 오븐에 다시 넣어 30분 더 굽는다.

마무리

26 식기 전에 맑은 버터를 전체에 듬뿍 발라 배어들게 한다.

○ 바닥면에도 바른다.

27 바닐라 슈거를 전체에 버무린다.

슈톨렌의 보관과 먹는 법

슈톨렌은 갓 구운 것보다 며칠에서 몇 주간의 숙성을 거친 것이 더 맛있으므로, 식으면 랩으로 감싸 일주일 정도 두어 맛을 들게 합니다. 서늘하고 어두운 곳이면 한 달 이상 보관할 수 있습니다. 먹을 때는 여분의 바닐라 슈거를 털어내고 전체에 가루설탕을 뿌려서 두께 1cm 정도로 자르는데, 우선은 가운데에서 절반을 자르고 거기서부터 가장자리를 향해 그날 먹을 양만큼만 자릅니다. 남은 것은 자른 부분끼리 밀착시켜 건조되지 않도록 랩으로 잘 감싸둡니다.

알아두면 좋은 슈톨렌의 역사

슈톨렌의 역사는 중세까지 거슬러 올라갑니다. 이미 1329년에 독일 잘레강을 따라 있는 마을 나움부르크의 주교인 하인리히에게 감사의 의미로 구움과자를 바쳤다는 기록이 있습니다. 당시에는 가톨릭 교의에 따라 아드벤트(대강절)의 빵이나 과자에 유제품이나 달걀을 사용하는 것을 금했기 때문에 이 구움과자도 밀가루, 효모, 물로 만들었다고 합니다. 그 모양은 포대기에 싸인 어린 예수를 형상화했다고도 하지요.

독일 울름에 있는 빵 박물관의 전(前) 관장 이레네 크라우스 여사의 저서 『Chronik bildschöner Backwerke』(멋진 구움과자의 연대기)에 '중세의 수도원에서는 밀가루, 효모, 물로 만든 간소한 정진기간용 빵을 구웠다'고 적혀 있으니, 슈톨렌의 원형이 오늘날의 슈톨렌과는 꽤나 달랐음을 짐작할 수 있습니다.

슈톨렌은 15세기 후반에 들어서 드레스덴에서 처음으로 '크리스트 브로트'(그리스도의 빵)라는 이름으로 성 바르톨로메우스 병원의 청구서에 정진기간 중의 구움과자로 등장하였고, 동시에 교황 인노첸시오 8세가 버터 브리프(버터 식용 허가증)로 유명한 서간을 발포하면서 정진기간 중의 유제품 섭취가 허용되었습니다.

그 후 궁정의 과자 장인인 하인리히 드래스도에 의해 반죽에 건과일이나 견과류를 첨가한 오늘날의 크리스마스 축하 과자가 만들어졌다고 전해집니다.

16세기에는 독일에서 가장 오래된 크리스마스 시장인 드레스덴의 슈트리첼마르크트에서 '크리스마스의 그리스도 빵'으로 판매되었어요. 또 1730년에는 작센 선제후 아우구스트가 군사 퍼레이드의 연회를 위해 무게 1.8톤의 슈톨렌을 드레스덴의 빵 조합에 주문하면서 100여 명의 인원이 일주일에 걸쳐 제작한 빵을 1.6m의 칼로 잘라서 나누었다고 합니다.

슈톨렌을 먹는 시기

11월 말부터 약 4주 동안, 크리스마스 전의 아드벤트 기간이 중심이 됩니다. 엄밀히 날짜가 정해진 것이 아니며, 그 시기가 되면 슬슬 슈톨렌을 먹기 시작합니다. 먹는 빈도나 양도 지역과 각 가정에 따라 다르다고 합니다.

선물로도 좋은 슈톨렌

베이커리에 크리스마스 관련 상품이 진열되는 것은 11월 11일의 성마르틴제가 끝나고부터입니다. 그 시기가 되면 가게 안에 크리스마스 장식이 모습을 드러내지요. 그리고 11월 중순, 늦어도 아드벤트가 시작할 무렵에는 슈톨렌이 매장을 가득 채웁니다.

슈톨렌은 일반 빵이나 과자와 달리 일상적이지 않고 계절감이 있는 고가의 과자입니다. 12월에 들어서면 지인이나 친구에게 감사 인사와 함께 종종 선물하기도 해요. 보존하기 쉽고 고급스러운 슈톨렌은 선물로 안성맞춤입니다.

10

사워종
빵

초종 ANSTELLGUT

초종이란 사워종의 근원이 되는 호밀의 젖산발효종을 말하는데, 독일어로는 안슈텔구트(Anstellgut)라고 합니다.
대개 종을 만들기 시작한 후 4~5일에 걸쳐 발효 및 숙성시켜 만들어냅니다.
그 후 이 초종으로 사워종을 만들고, 나아가 본반죽으로 완성시킵니다.

1일째

재료	분량(g)
호밀가루	1000
물	680
호밀가루	1000
합계	2680

믹싱 ·············· 버티컬 믹서
　　　　　　　　 1단 2분　2단 1분
　　　　　　　　 반죽 온도 28~30℃
발효 ·············· 24시간　30℃　75%

믹싱

1 호밀가루 1000g, 물을 믹서 볼에 넣고 1단으로 2분 반죽한다(A).
2 2단으로 1분 반죽한 후 생지의 상태를 확인한다(B).
　○ 최종 반죽 온도 28~30℃.
3 생지를 꺼내 발효 케이스에 넣는다(C).
4 호밀가루 1000g을 뿌린다(D).

발효

5 온도 30℃, 습도 75%의 발효실에서 24시간 발효시킨다(E).

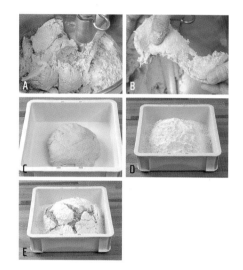

2일째 ①

재료	분량(g)
1일째의 생지	전량
물	1000
합계	3680

믹싱 ·············· 버티컬 믹서
　　　　　　　　 1단 2분　2단 1분
　　　　　　　　 반죽 온도 24~26℃
발효 ·············· 8시간　25℃　75%

믹싱

6 1일째의 생지, 물을 믹서 볼에 넣고 1단으로 2분 반죽한다(F).
7 2단으로 1분 반죽한 후 생지의 상태를 확인한다(G). 발효 케이스에 넣는다(H).
　○ 최종 반죽 온도 24~26℃.

발효

8 온도 25℃, 습도 75%의 발효실에서 8시간 발효시킨다(I).

2일째 ②

재료	분량(g)
2일째 ①의 생지	전량
호밀가루	900
물	200
합계	4780

믹싱 ·············· 버티컬 믹서
　　　　　　　　 1단 2분　2단 1분
　　　　　　　　 반죽 온도 22~24℃
발효 ·············· 16시간　22℃　75%

믹싱

9 2일째 ①의 생지, 호밀가루, 물을 믹서 볼에 넣고 1단으로 2분 반죽한다(J).
10 2단으로 1분 반죽한 후 생지의 상태를 확인한다(K). 발효 케이스에 넣는다(L).
　○ 최종 반죽 온도 22~24℃.

발효

11 온도 22℃, 습도 75%의 발효실에서 16시간 발효시킨다(M).

3일째 ①

재료	분량(g)
2일째 ②의 생지	750
호밀가루	500
물	500
합계	1750

믹싱 ·············· 버티컬 믹서
　　　　　　　1단 2분 2단 1분
　　　　　　　반죽 온도 24~26℃
발효 ·············· 8시간 25℃ 75%

믹싱

12 2일째 ②의 생지 750g, 호밀가루, 물을
　　믹서 볼에 넣고 1단으로 2분 반죽한다
　　(N).

13 2단으로 1분 반죽한 후 생지의 상태를
　　확인한다(O).

○ 최종 반죽 온도 24~26℃.

14 생지를 꺼내 발효 케이스에 넣는다(P).

발효

15 온도 25℃, 습도 75%의 발효실에서 8
　　시간 발효시킨다(Q).

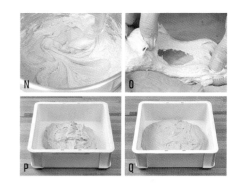

3일째 ②

재료	분량(g)
3일째 ①의 생지	1500
호밀가루	800
물	400
합계	2700

믹싱 ·············· 버티컬 믹서
　　　　　　　1단 2분 2단 1분
　　　　　　　반죽 온도 22~24℃
발효 ·············· 16시간 22℃ 75%

믹싱

16 3일째 ①의 생지 1500g, 호밀가루, 물
　　을 믹서 볼에 넣고 1단으로 2분 반죽한
　　다(R).

17 2단으로 1분 반죽한 후 생지의 상태를
　　확인한다(S).

○ 최종 반죽 온도 22~24℃.

18 생지를 꺼내 발효 케이스에 넣는다(T).

발효

19 온도 22℃, 습도 75%의 발효실에서
　　16시간 발효시킨다(U).

4일째

재료	분량(g)
3일째 ②의 생지	1500
호밀가루	800
물	400
합계	2700

믹싱 ·············· 버티컬 믹서
　　　　　　　1단 2분 2단 1분
　　　　　　　반죽 온도 22~24℃
발효 ·············· 24시간 22℃ 75%

믹싱

20 3일째 ②의 생지 1500g, 호밀가루, 물
　　을 믹서 볼에 넣고 1단으로 2분 반죽한
　　다(V).

21 2단으로 1분 반죽한 후 생지의 상태를
　　확인한다(W).

○ 최종 반죽 온도 22~24℃.

22 생지를 꺼내 발효 케이스에 넣는다(X).

발효

23 온도 22℃, 습도 75%의 발효실에서
　　24시간 발효시킨다(Y).

5·6일째

재료	분량(g)
전날의 생지	1500
호밀가루	800
물	400
합계	2700

믹싱 ············· 버티컬 믹서
　　　　　　1단 2분　2단 1분
　　　　　　반죽 온도 22~24℃
발효 ············· 24시간　22℃　75%

믹싱

24 전날의 생지 1500g, 호밀가루, 물을 믹서 볼에 넣고 1단으로 2분 반죽한다.

25 2단으로 1분 반죽한 후 생지의 상태를 확인한다.

○ 최종 반죽 온도 22~24℃.

26 생지를 꺼내 발효 케이스에 넣는다.

발효

27 온도 22℃, 습도 75%의 발효실에서 24시간 발효시킨다. 사진 **Z**는 5일째의 발효 종료 시의 모습이다.

초종 만들기의 포인트

믹싱
호밀은 글루텐을 형성하지 않으므로 믹싱은 전체 공정에 있어 재료가 골고루 섞이면 종료한다. 생지는 매우 끈적거린다.

1일째
반죽된 생지에 호밀가루를 뿌리는 것은 표면이 건조되는 것을 막기 위해서다. 표면에 생기는 균열을 보면 생지가 얼마나 부풀었는지 확인할 수 있다.

2~3일째
효모의 증식이 주목적이다. 산소가 필요하므로 하루 두 번의 계종 작업을 진행한다. 작업성을 고려해 1회째의 발효는 8시간, 2회째의 발효는 오버나이트로 16시간. 1회째는 2회째보다도 단시간이므로 물을 많이 하여 부드럽게 만들고 반죽 온도, 발효 온도 모두 높게 설정한다.

4일째
산(酸)을 생성하는 것이 주목적이므로 하루 한 번의 계종 작업을 하면 된다. 4일째의 종료 시점에서 초종으로 사용할 수 있는데 산의 숙성이 덜 되었으므로 톡 쏘는 산미를 가진 빵이 되기 쉽다.

5~6일째
계종 작업을 더 진행하면 부드러운 산미와 좋은 향을 가진 초종이 된다. 향기로 종의 완성을 판단한다.

주의할 점
초종 만들기의 중요 포인트는 모든 공정에서 온도 관리를 적절히 해야 한다는 것이다. 온도를 적절히 관리하지 못하거나 계종 작업을 게을리 하면 종의 색깔이 중간에 갈색으로 변한다. 갈색으로 변한 종은 향이 나쁘고 산미도 너무 강해서 사용할 수 없다.

초종 보관하기

초종 만들기를 처음부터 다 하려고 하면 제작 도중에 일부를 폐기하거나, 완성된 초종도 다음 종에 겨우 조금밖에 사용하지 못하는 경우가 생긴다. 낭비를 줄이기 위해 사용할 분량만큼 만들 수 있다면 좋겠지만 일정한 양이 없으면 종이 안정되지 않아 발효와 숙성이 제대로 되지 않는다. 이는 미생물의 세계에서는 흔한 일로, 수(數)의 원리나 대사 시 축열 등의 여러 요소가 얽혀 있다. 대량으로 만들어진 초종은 다음의 방법으로 보관할 수 있다.

· **며칠간의 보관** : 냉장 보관(5℃)하며, 상온으로 만들어 사용한다.
· **1~2주일간의 보관** : 냉동 보관(-20℃)하며, 상온 해동하여 사용한다.
· **한 달 정도의 보관** : 호밀가루를 넣어 단단하게 만든 다음 소보로 상태로 주물러서 풀어준다. 이것을 상온의 바람이 잘 통하는 곳에서 버석버석해질 때까지 건조시킨 후 그늘지고 서늘한 곳에서 보관한다. 물을 넣어 부드럽게 다시 반죽하여 사용한다.

로겐미슈브로트 ROGGENMISCHBROT

미슈브로트는 기본적으로 호밀가루와 밀가루의 양을 똑같이 섞어서 만든 빵인데,
로겐(호밀)이 앞에 붙으면 호밀가루의 비율이 높은 빵이라고 해석합니다.
호밀가루가 많아지면 크럼의 기공이 더 세밀해지고, 식감이 묵직하며 촉촉한 느낌의 빵이
만들어집니다.

제법	발효종법(사워종)
재료	5kg(9개 분량)

	분량(g)
● 사워종	
호밀가루	1200
초종(→p.228)	120
물	960
합계	**2280**
● 본반죽	
프랑스빵용 밀가루	2000
호밀가루	1800
사워종	2160
소금	90
생이스트	70
물	2640
합계	**8760**

호밀가루

사워종 믹싱 ········	버티컬 믹서
	1단 2분 2단 1분
	반죽 온도 25℃
발효 ··················	18시간(±3시간)
	22~25℃ 75%
본반죽 믹싱 ········	스파이럴 믹서
	1단 5분
	반죽 온도 28℃
발효(플로어타임) ··	5분 28~30℃ 75%
분할 ··················	950g
성형 ··················	막대기 모양(35cm)
최종 발효 ·········	60분 32℃ 70%
소성 ·················	쿠프 넣기
	45분
	상불 230℃ 하불 230℃
	스팀(5분 후에 5분 동안 빼기)

사전 준비

· 박코르프(Backkorb, 구경 : 긴지름 37cm×짧은 지름 14cm)에 호밀가루를 뿌린다.

사워종 믹싱

1 사워종의 재료를 믹서 볼에 넣고 1단으로 2분 반죽한다.

○ 재료가 대강 섞인 상태. 끈적거린다.

2 2단으로 1분 반죽한 후 생지의 상태를 확인한다.

○ 재료는 골고루 섞여 있다. 끈적이며 연결되지 않은 상태.

3 생지를 발효 케이스에 넣어 다듬는다.

○ 발효 케이스 안에서 가볍게 한 덩어리로 만든다.
○ 최종 반죽 온도 25℃.

발효

4 온도 22~25℃, 습도 75%의 발효실에서 18시간 발효시킨다.

○ 생지는 충분히 부풀어 있지만, 거의 연결이 되지 않았으며 끈적거린다.
○ 발효 시간은 18시간을 기본으로 하지만 15~21시간 내에서 조절 가능하다.

본반죽 믹싱

5 본반죽의 재료를 믹서 볼에 넣고 1단으로 5분 반죽한다. 생지의 일부를 떼어 늘여보며 생지의 상태를 확인한다.

○ 생지의 연결은 매우 약하며 끈적거린다. 천천히 잡아당겨도 찢어진다.

6 호밀가루를 뿌린 판에 올린다.

○ 최종 반죽 온도 28℃.

발효(플로어타임)

7 온도 28~30℃, 습도 75%의 발효실에서 5분 휴지시킨다.

○ 부풀지는 않았지만 덜 들러붙는다.

분할 및 둥글리기

8 생지를 950g으로 나누어 자른다. 작업대에 덧가루를 뿌리고 한 손으로 생지를 받치면서 반대쪽에서 중심을 향해 생지를 접어 누른다.

9 생지 전체를 조금씩 회전시키면서 생지를 몸 앞쪽으로 접는 작업을 반복한다. 표면이 팽팽해지도록 누르면서 둥글린다.

10 둥글리기 전과 둥글린 후의 상태.

 둥글리기 전   둥글린 후

성형

11 매끈한 면이 아래로 가도록 놓고, 손바닥을 세워서 생지의 가운데를 눌러 움푹 들어가게 한다.

12 왼쪽에서 1/3을 접는다.

13 손바닥을 세워서 끝을 누른다.

14 접은 쪽이 몸의 반대쪽으로 가도록 생지를 90도 회전시킨 후 끝을 잘 누른다.

15 반대쪽에서 반으로 접고 손바닥과 손목이 연결된 부분으로 생지의 끝을 확실히 눌러서 봉한다.

○ 빠르고 세게 누르면 생지가 끊어지기 쉬우므로 천천히 누른다.

16 위에서 가볍게 누르면서 굴려 길이 35cm의 막대기 모양으로 만든다.

17 봉한 이음매 부분이 위로 오도록 박코르프에 넣는다.

○ 생지의 양 끝을 잡고 가운데 부분부터 넣는다. 박코르프는 가루가 떨어지기 쉬우므로 손이 닿지 않도록 주의한다.

18 최종 발효 전의 상태.

최종 발효

19 온도 32℃, 습도 70%의 발효실에서 60분 발효시킨다.

○ 습도가 너무 높으면 생지가 박코르프에 들러붙기 쉽다.
○ 충분히 발효시키지 않으면 구울 때 생지가 터져버린다.

소성

20 박코르프를 뒤집어 생지를 슬립벨트로 옮긴다.

○ 박코르프에 생지가 붙어 있지 않은지 주의하면서 떼어낸다. 붙어 있는 경우에는 박코르프를 약간 흔들어 생지를 분리한다.

21 쿠프를 넣는다.

○ 생지에 나이프로 수직 5mm 깊이의 칼집을 넣는다.

22 상불 230℃, 하불 230℃의 오븐에 스팀을 넣고 45분 굽는다. 5분이 지났을 때 댐퍼를 5분 동안 열어 스팀을 뺀다.

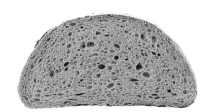

로겐미슈브로트의 단면
호밀가루가 많이 배합되어 생지의 힘이 약하므로, 박코르프에 넣어 최종 발효를 해도 약간 평평한 반달 모양의 단면이 만들어진다. 크러스트는 두꺼운 편이며, 크럼은 약간 가로로 긴 타원형의 기공이 섞여 있다.

바이첸미슈브로트 WEIZENMISCHBROT

독일어로 밀을 뜻하는 바이첸이 앞에 붙은 바이첸미슈브로트는
229쪽의 로겐미슈브로트와는 반대로 호밀가루보다 밀가루가 더 많이 배합된 빵입니다.
밀가루의 비율이 높아지면 크럼의 기공이 더 커지며 가벼운 식감의 잘 씹히는 빵이 됩니다.

| 제법 | 발효종법(사워종) |
| 재료 | 5kg(11개 분량) |

	분량(g)
● 사워종	
호밀가루	800
초종(→p.228)	80
물	640
합계	1520
● 본반죽	
프랑스빵용 밀가루	3500
호밀가루	700
사워종	1440
소금	90
생이스트	90
물	2760
합계	8580

호밀가루

사워종 믹싱	버티컬 믹서
	1단 2분 2단 1분
	반죽 온도 25℃
발효	18시간(±3시간)
	22~25℃ 75%
본반죽 믹싱	스파이럴 믹서
	1단 5분 2단 2분
	반죽 온도 28℃
발효(플로어타임)	10분 28~30℃ 75%
분할	750g
벤치 타임	10분
성형	막대기 모양(35cm)
최종 발효	60분 32℃ 70%
소성	쿠프 넣기
	40분
	상불 230℃ 하불 220℃
	스팀(5분 후에 5분 동안 빼기)

사전 준비
· 박코르프(구경 : 긴지름 37cm×짧은 지름 14cm)에 호밀가루를 뿌린다.

사워종
1 로겐미슈브로트 만드는 법 1~4(→p.232)를 참조하여 사워종을 만든다.

본반죽 믹싱
2 본반죽의 재료를 믹서 볼에 넣고 1단으로 반죽한다.

3 5분 반죽한 후 생지의 일부를 떼어 늘여보며 상태를 확인한다(**A**).
○ 재료는 골고루 섞였지만 끈적거린다.

4 2단으로 2분 반죽한 후 생지의 상태를 확인한다(**B**).
○ 생지의 연결은 약하고 조금 끈적거리지만, 천천히 잡아당기면 조금 늘어난다.

5 호밀가루를 뿌린 판에 올린다(**C**).
○ 최종 반죽 온도 28℃.

발효(플로어타임)
6 온도 28~30℃, 습도 75%의 발효실에서 10분 휴지시킨다(**D**).
○ 조금 부풀었으며 들러붙지 않는다.

분할 및 둥글리기
7 생지를 750g으로 나누어 자른다.

8 작업대에 덧가루를 뿌린다. 한 손으로 생지를 받치면서 반대쪽에서 중심을 향해 생지를 접어서 누른다.

9 생지 전체를 조금씩 회전시키면서 8의 작업을 반복하며, 표면이 팽팽해지도록 눌러 둥글린다(**E**).

10 천을 깐 판 위에 나열한다.

둥글리기 전 / 둥글린 후

벤치 타임

11 발효할 때와 같은 조건의 발효실에서 10분 휴지시킨다.

　○ 생지의 탄력이 빠질 때까지 휴지시킨다.

성형

12 매끈한 면이 아래로 가도록 놓고, 손바닥을 세워서 생지의 가운데를 눌러 움푹 들어가게 한다.

13 왼쪽에서 1/3을 접고 손바닥을 세워서 끝을 누른다.

14 접은 쪽이 몸 반대쪽이 되도록 생지를 90도 회전시킨 후 끝을 잘 누른다.

15 반대쪽에서 반으로 접고 손바닥과 손목이 연결된 부분으로 생지의 끝을 확실히 눌러서 봉한다.

　○ 빠르고 세게 누르면 생지가 끊어지기 쉬우므로 천천히 누른다.

16 위에서 가볍게 누르면서 굴려 길이 35cm의 막대기 모양으로 만든다.

17 봉한 이음매가 위로 오도록 박코르프에 넣는다(**F**).

　○ 생지의 양 끝을 잡고 가운데 부분부터 넣는다. 박코르프는 가루가 떨어지기 쉬우므로 손이 닿지 않도록 주의한다.

최종 발효

18 온도 32℃, 습도 70%의 발효실에서 60분 발효시킨다(**G**).

　○ 습도가 너무 높으면 반죽이 박코르프에 들러붙기 쉽다.
　○ 충분히 발효시키지 않으면 구울 때 생지가 터져버린다.

소성

19 박코르프를 뒤집어 생지를 슬립벨트에 옮긴다.

　○ 박코르프에 생지가 붙어 있지 않은지 주의하면서 떼어낸다. 붙어 있는 경우에는 박코르프를 가볍게 흔들어 생지를 분리한다.

20 쿠프를 넣는다(**H**).

　○ 나이프로 생지에 수직으로 5mm 깊이의 칼집을 넣는다.

21 상불 230℃, 하불 220℃의 오븐에 스팀을 넣고 40분 굽는다. 5분이 지났을 때 댐퍼를 5분 동안 열어 스팀을 뺀다.

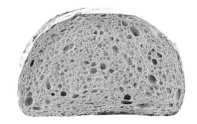

바이첸미슈브로트의 단면

밀가루를 많이 배합하므로 로겐미슈브로트(→p.231)에 비해 약간 부푼 반달 모양의 단면이 만들어진다. 소성 시간이 길기 때문에 크러스트는 두꺼워지지만 볼륨은 있다. 크럼은 원형부터 세로로 긴 타원형의 기공까지 다양하게 존재한다.

베를리너 란드브로트 BERLINER-LANDBROT

독일어로 '베를린풍의 시골빵'이라는 이름의 대형 빵으로, 로겐미슈브로트의 일종입니다.
평평한 타원형의 모양을 하고 있으며 표면의 갈라진 모양이 특징입니다.
촉촉하고 쫀득한 식감의 빵으로, 조금 얇게 슬라이스해서 짠맛이 나는 햄이나
소시지 등을 끼워 샌드위치로 만들어 먹는 경우가 많다고 해요.

제법	발효종법(사워종)
재료	5kg(7개 분량)

	분량(g)
● 사워종	
호밀가루	1600
초종(→p.228)	160
물	1280
합계	3040
● 본반죽	
프랑스빵용 밀가루	1000
호밀가루	2400
사워종	2880
소금	90
생이스트	60
물	2320
합계	8750

호밀가루

사워종 믹싱 ········	버티컬 믹서
	1단 2분 2단 1분
	반죽 온도 25℃
발효 ·················	18시간(±3시간)
	22~25℃ 75%
본반죽 믹싱 ········	스파이럴 믹서
	1단 5분
	반죽 온도 28℃
분할 ···············	1200g
성형 ···············	막대기 모양(35cm)
최종 발효 ··········	60분(40분에 슬립벨트로 옮기기)
	32℃ 70%
소성 ···············	50분
	상불 230℃ 하불 235℃
	스팀(5분 후에 5분 동안 빼기)

사워종

1 로겐미슈브로트 만드는 법 1~4(→p.232)를 참조하여 사워종을 만든다.

본반죽 믹싱

2 본반죽의 재료를 믹서 볼에 넣고 1단으로 반죽한다.

3 5분 반죽한 후 생지의 상태를 확인한다(A).

○ 생지의 연결은 매우 약하며 상당히 끈적거린다. 천천히 잡아당겨도 찢어진다.

4 호밀가루를 뿌린 판에 올린다(B).

○ 최종 반죽 온도 28℃.

분할 및 둥글리기

5 생지를 1200g으로 나누어 자른다.

6 작업대에 덧가루를 뿌리고, 한 손으로 생지를 받치면서 반대쪽에서 중심을 향해 생지를 접어 누른다.

7 생지 전체를 조금씩 회전시키면서 6의 작업을 반복하고, 표면이 팽팽해지도록 눌러서 둥글린다(C).

성형

8 매끈한 면이 아래로 가도록 놓고 손바닥을 세워서 생지의 가운데를 눌러 움푹 들어가게 한다.

9 왼쪽에서 1/3을 접고 손바닥을 세워서 끝을 누른다.

10 접은 쪽이 반대쪽이 되도록 생지를 90도 회전시킨 후 끝을 잘 누른다.

11 반대쪽에서 반으로 접고 손바닥과 손목이 연결된 부분으로 생지의 끝을 확실히 눌러서 봉한다.

○ 빠르고 세게 누르면 생지가 끊어지기 쉬우므로 천천히 누른다.

12 위에서 가볍게 누르면서 굴려 길이 35cm의 막대기 모양으로 만든다.

13 판에 천을 깔고 호밀가루를 뿌린 후, 천 주름을 잡으면서 봉한 이음매가 아래로 가도록 하여 나열한다.

14 호밀가루를 뿌린다(D). 사진 E는 최종 발효 전의 상태.

○ 생지가 보이지 않을 정도로 표면 전체에 호밀가루를 뿌린다. 이 가루가 특징적인 모양을 만든다.

최종 발효

15 온도 32℃, 습도 70%의 발효실에서 40분 발효시킨다(F).

16 판을 이용해 슬립벨트로 옮긴다(G).

17 그대로 실온에 20분 둔다(H).

○ 발효실에서 꺼내 표면을 약간 말리면 모양이 제대로 나온다.
○ 충분히 발효시키지 않으면 구울 때 생지가 터져버린다.

소성

18 상불 230℃, 하불 235℃의 오븐에 스팀을 넣고 50분 굽는다. 5분이 지났을 때 댐퍼를 5분 동안 열어 스팀을 뺀다.

A

B

둥글리기 전   둥글린 후
C

D

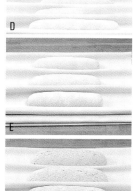
E

F

G

H

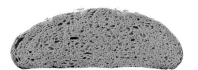

베를리나 란드브로트의 단면

1시간 가까이 구우므로 당연히 크러스트는 두꺼워진다. 또 빵의 성질상 볼륨을 한정시키기 때문에 크럼의 기공은 작으며 약간 가로로 긴 타원형이 되는 것이 특징으로, 결이 촘촘한 스펀지 상태가 된다.

요거트브로트 JOGHURTBROT

바이첸미슈브로트의 생지에 10~15%의 요거트를 직접 반죽해 넣어 만든 호밀빵입니다.
요거트는 호밀이나 사워종과의 궁합이 매우 좋으며, 고소한 크러스트와 부드럽고도 산뜻한 산미가
특징입니다. 산미를 잘 조절한 요거트브로트는 호밀빵 중에서도
신맛을 좋아하는 독일인들의 걸작 중 하나입니다.

	분량(g)
제법	발효종법(사워종)
재료	5kg(14개 분량)

● 사워종	
호밀가루	800
초종(→p.228)	80
물	640
합계	**1520**

● 본반죽	
프랑스빵용 밀가루	3500
호밀가루	700
사워종	1440
소금	90
생이스트	80
물	2250
플레인 요거트	750
합계	**8810**

호밀가루

사워종 믹싱 ········	버티컬 믹서
	1단 2분 2단 1분
	반죽 온도 25℃
발효 ·················	18시간(±3시간)
	22~25℃ 75%
본반죽 믹싱 ········	스파이럴 믹서
	1단 5분 2단 2분
	반죽 온도 28℃
발효(플로어타임) ··	10분 28~30℃ 75%
분할 ·················	600g
벤치 타임 ··········	10분
성형 ·················	타원형
최종 발효 ··········	60분 32℃ 70%
소성 ·················	쿠프 넣기
	40분
	상불 230℃ 하불 220℃
	스팀(5분 후에 5분 동안 빼기)

사전 준비

· 박코르프(구경 : 긴지름 24cm×짧은 지름
  16cm)에 호밀가루를 뿌린다.

사워종

1 로겐미슈브로트 만드는 법 1~4(→p.232)를
  참조하여 사워종을 만든다.

본반죽 믹싱

2 본반죽의 재료를 믹서 볼에 넣고 1단으로 반
  죽한다.

3 5분 반죽한 후 생지의 일부를 떼어 늘여보며
  상태를 확인한다(**A**).
  ○ 재료는 골고루 섞여 있지만 꽤 끈적거린다.

4 2단으로 2분 반죽한 후 생지의 상태를 확인
  한다(**B**).
  ○ 생지의 연결은 약하고 아직 끈적거리지만, 천천히 잡아
    당기면 조금 늘어난다.

5 호밀가루를 뿌린 판에 올린다.
  ○ 최종 반죽 온도 28℃.

발효(플로어타임)

6 온도 28~30℃, 습도 75%의 발효실에서 10
  분 휴지시킨다.
  ○ 조금 부풀었으며, 들러붙지 않는다.

분할 및 둥글리기

7 생지를 600g으로 나누어 자른다.

8 작업대에 덧가루를 뿌리고, 한 손으로 생지
  를 받치면서 반대쪽에서 중심을 향해 생지를
  접어 누른다.

9 생지 전체를 조금씩 회전시키면서 8의 작업
  을 반복하고 표면이 팽팽해지도록 눌러 둥글
  린다.

10 천을 깐 판 위에 나열한다.

벤치 타임

11 발효할 때와 같은 조건의 발효실에서 10분 휴지시킨다.

○ 생지의 탄력이 빠질 때까지 휴지시킨다.

성형

12 생지의 표면이 팽팽해지도록 눌러서 둥글린다.

13 매끈한 면이 아래로 가도록 놓고 손바닥을 세워서 생지의 가운데를 눌러 움푹 들어가게 한다(C).

14 왼쪽에서 반으로 접고, 손바닥을 세워서 생지의 끝을 확실히 눌러 봉한다(D).

○ 빠르고 세게 누르면 생지가 끊어지기 쉬우므로 천천히 누른다.

15 봉한 이음매가 위로 오도록 박코르프에 넣는다(E).

○ 박코르프는 가루가 떨어지기 쉬우므로 손이 닿지 않도록 주의한다.

최종 발효

16 온도 32℃, 습도 70%의 발효실에서 60분 발효시킨다(F).

○ 습도가 너무 높으면 생지가 박코르프에 들러붙기 쉽다.
○ 충분히 발효시키지 않으면 구울 때 생지가 터져버린다.

소성

17 박코르프를 뒤집어 생지를 슬립벨트로 옮긴다.

○ 박코르프에 생지가 붙어 있지 않은지 주의하면서 떼어낸다. 붙어 있는 경우에는 박코르프를 살짝 흔들어 생지를 분리한다.

18 쿠프를 넣는다(G).

○ 나이프로 생지에 수직 5mm 깊이의 칼집을 넣는다.

19 상불 230℃, 하불 220℃의 오븐에 스팀을 넣고 40분 굽는다. 5분이 지났을 때 댐퍼를 5분 동안 열어 스팀을 뺀다.

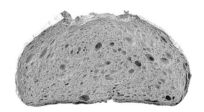

요거트브로트의 단면

밀가루가 많이 배합되고 반죽 표면의 중앙에 칼집을 넣어 굽기 때문에 단면은 가로로 넓은 베개 모양이 된다. 소성 시간이 길어서 크러스트가 두껍다. 크럼은 가로로 긴 크고 작은 기공이 섞여 있다.

자가제
효모종
빵

건포도종

건포도종은 먼저 건포도와 물을 섞어서 배양액을 만든 다음(종 만들기),
거기에 밀가루를 넣고 생지를 반죽해(종 잇기) 반죽종으로 만드는 것이 일반적입니다.
오래전부터 와인 주조에 이용되어 온 포도는 효모(이스트)가 많이 붙어 있어 발효력이 강합니다.
포도를 말린 건포도는 자가제 효모의 종을 만드는 데는 최적의 재료입니다.

건포도종 만들기의 포인트

건포도는 일 년 내내 손에 넣기 쉽고 발효력이 안정된 종을 만들기 수월하다는 점에서 자가제 효모의 종을 만들 때 가장 많이 쓰이는 재료이다. 건포도에는 과당이 많이 들어 있는데, 이것이 효모의 직접적인 영양분이 되어 증식을 촉진하고 발효력을 높인다. 종 만들기의 포인트는 처음의 배양액이며, 충분히 발포되어 있는지의 여부가 중요하다. 배양액은 냉장에서 일주일 정도 보관 가능하다.

배양액

재료	분량(g)
캘리포니아 건포도	500
물	2500
합계	3000

재료 혼합 ········· 건포도와 물 섞기
배양 및 발효 ······ 25~28℃
　　　　　　　　　 60~72시간
　　　　　　　　　 1일 2회 저어주기

재료 혼합

1 캘리포니아 건포도와 물을 용기에 넣고 잘 섞는다(**A**).

○ 건포도는 붙어 있는 효모를 이용하므로 씻지 않는다.

2 랩을 씌우고 공기구멍을 몇 군데 뚫는다(**B**).

○ 이물질이 들어가지 않도록 랩을 씌우는데, 효모의 증식에 산소가 필요하므로 구멍을 뚫는다.

배양 및 발효

3 온도 25~28℃의 발효실에 60~72시간 둔다. 하루에 두 번 저어 새로운 산소를 넣어 효모의 증식을 촉진한다(**C**).

○ 배양 및 발효에 걸리는 시간은 사용하는 건포도에 따라 다르다.

4 가볍게 충격을 주었을 때 거품이 올라오는 상태가 되면 된다(**D**).

5 건포도를 걸러낸다(**E**).

6 배양액 완성(**F**).

○ 뚜껑이 있는 용기에 넣어서 냉장하면 일주일 정도는 사용 가능하다. 발포되었으므로 하루에 한 번 뚜껑을 열어서 가스를 뺀다.

발효 전　　72시간 후

자가제 효모종 1일째

재료	분량(g)
프랑스빵용 밀가루	1000
배양액	650
합계	1650

믹싱 ·············· 버티컬 믹서
1단 3분 2단 2분
반죽 온도 25℃

발효 ·············· 24시간
20~25℃ 75%

자가제 효모종 2일째

재료	분량(g)
프랑스빵용 밀가루	1000
1일째 자가제 효모종	800
물	600
합계	2400

믹싱 ·············· 버티컬 믹서
1단 3분 2단 2분
반죽 온도 25℃

발효 ·············· 24시간
20~25℃ 75%

자가제 효모종 3일째 이후

재료	분량(g)
프랑스빵용 밀가루	1000
전날의 자가제 효모종	800
물	600
합계	2400

믹싱 및 발효 ······· 자가제 효모종 2일째의
공정을 2~3회 반복한다

믹싱

7 모든 재료를 믹서 볼에 넣고 1단으로 3분 반죽한 후 생지의 상태를 확인한다 (**G**).

8 2단으로 2분 반죽한 후 생지의 상태를 확인한다(**H**).

○ 재료가 골고루 섞여 한 덩어리가 된다. 단단한 생지이므로 천천히 잡아당겨도 찢어진다.

9 생지를 꺼내 다듬는다(**I**).

○ 생지가 단단하므로 작업대 위에서 눌러 둥글리며 다듬는다.

10 발효 케이스에 넣는다(**J**).

○ 최종 반죽 온도 25℃.

발효

11 온도 20~25℃, 습도 75%의 발효실에서 24시간 발효시킨다(**K**).

○ 생지는 충분히 부풀어 있다.

믹싱

12 모든 재료를 믹서 볼에 넣고 1단으로 3분 반죽한 후 생지의 상태를 확인한다 (**L**).

13 2단으로 2분 반죽한 후 생지의 상태를 확인한다(**M**).

○ 재료가 골고루 섞여 한 덩어리가 된다. 생지의 연결이 약하여 잡아당기면 조금 얇게 펴진다.

14 생지를 꺼내 다듬은 후 발효 케이스에 넣는다(**N**).

○ 최종 반죽 온도 25℃.

발효

15 온도 20~25℃, 습도 75%의 발효실에서 24시간 발효시킨다(**O**).

○ 생지는 충분히 부풀어 있다.

믹싱 및 발효

16 자가제 효모종 2일째 12~15의 공정을 두세 번 반복한다. 사진 **P**는 3일째의 발효 종료 시의 모습이다.

사과종

8000년도 더 전부터 있었던 사과는 그대로는 물론이고 조려도 구워도 맛있는 과일입니다. 사과에서 얻은 자가제 효모로 만든 빵은 품격 있는 달콤새콤한 맛이 두드러집니다. 사과는 건포도와 더불어 과실계 자가제 효모의 쌍벽을 이룬다고 해도 과언이 아니지요. 껍질째 갈아서 물과 섞은 후 발효시켜 종을 만듭니다.

> **사과종 만들기의 포인트**
> 생 사과를 사용하는 이 종은 p.244의 건포도종에 비해 발효력이 조금 약하고 불안정하여 늘어지기 쉬우므로 소금을 넣어 생지를 조인다. 소금에는 효모의 발효력을 억제하는 작용이 있지만, 잡균의 번식을 막아 생지를 안정시키는 효과도 있으므로 사과종에 넣으면 효과적이다. 사과는 무·저농약이나 봉투를 씌우지 않고 재배한 것이 종을 만들기에 좋다. 탄산가스의 발생이 약하면 꿀을 넣어 효모의 영양이 되는 당분을 보충해주면 된다.

배양액

재료	분량(g)
사과	500
물	2500
합계	3000

재료 혼합 ········· 사과와 물 섞기
배양 및 발효 ······· 25~28℃
　　　　　　　　60~72시간
　　　　　　　　1일 2회 저어주기

재료 혼합

1 사과는 심을 제거하고 껍질째 믹서나 푸드프로세서에 간다(A).
2 사과와 물을 용기에 담고 잘 섞는다(B).
3 랩을 씌우고 공기구멍을 몇 군데 뚫는다(C).
　○ 이물질이 들어가지 않도록 랩을 씌우는데, 효모의 증식에 산소가 필요하므로 구멍을 뚫는다.

배양 및 발효

4 온도 25~28℃의 발효실에 60~72시간 둔다. 하루에 두 번 저어서 새로운 산소를 넣어 효모의 증식을 촉진한다(D).
　○ 배양 및 발효에 걸리는 시간은 사용하는 사과에 따라 다르다.
5 살짝 충격을 주었을 때 거품이 올라오는 상태가 되면 된다(E).
6 사과를 걸러낸다(F).
　○ 사과의 과육을 누르면서 거른다.
7 배양액 완성(G).
　○ 뚜껑이 있는 용기에 넣어서 냉장하면 4~5일 정도는 사용 가능하다. 발포되었으므로 하루에 한 번 뚜껑을 열어서 가스를 뺀다.

자가제 효모종 1일째

재료	분량(g)
프랑스빵용 밀가루	1000
배양액	650
합계	1650

믹싱 ··············· 버티컬 믹서
　　　　　　　　1단 3분 2단 2분
　　　　　　　　반죽 온도 25℃
발효 ··············· 24시간
　　　　　　　　20~25℃ 75%

믹싱

8 모든 재료를 믹서 볼에 넣고 1단으로 3분 반죽한다(H).
9 2단으로 2분 반죽한다(I).
　○ 재료가 골고루 섞여 한 덩어리가 된다. 단단한 생지이므로 천천히 잡아당겨도 찢어진다.
10 생지를 꺼내 다듬은 후 발효 케이스에 넣는다(J).
　○ 최종 반죽 온도 25℃.

발효

11 온도 20~25℃, 습도 75%의 발효실에서 24시간 발효시킨다(K).
　○ 생지는 충분히 부풀어 있다.

자가제 효모종 2일째

재료	분량(g)
프랑스빵용 밀가루	500
1일째 자가제 효모종	825
소금	20
물	325
합계	1670

믹싱 ··············	버티컬 믹서
	1단 3분 2단 2분
	반죽 온도 25℃
발효 ··············	24시간
	20~25℃ 75%

믹싱

12 모든 재료를 믹서 볼에 넣고 1단으로 3분 반죽한다(L).

13 2단으로 2분 반죽한다(M).

○ 재료가 골고루 섞였지만, 생지는 연결이 약하며 들러붙는다. 잡아당기면 금방 찢어진다.

14 생지를 꺼내 다듬은 후 발효 케이스에 넣는다(N).

○ 최종 반죽 온도 25℃.

발효

15 온도 20~25℃, 습도 75%의 발효실에서 24시간 발효시킨다(O).

○ 생지는 충분히 부풀어 있다.

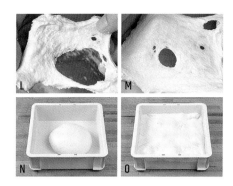

자가제 효모종 3일째

재료	분량(g)
프랑스빵용 밀가루	500
2일째 자가제 효모종	835
소금	10
물	325
합계	1670

믹싱 ··············	버티컬 믹서
	1단 3분 2단 2분
	반죽 온도 25℃
발효 ··············	24시간
	20~25℃ 75%

믹싱

16 모든 재료를 믹서 볼에 넣고 1단으로 3분 반죽한다(P).

17 2단으로 2분 반죽한다(Q).

○ 재료가 골고루 섞였지만, 생지는 연결이 약하며 들러붙는다. 잡아당기면 금방 찢어진다.

18 생지를 꺼내 다듬은 후 발효 케이스에 넣는다(R).

○ 최종 반죽 온도 25℃.

발효

19 온도 20~25℃, 습도 75%의 발효실에서 24시간 발효시킨다(S).

○ 생지는 충분히 부풀어 있다.

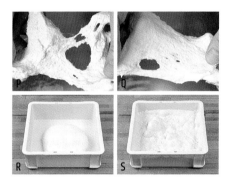

자가제 효모종 4일째 이후

재료	분량(g)
프랑스빵용 밀가루	500
전날의 자가제 효모종	835
소금	10
물	325
합계	1670

믹싱 및 발효 ·······	자가제 효모종 3일째의
	공정을 2~3회 반복한다

믹싱 및 발효

20 자가제 효모종 3일째 16~19의 공정을 두세 번 반복한다.

요거트종

요거트에는 살아 있는 젖산균이 무수히 많아 자가제 효모를 만들기에는 안전하고 안정된 매우 우수한 재료입니다.
젖산균이 생성하는 젖산에 의해 생지가 산성을 띠면 원래 가루에 붙어 있는 효모(이스트)가 더 활성화되고,
생지의 발효가 촉진되어 종이 빨리 완성되므로 종을 이을 필요가 없어요. 따라서 비교적 단시간에 종이 완성됩니다.

> **요거트종 만들기의 포인트**
> 요거트는 어느 제조사에서 만든 것이든 상관없지만 ① 플레인 요거트를 사용한다, ② 냉장고에 보관한 것을 상품에 표시되어 있는 유통기한 내에 사용한다는 두 가지가 중요하다. 일반 플레인 요거트에는 100g당 100억 이상의 살아 있는 젖산균이 들어 있어, 다른 자가제 효모에 비해 단기간에 종이 완성된다. 발효력이 강하고 종을 이을 필요도 없으므로, 배양액으로 자가제 효모를 만든 후 곧장 반죽종을 완성할 수 있다.

배양액

재료	분량(g)
플레인 요거트	500
물	1500
합계	2000

재료 혼합 ········· 요거트와 물 섞기
배양 및 발효 ······· 25~28℃
　　　　　　　　　 60~72시간
　　　　　　　　　 1일 2회 저어주기

* 뚜껑이 있는 용기에 넣어 냉장하면 4~5일 정도는 사용 가능하다. 발포되었으므로 하루에 한 번 뚜껑을 열어서 가스를 뺀다.

재료 혼합

1 요거트와 물을 잘 섞는다(A).
2 랩을 씌우고 공기구멍을 몇 군데 뚫는다(B).

배양 및 발효

3 온도 25~28℃의 발효실에 60~72시간 둔다. 하루에 두 번 저어서 새로운 산소를 넣어 젖산균의 증식과 젖산 발효를 촉진한다(C).
　○ 시간은 사용하는 요거트에 따라 다르다.
4 살짝 충격을 줬을 때 거품이 많이 올라오는 상태가 되면 된다(D).
5 완성된 배양액(E).

자가제 효모종

재료	분량(g)
프랑스빵용 밀가루	500
배양액	325
합계	825

믹싱 ·············· 버티컬 믹서
　　　　　　　　 1단 3분　2단 2분
　　　　　　　　 반죽 온도 25℃
발효 ·············· 16시간
　　　　　　　　 20~25℃ 75%

믹싱

6 모든 재료를 믹서 볼에 넣고 1단으로 3분 반죽한다(F).
7 2단으로 2분 반죽한다(G).
　○ 재료가 골고루 섞여 한 덩어리가 된다. 단단한 생지이므로 천천히 잡아당겨도 찢어진다.
8 생지를 꺼내 다듬은 후 볼에 넣는다(H).
　○ 생지가 단단하므로 작업대 위에서 눌러서 둥글리고 다듬는다.
　○ 최종 반죽 온도 25℃.

발효

9 온도 20~25℃, 습도 75%의 발효실에서 16시간 발효시킨다(I).
　○ 생지는 충분히 부풀어 있다.

건포도종을 사용한

팽 오 르뱅 PAIN AU LEVAIN

팽 오 르뱅이란 밀가루나 호밀가루로 일으킨 자가제 효모로 만든 하드 계열이나 세미 하드 계열의 빵을
총칭하는 말입니다. 그래서 종의 종류나 제법의 수가 많고 완성된 빵도 다양합니다.
프랑스에서는 팽 오 르뱅이라는 이름을 내걸기 위한 여러 조건이 있습니다. 여기서 소개하는 빵은
팽 오 르뱅의 응용 버전으로 건포도종을 사용해 반죽종을 만들고, 본반죽에 넣어 구운 것입니다.

	제법	발효종법(자가제 효모종)
	재료	3kg(16개 분량)

	배합(%)	분량(g)
● 반죽종		
프랑스빵용 밀가루	100.0	2000
건포도종(→p.244)	20.0	400
소금	2.0	40
물	65.0	1300
합계	187.0	3740
● 본반죽		
프랑스빵용 밀가루	100.0	3000
반죽종	100.0	3000
소금	2.0	60
몰트엑기스	0.5	15
물	75.0	2250
합계	277.5	8325

프랑스빵용 밀가루

반죽종 믹싱 ……	버티컬 믹서
	1단 3분 2단 2분
	반죽 온도 25℃
발효 ……………	15시간(±3시간)
	20~25℃ 75%
본반죽 믹싱 ……	스파이럴 믹서
	1단 5분 2단 3분
	반죽 온도 25℃
발효 ……………	180분(90분에 펀치)
	26~28℃ 75%
분할 ……………	500g
벤치 타임 ……	30분
성형 ……………	막대기 모양(40cm)
최종 발효 ……	50분 32℃ 70%
소성 ……………	프랑스빵용 밀가루 뿌리고 쿠프 넣기
	30분
	상불 240℃ 하불 230℃
	스팀

반죽종 믹싱

1 반죽종의 재료를 믹서 볼에 넣어 섞고 1단으로 3분 반죽한 후 생지의 상태를 확인한다.

○ 생지의 연결이 약해서 천천히 잡아 당겨도 찢어진다. 매우 들러붙는다.

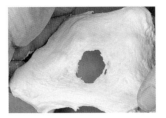

2 2단으로 2분 반죽한 후 생지의 상태를 확인한다.

○ 재료가 균일하게 섞이고 한 덩어리가 되지만 얇게 펴지지는 않는다.

3 표면이 팽팽해지도록 다듬어 발효 케이스에 넣는다.

○ 최종 반죽 온도 25℃.

발효

4 온도 20~25℃, 습도 75%의 발효실에서 15시간 발효시킨다.

○ 발효 시간은 15시간을 기본으로 하지만, 12~18시간 내에서 조절 가능하다.

본반죽 믹싱

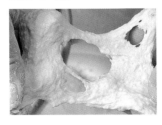

5 본반죽의 재료를 믹서 볼에 넣고 1단으로 5분 반죽한다. 생지의 일부를 떼어 늘여보며 상태를 확인한다.

○ 많이 들러붙으며 생지의 연결은 약하다. 얇게 늘이려고 해도 찢어진다.

6 2단으로 3분 반죽한 후 생지의 상태를 확인한다.

○ 연결은 강해지지만 그리 얇게 펴지지 않는다. 고르게 펴지지 않고 상당히 들러붙는다.

7 표면이 팽팽해지도록 생지를 다듬어 발효 케이스에 넣는다.

○ 최종 반죽 온도 25℃.

발효

8 온도 26~28℃, 습도 75%의 발효실에서 90분 발효시킨다.

펀치

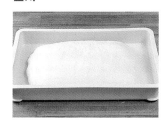

9 좌우에서 접는 '약한 펀치'(→ p.40)를 하여 발효 케이스에 다시 넣는다.

○ 생지의 부풀어 오르는 힘이 약하므로, 가스를 너무 많이 빼지 않도록 주의한다. 가스를 너무 많이 빼면 이후에 잘 부풀지 않는다.

발효

10 같은 조건의 발효실에 넣어 90분 더 발효시킨다.

○ 충분히 부풀었음을 확인한다.

분할 및 둥글리기

11 생지를 작업대에 꺼내 500g으로 나누어 자른다.

둥글리기 전   둥글린 후

12 생지를 가볍게 둥글린다.

13 천을 깐 판 위에 나열한다.

벤치 타임

14 발효할 때와 같은 조건의 발효실에서 30분 휴지시킨다.

○ 생지의 탄력이 빠질 때까지 충분히 휴지시킨다.

성형

15 생지를 손바닥으로 눌러 가볍게 가스를 뺀다.

16 매끈한 면이 아래로 가도록 놓은 후, 반대쪽에서 1/3을 접고 손바닥과 손목이 연결된 부분으로 생지의 끝을 눌러 붙인다.

17 방향을 180도 바꾸어 마찬가지로 1/3을 접어 붙인다.

18 반대쪽에서 반으로 접으면서 생지의 끝을 확실히 눌러 봉한다.

○ 가스를 너무 많이 빠지지 않도록 주의한다. 발효력이 약한 생지이므로 가스를 너무 많이 빼면 구웠을 때 볼륨이 부족해진다.

19 위에서 살짝 누르면서 굴려 양 끝이 조금 가느다란 길이 40cm의 막대기 모양으로 만든다.

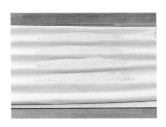

20 판에 천을 깔고 천 주름을 잡으면서 봉한 이음매가 아래로 가도록 하여 생지를 나열한다.

○ 이음매가 똑바르지 않으면 구워질 때 휠 수 있다.
○ 주름과 생지 사이에 손가락 하나 정도의 간격을 둔다.

최종 발효

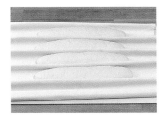

21 온도 32℃, 습도 70%의 발효실에서 50분 발효시킨다.

○ 생지가 충분히 느슨해질 때까지 발효시킨다. 생지를 손가락으로 눌렀을 때 자국이 남는 정도면 된다.

소성

22 판을 이용해 슬립벨트로 옮긴다. 프랑스빵용 밀가루를 뿌리고 쿠프를 3개 넣는다.

○ 가루는 빵의 모양이 되므로 표면 전체에 살짝 뿌린다.
○ 쿠프는 껍질을 얇게 벗기듯이 넣는다.

23 상불 240℃, 하불 230℃의 오븐에 스팀을 넣고 30분 굽는다.

팽 오 르뱅의 단면

본반죽을 반죽한 이후의 총 발효 시간이 4시간 반 정도가 되므로, 생지가 보존 유지하는 가스의 양이 많아진다. 또 부드럽고 신장성이 좋은 생지를 고온에서 장시간 굽기 때문에 크러스트는 얇아지고 크럼에는 매우 큰 기공이 많이 생긴다.

사과종을 사용한

팽 오 폼므 PAIN AUX POMMES

프랑스어로 팽 오 폼므(사과빵)라 이름 붙인 오리지널 창작 빵입니다.
밀가루에 밀 전립분과 호밀가루를 섞고, 자가제 효모인 사과종을 사용한 생지에
세미 드라이 사과를 듬뿍 섞어 세미 하드 계열 빵으로 만들었습니다. 고소한 크러스트,
쫀득한 식감과 더불어 빵 전체에 퍼지는 사과의 은은한 달콤새콤함을 즐길 수 있지요.

제법	발효종법(자가제 효모종)		
재료	3kg(16개 분량)		

		배합(%)	분량(g)
● 반죽종			
프랑스빵용 밀가루		100.0	1000
사과종(→p.246)		167.0	1670
소금		2.0	20
물		65.0	650
합계		334.0	3340

		배합(%)	분량(g)
● 본반죽			
프랑스빵용 밀가루		80.0	2400
호밀가루		10.0	300
밀 전립분		10.0	300
반죽종		100.0	3000
소금		2.0	60
버터		3.0	90
몰트엑기스		0.6	18
물		70.0	2100
세미 드라이 사과*		60.0	1800
합계		335.6	10068

프랑스빵용 밀가루

* 심을 제거하고 사방 2cm 크기로 자른 사과를 100℃의
  오븐에서 8시간 건조시킨 것(다음 페이지의 7 사진을
  참조).

반죽종 믹싱 ········ 버티컬 믹서
　　　　　　　　　1단 3분　2단 2분
　　　　　　　　　반죽 온도 25℃
발효 ················· 15시간(±3시간)
　　　　　　　　　20~25℃ 75%
본반죽 믹싱 ········ 스파이럴 믹서
　　　　　　　　　1단 5분　2단 2분
　　　　　　　　　사과 1단 2분~
　　　　　　　　　반죽 온도 25℃
발효 ················· 180분(120분에 펀치)
　　　　　　　　　26~28℃ 75%
분할 ················· 600g
벤치 타임 ·········· 30분
성형 ················· 둥근형
최종 발효 ········· 60분 32℃ 70%
소성 ················· 쿠프 넣기
　　　　　　　　　35분
　　　　　　　　　상불 240℃ 하불 215℃
　　　　　　　　　스팀

사전 준비
· 박코르프(구경 23cm)에 프랑스빵용 밀가루를
  뿌린다.

반죽종 믹싱

1 반죽종의 재료를 믹서 볼에 넣고 1단으로 3분 반죽한 후 생지의 상태를 확인한다.

○ 생지의 연결이 약해서 천천히 잡아당겨도 찢어진다. 매우 들러붙는다.

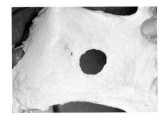

2 2단으로 2분 반죽한 후 생지의 상태를 확인한다.

○ 아직 많이 들러붙는다. 부드러운 생지이므로 잡아당기면 늘어나지만, 쉽게 찢어지며 고르지 못하다.

3 표면이 팽팽해지도록 다듬어 발효 케이스에 넣는다.

○ 최종 반죽 온도 25℃.

발효

4 온도 20~25℃, 습도 75%의 발효실에서 15시간 발효시킨다.

○ 발효 시간은 15시간을 기본으로 하지만, 12~18시간 내에서 조절 가능하다.

본반죽 믹싱

5 세미 드라이 사과 이외의 본반죽의 재료를 믹서 볼에 넣고 1단으로 5분 반죽한다. 생지의 일부를 떼어 늘여보며 상태를 확인한다.

○ 많이 들러붙으며 생지의 연결은 약하다. 얇게 늘이려고 해도 찢어진다.

6 2단으로 2분 반죽한 후 생지의 상태를 확인한다.

○ 연결은 강해지지만, 그리 얇게 펴지지 않으며 아직 고르지 못하다.

7 세미 드라이 사과를 넣고 1단으로 섞는다.

○ 사과가 전체에 골고루 섞이면 믹싱을 종료한다.

8 표면이 팽팽해지도록 생지를 다듬어 발효 케이스에 넣는다.

○ 최종 반죽 온도 25℃.

발효

9 온도 26~28℃, 습도 75%의 발효실에서 120분 발효시킨다.

펀치

10 전체를 누르고 좌우에서 접는 '약간 약한 펀치'(→p.40)를 하여 발효 케이스에 다시 넣는다.

○ 생지의 부푸는 힘이 약하므로 가스를 너무 많이 빼지 않도록 주의한다. 가스를 너무 많이 빼면 이후에 잘 부풀지 않는다.

발효

11 같은 조건의 발효실에 넣어 60분 더 발효시킨다.

○ 충분히 부풀었음을 확인한다.

11. 자가제 효모종 빵

분할 및 둥글리기

12 생지를 작업대에 꺼내 600 g으로 나누어 자른다.

13 생지를 가볍게 둥글린다.

14 천을 깐 판 위에 나열한다.

벤치 타임

15 발효할 때와 같은 조건의 발효실에서 30분 휴지시킨다.

○ 생지의 탄력이 빠질 때까지 충분히 휴지시킨다.

성형

16 매끈한 면이 위로 오도록 둥글리고 밑부분을 잡아서 봉한다.

17 봉한 이음매가 위로 오도록 박코르프에 넣는다.

○ 박코르프는 가루가 떨어지기 쉬우니 손이 닿지 않도록 주의한다.

최종 발효

18 온도 32℃, 습도 70%의 발효실에서 60분 발효시킨다.

○ 습도가 너무 높으면 생지가 박코르프에 들러붙기 쉽다.
○ 충분히 발효시키지 않으면 구울 때 생지가 터진다.

소성

19 박코르프를 뒤집어 생지를 슬립벨트로 옮기고, '우물 정(井)' 모양으로 쿠프를 넣는다.

○ 박코르프에 생지가 붙어 있지 않은지 주의하면서 떼어낸다. 붙어 있는 경우에는 박코르프를 살짝 흔들어 생지를 분리한다.
○ 쿠프는 생지에 수직으로 넣는다.

20 상불 240℃, 하불 215℃의 오븐에 스팀을 넣고 35분 굽는다.

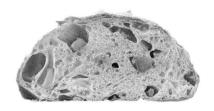

팽 오 폼드의 단면

팽 오 르뱅(→p.249)과 마찬가지로 장시간 발효한 부드러운 생지를 고온에서 굽는데, 사과종의 발효력이 조금 약하기 때문에 큰 기공은 적고 세밀하고 작은 기공이 많다.

요거트종을 사용한

파네토네 PANETTONE

이탈리아뿐만 아니라 세계적으로 사랑받는 파네토네는 설탕과 달걀, 버터를 듬뿍 넣은
리치한 생지에 건조 과일을 넣어 만들어요. 밀라노에서 탄생한 전통 크리스마스 과자입니다.
몇십 년에 걸쳐 소중하게 이어온 종으로 만드는 가게도 있습니다. 11월 무렵이면 마을의
제과점이나 대형 제조사에서 만드는 다양한 파네토네를 곳곳에서 판매합니다.

제법	발효종법(자가제 효모종)
재료	2kg(13개 분량)

	분량(g)
● 반죽종 1	
프랑스빵용 밀가루	400
요거트종(→p.248)	400
설탕	40
탈지분유	20
버터	60
달걀노른자	40
물	300
합계	1260
● 반죽종 2	
프랑스빵용 밀가루	600
반죽종 1	1260
설탕	100
탈지분유	20
버터	140
달걀노른자	60
물	300
합계	2480
● 본반죽	
프랑스빵용 밀가루	1000
반죽종 2	2400
설탕	350
소금	30
탈지분유	40
바닐라빈 씨	1개 분량
버터	600
달걀노른자	400
물	450
살타나 건포도	800
오렌지 껍질	200
합계	6270
● 마카롱 생지(13개 분량)	
아몬드 파우더	250
설탕	250
달걀흰자	300
가루설탕	

반죽종 1 믹싱 ······ 버티컬 믹서
　　　　　　　　1단 3분　2단 3분
　　　　　　　　반죽 온도 28℃
발효 ············· 8시간 28~30℃ 75%
반죽종 2 믹싱 ······ 버티컬 믹서
　　　　　　　　1단 3분　2단 3분
　　　　　　　　반죽 온도 20℃
발효 ············· 16시간 20~25℃ 75%
본반죽 믹싱 ······ 버티컬 믹서
　　　　　　　　1단 6분　2단 3분　3단 3분
　　　　　　　　유지　2단 6분　3단 4분
　　　　　　　　과일　2단 2분~
　　　　　　　　반죽 온도 26℃
발효 ············· 40분 28~30℃ 75%
분할 ············· 480g
성형 ············· 둥근형(종이틀 : 지름 18cm)
최종 발효 ········· 150분 32℃ 75%
소성 ············· 마카롱 생지 바르고, 가루설탕 뿌리기
　　　　　　　　35분
　　　　　　　　상불 180℃ 하불 160℃
　　　　　　　　쇠꼬치 꽂고 뒤집어서 식히기

사전 준비

· 본반죽용 버터는 냉장고에서 갓 꺼낸 차가운 상태의
　것을 밀대로 두드려 부드럽게 만든다.
* 장시간의 믹싱으로 생지의 온도가 올라가기 쉬우므로 첨가하는 버
　터는 차갑고 부드러운 상태로 만들어둔다.
· 살타나 건포도는 미지근한 물에 씻어서 소쿠리에 담
　아 물기를 뺀다.
· 오렌지 껍질은 미지근한 물에 씻어서 물기를 빼고 잘
　게 썬다.

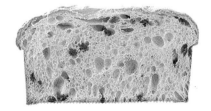

파네토네의 단면

원통형의 종이틀에 넣어 구운 단면은 버섯처럼 머리 부분이
부풀어 오른 형상이며, 선명한 노란색을 띤다. 크럼은 크고 작
은 기공이 혼재하며 건조 과일이 골고루 분산되어 있다.

반죽종 1 믹싱

1 반죽종 1의 재료를 믹서 볼
에 넣고 1단으로 반죽한다.

○ 효모의 발효력이 약하므로 부재료
(설탕, 버터, 달걀노른자 등)를 세 번
의 믹싱으로 서서히 첨가하여 효모
를 리치한 배합의 생지에 익숙하게
만든다.

2 3분 반죽한 후 생지의 상태
를 확인한다.

○ 부드럽고 퍼석퍼석한 상태로 연결
은 약하다.

3 2단으로 3분 반죽한 후 생지
의 상태를 확인한다.

○ 재료는 골고루 섞여 있지만 연결이
약하며 고르지 않다.

4 표면이 팽팽해지도록 생지
를 다듬어 발효 케이스에 넣
는다.

○ 최종 반죽 온도 28℃.

발효

5 온도 28~30℃, 습도 75%의
발효실에서 8시간 발효시킨
다.

반죽종 2 믹싱

6 반죽종 2의 재료를 믹서 볼
에 넣고 1단으로 반죽한다.

○ 부재료의 일부를 추가하여 효모가
생지에 익숙해지도록 만든다.

7 3분 반죽한 후 생지의 상태를 확인한다.

○ 천천히 잡아당기면 고르지는 않지만 서서히 생지가 연결되기 시작한다.

13 3단으로 3분 반죽한 후 생지의 상태를 확인한다.

○ 매끄러워지며 아직 고르지 않은 부분이 남아 있지만 얇게 펴진다.

8 2단으로 3분 반죽한 후 생지의 상태를 확인한다.

○ 고르게 되었지만 잡아당겨도 그리 얇게 펴지지는 않고 찢어진다.

14 버터를 넣고 2단으로 6분 반죽한 후 생지의 상태를 확인한다.

○ 대량의 버터가 들어가므로 생지의 연결이 약해져 얼마동안 생지가 제각각으로 끊어지지만 버터가 생지에 섞이면서 매끄럽고 얇게 펴진다.

9 표면이 팽팽해지도록 생지를 다듬어 발효 케이스에 넣는다.

○ 최종 반죽 온도 20℃.

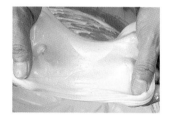

15 3단으로 4분 반죽한 후 생지의 상태를 확인한다.

○ 부드럽고 더욱 매끄러워지며 아주 얇게 펴진다.

발효

10 온도 20~25℃, 습도 75%의 발효실에서 16시간 발효시킨다.

16 살타나 건포도와 오렌지 껍질을 넣고 2단으로 섞는다.

○ 전체에 골고루 섞이면 믹싱을 종료한다.

17 표면이 팽팽해지도록 생지를 다듬어 발효 케이스에 넣는다.

○ 최종 반죽 온도 26℃.

본반죽 믹싱

11 버터와 과일 이외의 본반죽 재료를 믹서 볼에 넣고 1단으로 6분 반죽한다. 생지의 일부를 떼어 늘여보며 상태를 확인한다.

○ 매우 부드럽고 들러붙는다. 거의 연결되지 않았다.

12 2단으로 3분 반죽한 후 생지의 상태를 확인한다.

○ 들러붙기는 하지만 조금씩 연결되기 시작한다. 잡아당기면 고르지는 않아도 얇게 펴진다.

발효

18 온도 28~30℃, 습도 75%의 발효실에서 40분 발효시킨다.

○ 표면의 끈적임이 사라지고 손가락 자국이 약간 돌아오는 정도가 되면 발효를 마무리한다.

분할 및 둥글리기

19 생지를 작업대에 꺼내 480g으로 나누어 자른다.

둥글리기 전 　　 둥글린 후

20 생지를 확실히 둥글린다.

21 바닥 부분을 잡고 봉한 후, 봉한 이음매가 아래로 가도록 종이틀에 넣는다.

최종 발효

22 온도 32℃, 습도 75%의 발효실에서 150분 발효시킨다.

○ 손가락 자국이 남을 정도로 충분히 발효시킨다.

마카롱 생지

23 최종 발효를 하는 동안에 마카롱 생지를 만든다. 설탕과 아몬드 파우더를 섞은 후 체에 거른다.

24 달걀흰자를 넣고 매끄러워질 때까지 잘 섞는다.

소성

25 최종 발효를 마친 생지에 솔로 마카롱 생지를 바른다.

○ 파네토네 생지가 망가지지 않도록 주의하며 바른다.

26 가루설탕을 가득 뿌린 후 오븐 철판에 올린다.

○ 가루설탕은 표면에 하얗게 남을 정도로 듬뿍 뿌린다. 녹은 부분에는 더 뿌린다.

27 상불 180℃, 하불 160℃의 오븐에서 35분 굽는다. 다 구워지면 식기 전에 아랫부분에 쇠꼬치를 2개 꽂는다.

28 거꾸로 뒤집은 상태로 랙 등에 걸어 식힌다.

○ 부드러운 생지를 크게 부풀렸기 때문에 위를 향한 상태 그대로 식히면 빵의 무게로 인해 윗부분이 꺼진다.

이 책에서 사용한 **주요 재료**

┌ 생지에 사용하는 가루

호밀가루

밀 전립분

밀가루

밀가루
빵을 만들 때는 글루텐 형성에 필요한 단백질이 많이 함유된 밀가루를 사용한다. 강력분과 프랑스빵용 밀가루가 대표적이다. 프랑스빵용 밀가루란 프랑스빵을 만들기 위해 일본에서 개발된 제품으로 단백질량 등이 프랑스의 밀가루에 가까우며, 강력분과 중력분의 중간 정도의 성질을 가진다. 일반 밀가루는 알갱이의 중심부를 가루로 만든 것이지만, 밀 전립분은 밀의 알을 외피 부분(밀기울)도 함께 통째로 가루로 만든 것이다.

호밀가루
호밀에 들어 있는 단백질은 글루텐을 형성하지 않으므로, 이 가루로 만든 빵은 결이 촘촘하며 무겁다. 주로 독일이나 북유럽의 빵 등 사워종을 이용한 빵에 쓰이는 경우가 많다.

듀럼밀가루
건조 파스타의 원료로도 알려진 듀럼 밀의 가루다. 노란빛이 난다. 파네 시칠리아노(→p.97)에 사용.

┌ 생지 이외에 사용하는 가루

콘스타치
옥수수 전분. 카이저젬멜(→p.79)의 생지 표면에 뿌려서 사용한다.

콘 그리트
옥수수를 굵게 간 가루. 잉글리시 머핀(→p.216)의 생지 표면에 뿌려 굽는다.

쌀가루
멥쌀을 씻어서 건조시킨 후 제분한 것. 타이거 롤(→p.115)의 타이거 생지에 사용한다.

┌ 소금

정제염
정제염은 염화나트륨의 함유량이 높다. 간수 등의 미네랄을 많이 포함한 소금은 정제염에 비하면 염화나트륨 함량이 10% 이상 낮으므로, 생지에 배합하는 양에 조정이 필요하다. 이 책에서는 염화나트륨 양이 98% 정도인 것을 사용한다.

┌ 이스트

생이스트

인스턴트 이스트

드라이 이스트

생이스트
빵용 효모를 순수 배양하여 압축한 것. 물에 녹여서 사용한다.

드라이 이스트
생이스트를 건조시킨 알갱이 상태의 이스트. 5~6배 양의 미지근한 물로 예비 발효시킨 후에 사용한다(이 책에서는 사용하지 않음).

인스턴트 이스트
분산되기 쉽도록 가공하여 가루에 직접 첨가할 수 있는 드라이 이스트. 드라이 이스트보다 세밀한 과립 상태이다. 무당반죽용과 가당반죽용, 비타민C의 첨가 유무 등 몇 종류가 있다. 인스턴트 드라이 이스트라고도 부른다.

굵은 소금
토핑 등에 사용하는 소금은 입자가 굵은 소금(결정이 큰 암염 등)을 쓰는 경우가 많다.

설탕

고운 설탕   굵은 설탕

그래뉴당
순도가 높으며 산뜻한 단맛이 특징이다. 이 책에서 설탕이라고 표기한 것은 모두 입자가 고운 그래뉴당이다. 입자가 굵은 타입은 멜론빵(→p.139)의 토핑에 사용했다.

상백당
그래뉴당에 비해 보습성이 뛰어나다. 단과자빵(→p.139), 스위트 롤(→p.157) 등에 사용했다.

우박설탕
입자가 커서 오븐으로 구워도 잘 녹지 않는다. 초프(→p.133)의 토핑에 사용했다.

가루설탕(미분당)
그래뉴당을 분쇄하여 분말로 만든 것. 다 구운 빵의 마무리로 뿌린다.

유지

쇼트닝
동물성·식물성 유지를 원료로 하며 공업적으로 제조된다. 무미·무취이므로 빵에 여분의 풍미를 부여하지 않는다. 이 책에서는 발효 케이스나 틀에 바르거나 튀김용 기름으로 사용한다.

버터
이 책에서는 무염 버터를 썼다.

올리브유
특징적인 향을 살려 포카치아(→p.113) 등의 이탈리아 빵에 자주 사용한다.

라드
돼지의 지방을 정제한 유지. 이 책에서는 타이거 롤(→p.115)의 타이거 생지에 사용했다.

달걀, 유제품, 기타

달걀
노른자와 흰자를 나누어 계량하면 크기에 따른 노른자와 흰자의 비율 편차에 좌우되지 않는다.

탈지분유
탈지유를 분말로 만든 것. 우유보다 보존성이 좋으며 저렴하다.

콘덴스 밀크
가당연유. 단과자빵(→p.139)의 생지에 사용한다.

몰트엑기스
맥아당을 끓여서 조린 시럽 상태의 것. 몰트시럽이라고도 부른다. 전분 분해 효소가 들어 있어서 이것을 넣으면 밀 전분이 당으로 분해되고 이스트의 영양분이 되어 활동을 촉진한다. 당류가 배합되지 않는 하드 계열 빵에 사용하는 경우가 많다.

기타

초콜릿
스위트초콜릿(왼쪽)은 잘게 썰어서 필링에 사용한다. 팽 오 쇼콜라(→p.190)에 사용한 초콜릿(오른쪽)은 구워도 잘 녹지 않도록 가공된 것.

수산화나트륨(가성 소다)
결정 상태의 화합물로 약국에서 판매한다. 이 책에서는 물에 녹인 알칼리용액(라우겐)을 브레첼(→p.210)에 사용했다. 수산화나트륨은 극물(劇物)이므로 해당 용액을 취급할 때는 반드시 고무장갑을 착용할 것.

견과류 및 씨앗류

아몬드
껍질째의 통아몬드(왼쪽)는 잘게 잘라서 토핑이나 필링에 사용. 슬라이스 아몬드(가운데)는 토핑에 사용. 아몬드 파우더(오른쪽)는 필링용 아몬드 크림(→p.160, p.196)에 사용.

마지팬
아몬드와 설탕을 페이스트 상태로 만든 것 생산국이나 제품에 따라 아몬드와 설탕의 비율이 다르다. 이 책에서는 일반적으로 로마지팬이라 불리는 것(마르치판 로마세)를 크리스트슈톨렌(→p.222)에 사용했다.

과일 가공품

캘리포니아 건포도

살타나 건포도   커런트

건포도
완숙 포도를 말린 것. 갈색의 캘리포니아 건포도에 비해 살타나 건포도는 색이 진하지 않고 단맛이 강하다. 코린트 건포도라고도 불리는 커런트는 알이 작고 검으며 신맛이 강하다. 그대로 또는 럼주 등의 양주에 절여서 생지에 섞거나 필링에 사용한다.

오렌지 껍질   세드라 껍질

오렌지 껍질, 세드라 껍질
오렌지와 세드라의 껍질을 시럽에 조린 것. 잘게 썰어서 생지에 넣어 사용한다. 세드라는 감귤류의 일종.

호두
껍질이 붙어 있는 호두를 잘게 잘라서 반죽에 섞거나 필링에 사용.

양귀비씨
흰 양귀비씨(왼쪽)와 검은 양귀비씨(오른쪽, 블루 포피 시드)가 있다. 주로 토핑에 사용.

깨
흰깨와 검은깨가 있으며 주로 토핑에 사용. 사진의 흰깨는 껍질을 벗긴 타입.

살구 잼   라즈베리 잼

잼
살구 잼은 대니시(→p.192)의 마무리에 사용. 라즈베리 잼은 베를리너 크라펜(→p.202)에 사용.

브랜디
과실주를 증류하여 만든 술의 총칭. 과일 절임에 사용한다.

그랑 마르니에
오렌지 리큐르의 일종으로 오렌지와 코냑으로 만드는 리큐르의 상표. 과일 절임에 사용.

럼주
사탕수수로 만드는 증류주. 과일 절임에는 갈색의 다크럼주를 사용한다.

향신료

씨
꼬투리   바닐라 에센스

바닐라
난과의 덩굴성 식물의 미숙과(未熟果)를 발효시킨 것. 꼬투리를 까보면 작은 씨가 차 있으므로 긁어낸다. 커스터드 크림(→p.144, p.152) 등에 사용. 바닐라 에센스는 바닐라의 향미 성분을 알코올에 녹인 것이다.

시나몬
계피나무 껍질을 말린 것. 특유의 달콤한 향기와 톡 쏘는 자극이 있다. 이 책에서는 가루를 필링 등에 사용했다.

카다멈
소두구의 씨앗을 말린 것. 약간 자극적인 상큼한 향기가 특징이다. 이 책에서는 연녹색의 꼬투리 안에 들어 있는 씨앗의 가루를 대니시(→p.192)의 생지에 사용.

너트메그
육두구 씨앗을 말린 것으로 분말로 만들어 사용한다. 달콤한 자극이 있는 향기를 갖고 있다. 필링 등에 사용.

빵 만들기에 필요한 **기기**

대형기기와 관련 도구

버티컬 믹서   스파이럴 믹서

스파이럴 믹서

버티컬 믹서

믹서
이 책에서 사용한 것은 스파이럴 믹서와 버티컬 믹서이다. 스파이럴 믹서는 후크가 나선 모양이며, 주로 하드 계열 빵 생지를 만드는 데 이용한다. 버티컬 믹서의 후크는 갈고리 모양이며, 주로 소프트 계열 빵을 만들 때 이용한다.

탁상 믹서
소형 믹서. 크리밍을 할 때는 휘퍼(거품기 모양의 부품)를 달아서 사용한다.

발효실
생지의 발효에 적합한 온도와 습도를 설정할 수 있는 발효기. 사진은 냉동부터 발효까지 온도대를 설정할 수 있는 도우컨디셔너.

오븐
빵용 오븐은 상불과 하불의 온도 설정이 가능하며, 스팀(증기)을 주입할 수 있다. 또한 댐퍼(환기구멍)가 있어서 소성 중에 증기를 빼내어 습도를 조절할 수 있다.

옮김 판   슬립벨트

슬립벨트, 옮김 판
슬립벨트는 직접 구이하는 생지를 오븐에 넣을 때 사용한다. 벨트 위에 생지를 올리고 오븐에 세팅한 후, 앞으로 잡아당기면 생지가 오븐 바닥 위로 떨어진다. 막대기 모양의 생지 등은 옮김 판을 이용해 슬립벨트로 옮긴다.

오븐 철판
이 위에 생지를 올리고 오븐에 넣어서 소성한다. 오일리스 가공을 하지 않은 것은 유지를 바른다.

스콥

후크   주걱

오븐에서 꺼내는 도구
직접 구이한 빵 중에서 큰 것은 주걱을 사용해 꺼낸다. 작은 것은 한꺼번에 뜰 수 있는 스콥이 편리하다. 오븐 철판이나 틀은 후크를 걸어서 꺼낸다.

랙
오븐 철판이나 쿨러 등을 몇 장씩 놓을 수 있는 가동식 선반. 생지를 한꺼번에 옮기거나 빵을 식힐 때 사용.

작업대
분할 및 성형 등의 작업을 실시하는 대.

파이롤러
반죽을 얇게 펴는 기계. 두께를 조절할 수 있다. 크루아상(→p.186) 등의 생지를 접는 작업이나 브레첼(→p.210) 등의 생지를 펼 때 사용한다.

프라이어
도넛, 카레빵 등을 튀기는 기기. 기름을 깔고 사용한다. 온도를 일정하게 유지할 수 있다.

중형·소형 도구

판, 천
생지를 휴지시키거나 발효시킬 때 천에 올리는 경우가 많다. 캔버스지 등 보풀이 없는 천을 판 위에 깔아 사용한다.

발효 케이스
이 책에서는 발효 케이스로 사진의 용기를 사용한다. 생지 양에 적합한 크기와 깊이의 것을 고른다. 뚜껑이 있는 것은 다 구운 후 식은 빵을 넣는 용기로도 사용한다.

밀대
생지를 펴는 도구. 생지의 양이나 용도에 맞춰 크기를 선정한다.

카드, 스크래퍼
탄력이 있는 플라스틱제의 카드는 용도에 맞춰 직선 부분과 곡선 부분을 나누어 사용한다. 생지나 버터 자르기, 크림 바르기, 섞기, 모으기, 옮기기 등 용도가 폭넓다. 손잡이가 달린 스크래퍼는 스테인리스 등의 금속제가 많으며 주로 생지를 분할하는 데 사용한다.

스크래퍼

카드

볼, 배트(요리용 넓은 접시), 넓적하고 얕은 접시
재료를 준비하고, 섞고, 발효시킬 때 등 폭넓게 사용한다. 크고 작은 것을 다 구비해두면 편리하다.

거품기, 주걱
거품기는 재료를 섞거나 거품을 낼 때 사용한다. 주걱은 재료를 섞을 때 이용한다. 그 외에도 고무처럼 부드러운 소재의 주걱이라면 용기에 남은 재료를 효율적으로 모아서 퍼내는 데 유용하다. 내열성이 뛰어난 실리콘 주걱도 있다.

거품기   주걱

온도계
물이나 가루의 온도, 생지의 반죽 온도를 측정하는 데 사용한다.

대저울
분할한 생지를 계량할 때 사용한다. 접시 부분에 생지를 올리고 막대기의 진동폭이 균형을 유지하는지를 보고 무게를 가늠한다.

저울
가루나 물 등의 재료나 대저울로는 계량할 수 없는 무게의 생지는 전자저울이나 윗접시저울 등으로 계량한다. 미량의 재료를 측정하기 위해 0.1g 단위로 계량할 수 있는 저울도 있으면 좋다.

식빵 틀
1근(왼쪽), 1.5근(오른쪽) 등 몇 가지 크기가 있다. 사각 식빵을 구울 때는 뚜껑을 덮는다.

구겔호프, 브리오슈 틀
경사진 밭두둑 모양이 특징인 구겔호프(→p.161)의 틀과 브리오슈(→p.146)의 틀.

종이 틀, 알루미늄 케이스
종이 틀은 파네토네(→p.256)에, 알루미늄 케이스는 스위트 롤(→p.157)에 사용.

잉글리시 머핀 틀
잉글리시 머핀(→p.216) 전용 틀. 틀에 생지를 넣은 후 뚜껑을 닫고 굽는다.

바네통
팽 드 캄파뉴(→p.61) 등의 발효에 사용하는 것으로 천을 두른 등나무 바구니. 사진에서 가운데 부분이 볼록 솟아오른 것은 말굽이나 왕관 모양을 만들 때 사용한다.

박코르프
주로 독일 호밀빵 등의 발효에 사용하는 등나무 바구니. 여러 가지 모양이 있으며 가루를 뿌려 사용한다.

누름틀
생지를 눌러서 모양을 만드는 도구. 오른쪽은 카이저젬멜(→p.79) 전용 누름틀. 왼쪽은 제잠브뢰첸(→p.89)에 사용.

찍기틀
이 책에서는 지름 3cm와 8cm의 것을 조합하여 도넛(→p.198)의 반죽을 찍어낼 때 사용.

오븐 페이퍼
오븐 철판에 깔아 더러워지거나 눌러 붙는 것을 방지한다. 팽 오 레잔(→p.150)처럼 필링이 오븐 철판에 직접 닿을 때 사용한다.

삼베 주머니
안에 가루를 넣고 생지 등에 털어주는 용도로 사용한다. 삼베 주머니에 통과시키면 가루를 곱게 골고루 털 수 있다.

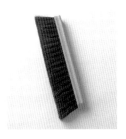

브러시
생지에 붙은 여분의 덧가루를 털어내는 데 사용한다.

솔
틀에 유지를 바르거나 빵을 마무리하면서 잼을 바를 때는 모의 질이 단단한 것(왼쪽)을 사용하고, 소성 전 생지에 달걀물을 바를 때는 모가 부드러운 것(오른쪽)을 사용한다.

쿠프 나이프, 나이프, 가위
성형한 빵의 표면에 칼집을 넣을 때 사용한다. 쿠프 나이프는 얇게 껍질을 벗기거나 수직으로 얕은 칼집을 넣는 경우에 사용한다. 나이프는 수직으로 깊은 칼집을 넣을 때 사용한다. 가위는 에피(→p.51)나 팽 오 레(→p.130)에 사용한다.

파이커터
톱니바퀴의 간격을 조정할 수 있는 5연속 파이커터. 이 책에서는 생지에 같은 간격의 표시를 넣을 때 사용.

식칼
우도(牛刀)는 칼날이 길기 때문에 얇게 편 생지 등을 잘라서 나눌 때 편리하다. 프티 나이프는 생지에 칼집을 넣거나 과일을 자를 때 사용한다. 빵칼은 빵을 자를 때 사용한다.

분무기
소성 전의 생지나 소성 후의 빵에 분무할 때 사용한다.

쿨러
구워진 빵을 올려서 식히는 데 사용한다.

앙금 주걱
단과자빵(→p.139)이나 카레빵(→p.206) 등의 필링을 생지에 넣을 때 사용한다.

짤주머니, 모양깍지
모양깍지를 짤주머니 끝에 세팅한 후 생지 위나 속에 크림과 잼을 짜 넣는 데 사용한다. 짤주머니는 비닐로 된 것과 방수 가공한 천으로 된 것이 있다.

체, 차거름망
체는 가루를 털거나 성형한 생지에 가루를 뿌릴 때 사용한다. 대니시(→p.192) 등의 마무리에서 가루설탕을 뿌릴 때는 차거름망을 이용한다.

주요 재료 일람 표

빵 종류	빵 이름(괄호 안은 게재 페이지)	제법	사용하는 가루						
			프랑스빵용 가루	강력분	밀 전립분	박력분	호밀가루	그 외	
하드 계열 빵	바게트 (p.48) / 프티 팽 (p.52)	스트레이트법	O						
	팽 드 캄파뉴 (p.61)	발효종법	O				O		
	팽 드 세이글 (p.66)	발효종법	O				O		
	팽 페이장 (p.70)	발효종법	O		O		O		
	팽 브리에 (p.73)	발효종법	O						
	팽 콩플레 (p.76)	발효종법	O		O				
	카이저젬멜 (p.79)	스트레이트법	O			O			
	바이첸브로트 (p.83)	스트레이트법	O						
	슈바이처브로트 (p.86)	스트레이트법	O				O		
	제잠브뢰첸 (p.89)	발효종법	O		O		O		
	치아바타 (p.93)	발효종법	O						
	파네 시칠리아노 (p.97)	스트레이트법						듀럼밀가루	
	파네 토스카노 (p.99)	발효종법	O						
세미 하드 계열 빵	룬트슈티크 (p.104)	스트레이트법	O						
	슈탕겐 (p.107)	스트레이트법	O						
	시미트 (p.110)	스트레이트법	O						
	포카치아 (p.113)	스트레이트법	O						
	타이거 롤 (p.115)	스트레이트법	O						
소프트 계열 빵	버터 롤 (p.120)	스트레이트법		O					
	하드 롤 (p.124)	스트레이트법		O					
	팽 비엔누아 (p.127)	스트레이트법	O						
	팽 오 레 (p.130)	스트레이트법	O						
	초프 (p.133)	스트레이트법	O						
	아인박 (p.137)	스트레이트법	O						
	단팥빵, 크림빵, 쿠키빵, 멜론빵 (p.139)	발효종법		O		O			
	브리오슈 (p.146) / 팽 오 레잔 (p.150)	스트레이트법	O						
	블레히쿠헨 (p.153)	스트레이트법	O						
	스위트 롤 (p.157)	스트레이트법		O					
	구겔호프 (p.161)	스트레이트법		O					
틀로 구운 빵	산형 식빵 (p.166)	스트레이트법		O					
	하드 토스트 (p.170)	스트레이트법	O	O					
	팽 드 미 (p.172)	스트레이트법	O	O					
	그레이엄 브레드 (p.175)	스트레이트법		O	O				
	월넛 브레드 (p.179)	스트레이트법		O	O				
	레이즌 브레드 (p.182)	발효종법		O					
접어 만드는 빵	크루아상 (p.186) / 팽 오 쇼콜라 (p.190)	스트레이트법	O						
	대니시 (p.192)	스트레이트법	O						
튀김빵	도넛 (p.198)	스트레이트법		O		O			
	베를리너 크라펜 (p.202)	발효종법	O						
	카레빵 (p.206)	스트레이트법		O		O			
특수한 빵	브레첼 (p.210)	스트레이트법	O						
	그리시니 (p.214)	스트레이트법	O					듀럼밀가루	
	잉글리시 머핀 (p.216)	스트레이트법	O						
	베이글 (p.219)	스트레이트법	O			O	O		
	크리스트슈톨렌 (p.222)	발효종법	O						
사워종 빵	로겐미슈브로트 (p.231)	발효종법	O				O		
	바이첸미슈브로트 (p.235)	발효종법	O				O		
	베를리너 란드브로트 (p.238)	발효종법	O				O		
	요거트브로트 (p.240)	발효종법	O				O		
자가제 효모종 빵	팽 오 르뱅 (p.249)	발효종법	O						
	팽 오 폼므 (p.253)	발효종법	O		O		O		
	파네토네 (p.256)	발효종법	O						

설탕	소금	탈지분유	유지			이스트			달걀	몰트엑기스	기타 재료
			버터	쇼트닝	그 외	인스턴트 이스트	생이스트	자가제 효모 , 그 외			
	○					○				○	
	○					○				○	
	○					○				○	건포도 , 호두
	○		○			○				○	
	○			○			○			○	
	○			○		○				○	
	○	○	○			○				○	
○	○		○			○				○	
	○	○	○			○				○	
	○					○				○	
	○	○				○				○	
	○					○					
						○				○	
○	○	○			○	○			○		
	○	○	○				○		○	○	
○	○		○			○			○		
○	○				올리브유		○				
○	○	○		○			○		○	○	
○	○	○	○				○		○		
○	○	○	○	○			○		○		
○	○	○	○	○			○		○		
○	○	○	○				○		달걀노른자만		
○	○	○	○				○		○		건포도
○	○	○	○				○		달걀노른자만		
상백당	○	○	○	○			○		○		콘덴스밀크
○	○	○	○				○		○		
상백당	○	○	○	○			○		달걀노른자만		
○	○	○	○				○		달걀노른자만		건과일
○	○	○	○	○			○				
	○	○		○		○				○	
○	○	○	○	○			○				
○	○	○	○	○			○				
○	○	○	○	○			○				호두
○	○	○	○	○			○		달걀노른자만		건포도
○	○	○	○				○		○		
○	○	○	○				○		○		
○	○	○	○	○			○		달걀노른자만		
○	○	우유	○	○			○		달걀노른자만		
○	○	○		○			○		달걀노른자만		
	○	○		○			○				
○	○				올리브유		○				
○	○	○	○				○				
○	○						○				
○	○	우유	○				○		달걀노른자만		로마지팬 , 건과일
	○						○	초종			
	○						○	초종			
	○						○	초종			
	○						○	초종			요거트
	○							건포도종		○	
	○		○					사과종		○	세미 드라이 사과
○	○	○	○					요거트종	달걀노른자만		건과일

기초부터 이해하는 제빵 기술

2019년 1월 28일 초판 1쇄 발행
2024년 8월 28일 초판 3쇄 발행

지은이 요시노 세이이치
옮긴이 황미숙
감수 김지민, 임태언

펴낸이 정상석
책임편집 송유선
마케팅 이병진
디자인 김보라
촬영 Elephant·Taka
일러스트 Ayaka Kajihara
원서 디자인 Hideko Tsutsui, Miwako Hinata
원서 편집 Kaoru Minokoshi
펴낸 곳 터닝포인트(www.diytp.com)
등록번호 제2005-000285호

주소 (12284) 경기도 남양주시 경춘로 490 힐스테이트 지금디포레 8056호(다산동 6192-1)
전화 (031) 567-7646
팩스 (031) 565-7646
ISBN 979-11-6134-038-8 (13590)

정가 18,000원

내용 및 집필 문의 diamat@naver.com
터닝포인트는 삶에 긍정적 변화를 가져오는 좋은 원고를 환영합니다.

이 도서의 국립중앙도서관 출판예정도서목록(CIP)은 서지정보유통지원시스템 홈페이지(http://seoji.nl.go.kr)와
국가자료공동목록시스템(http://www.nl.go.kr/kolisnet)에서 이용하실 수 있습니다.
(CIP제어번호: CIP2018040568)

터닝포인트 베이킹 도서

미스터비니,
과자의 기본을 다루다

기본을 알고 만든 과자는 다르다. 기본에 충실한
베이킹 클래스 '미스터비니'가 알려주는 제과의 모든 것!

[김재호 지음 | 248쪽 | 18,000원]

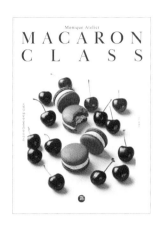

모니크 아뜰리에
마카롱 클래스

꼼꼼한 이론과 체계적인 제작 과정으로 배우는
마카롱 만들기의 모든 것

[김동희 지음 | 292쪽 | 20,000원]

서강헌의 숨겨뒀던 레시피 35
본누벨의 빵

베이커리 현장의 생생한 노하우가 담긴
7가지 반죽에서 탄생하는 35가지의 빵

[서강헌 지음 | 132쪽 | 15,000원]

일본 파티스리 35곳의 프티 가토 기술과 아이디어
프티 가토 레시피

일본의 유명 파티시에들이 만드는
작은 케이크 '프티 가토'의 아이디어 가득한 레시피

[café-sweets 편집부 지음 | 258쪽 | 20,000원]

터닝포인트 베이킹 도서

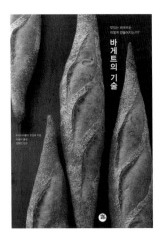

맛있는 바게트는 어떻게 만들어지는가?
바게트의 기술

바게트가 맛있기로 소문난 일본 유명 베이커리 35곳의 바게트 만들기 노하우와 셰프들의 철학, 비법을 담았다.

[아사히야출판 편집부 지음 | 164쪽 | 23,000원]

맛있는 크루아상은 어떻게 만들어지는가?
크루아상의 기술

크루아상이 맛있기로 소문난 일본 유명 베이커리 36곳의 크루아상 만들기 노하우와 셰프들의 철학, 비법을 담았다.

[아사히야출판 편집부 지음 | 172쪽 | 23,000원]

츠지제과전문학교 교수들이 알려주는
기본 반죽과 재료에 대한 Q&A 231
베이킹은 과학이다

"책에서 알려주는 대로 만들었는데 왜 안 되지?"를 해결해주는 베이킹 교과서. 실패의 이유를 알고 베이킹을 마스터할 수 있게 알려준다.

[나카야마 히로노리, 기무라 마키코 지음 | 328쪽 | 23,000원]

유럽식 홈메이드
천연발효빵

전 세계 권위 있는 대회에서 우수한 레시피로 여러 차례 상을 받은 저자가 자신의 레시피를 공개하고 빵을 만드는 기본부터 차례차례 설명한다.

[엠마뉴엘 하지앤드류 지음 | 175쪽 | 15,000원]